"十三五"普通高等教育本科部委级规划教材

织造质量控制与新产品开发

（第2版）

郭　嫣　主编

中国纺织出版社

内 容 提 要

本书介绍了机织物不同产品的生产工艺流程、质量要求，以棉纺织生产为主线，介绍了织造各个工序(络筒、整经、浆纱、织造等)的质量指标、各个质量指标的测试方法和控制手段等；同时介绍了国家标准《棉本色布》《精梳涤棉混纺本色布》和《精梳毛织品》在产品评价标准中的应用方法；介绍了全面质量管理和数理统计方法在纺织企业中的应用。

本书可作为纺织院校的专业教材，也可供纺织企业从事织造生产和技术管理的相关人员参考。

图书在版编目(CIP)数据

织造质量控制与新产品开发/郭嫣主编 . --2 版 . --北京：中国纺织出版社，2019.8(2023.12重印)

"十三五"普通高等教育本科部委级规划教材

ISBN 978-7-5180-6181-5

I . ①织… II . ①郭… III . ①织造—质量控制—高等学校—教材②织造—产品开发—高等学校—教材 IV . ①TS101.9

中国版本图书馆 CIP 数据核字(2019)第 087668 号

策划编辑：符 芬 责任编辑：王军锋
责任校对：楼旭红 责任印制：何 建

中国纺织出版社出版发行
地址：北京市朝阳区百子湾东里 A407 号楼 邮政编码：100124
销售电话：010—67004422 传真：010—87155801
http://www.c-textilep.com
中国纺织出版社天猫旗舰店
官方微博 http://weibo.com/2119887771
北京虎彩文化传播有限公司印刷 各地新华书店经销
2023年12月第5次印刷
开本：787×1092 1/16 印张：15
字数：330 千字 定价：58.00 元

近年来,我国纺织工业发展迅速,纺织品的进出口贸易量逐年增加,纺织产品品种极大丰富,这就使企业生产管理和产品质量管理的难度增大。如何采用科学、合理的方法提高纺织产品质量,提升企业的生产和管理水平,增强织造企业的产品开发能力是很重要的。因此,掌握生产过程中控制产品质量的方法,生产出高质量的产品,不仅是企业普遍关心的问题,也是纺织高校培养适应市场需求的应用型人才所关注的问题。因此,本教材被列为"十三五"普通高等教育本科部委级规划教材,并根据教育部纺织类专业教学指导委员会的要求,内容密切联系企业生产实际,以培养新时期工程人才、学生持续学习能力和快速上手能力为目标。

机织产品的生产原料有棉、毛、丝、麻、化纤等多种纤维原料,原料不同,则成品和半成品质量标准、生产工艺流程、各个工序的生产工艺等都有一定的差异。本书在多年收集织造企业生产一线资料的基础上,针对织造各工序关键工艺点的质量控制指标,全面、系统地阐述了织造各个工序半制品质量控制的方法、措施等;同时结合企业生产实际、纺织发展前沿技术等将各工序的新技术、新方法、新工艺等知识和应用方法做了介绍。

本书主要以棉型织物的生产过程为主线,对影响产品质量各个工序的工艺参数设计、工艺控制方法、半制品质量控制方法等进行了详细的论述;结合棉纺织企业生产实际,就全面质量管理如何在企业中应用做了分析;并详细介绍和分析国家标准 GB/T 406—2008《棉本色布》、GB/T 5325—2009《精梳涤棉混纺本色布》和行业标准 FZ/T 24002—2006《精梳毛织品》中成品的质量检验标准和方法;同时对新产品开发的思路、方法、市场拓展和推广等做较为详细的介绍。本书可以作为高校专业学习的教材,也可以做企业工程技术人员培训教材和参考书籍。

全书共分为七章。第一章、第二章第二节、第四章第二节和第三节、第五章、第六章和第七章由西安工程大学郭嫣编写;第二章第一节、第四章第一节由河北科技大学刘君妹编写;第三章由西安工程大学钱现编写;全书由郭嫣统稿。在此,我们对书中所引用资料的作者表示感谢。

由于笔者水平有限,书中难免存在遗漏、不成熟之处,热情欢迎读者批评指正。

编者

2018 年 2 月

目 录

第一章 机织概论

第一节 机织工艺流程

一、机织物及其分类

织物是由纱(线)或纤维制成的产品,主要包括机织物、针织物和非织造布三大类。由两组相互垂直的纱(线)在织机上交织而成的产品称为机织物,如常见的平布、华达呢、卡其、绸缎等。沿机织物长度方向排列的纱线称为经纱,沿机织物宽度方向排列的纱线称为纬纱。变换纱线的原料、粗细、组织结构或采用不同颜色的纱线相互配合,不同的经纬纱相互交织,即可织成各种不同风格和用途的机织物。这些机织物按用途可分为服装用机织物、装饰用机织物和产业用机织物。

(一)服装用机织物的分类

服装用机织物常根据原料种类、纱线是否漂染、织物花纹和幅宽进行分类。

1. 按照原料种类分类

(1)纯纺织物。经纬纱线都是用同一种纤维原料制成的织物,如棉织物、麻织物、毛织物、丝织物等。

(2)混纺织物。经纬纱线都是由两种或两种以上的纤维混合的纱线制成的织物,如涤/棉织物、毛/涤织物、涤/麻织物、毛/涤/腈织物及中长织物等。

(3)交织织物。经纱和纬纱采用不同原料纱线制成的织物,如丝毛交织、棉和黏胶长丝交织、蚕丝和黏胶长丝交织等。

(4)交并织物。经纬纱由两种或两种以上不同原料并合成股线所织制成的织物。如11tex涤纶短汗纱与11tex低弹长丝并成股线制成的织物等。

2. 按纱线是否漂染分类

(1)本色织物。纱线未经漂染便加工成织物,直接出售或再经印染加工成成品。

(2)色织物。用漂染后的纱线加工成的织物。

3. 按织物花纹分类

(1)素织物。无花纹的织物,如各种平布、斜纹布、缎纹织物等。

(2)小花纹织物。通过织物组织的变化,在织物上形成面积较小的花纹类织物,如各种花呢等。

(3)大提花织物。通过控制单根经纱形成的大范围花纹的织物,如花软缎等。

4. 按织物幅宽分类 可分为宽幅织物、狭幅织物以及带织物。织物幅宽在1.6m以上的为宽幅织物;1m 左右的为狭幅织物;30cm 以下的狭布状和管状织物称带状织物。

(二)装饰用机织物的分类

装饰用机织物品种繁多,常按用途划分。

(1)床上用品。如被面、被套、床单、毛巾被、枕巾等。

(2)家具布。如沙发套、椅套等。

(3)室内用品。如窗帘布、贴墙布、地毯、帷幔织物等。

(4)餐厅和盥洗用品。如桌布、毛巾、浴巾等。

(三)产业用机织物

产业用纺织品区别于一般服装用纺织品、家用纺织品,是经专门设计的、具有工程结构特点、特定应用领域和特定功能的纺织品,主要应用于工业、农牧渔业、土木工程、建筑、交通运输、医疗卫生、文体休闲、环境保护、新能源、航空航天、国防军工等领域。包含机织、非织造及以纺织品为基材的各种经后加工形成的产品。2015 年 3 月 1 日正式实施的《产业用纺织品分类》标准(GB/T 30558—2014)中将产业用纺织品分为 16 大类、150 个系列。

16 大类分别为农业用纺织品、建筑用纺织品、篷帆类纺织品、过滤与分离用纺织品、土工用纺织品、工业用毡毯(呢)纺织品、隔离与绝缘用纺织品、医疗与卫生用纺织品、包装用纺织品、安全与防护用纺织品、结构增强用纺织品、文体与休闲用纺织品、合成革(人造革)用纺织品、线绳(缆)带纺织品、交通工具用纺织品、其他产业用纺织品。

产业用纺织品技术含量高,应用范围广,市场潜力大,在我国具有广阔的发展前景。

二、机织物的形成

机织物是在织机上按照织物组织要求,使经纬纱交织而成的。

图 1-1 是织机上织制平纹织物的示意图。经纱 1 从织机后的织轴 2 上引出,绕过后梁 3,经过分纱绞棒 4,逐根按一定规律分别穿过综框 5 和 5′上的综丝眼 6 和 6′,再穿过钢筘 7 的筘齿,在织口处与纬纱交织形成织物。所形成的织物在织机卷取机构的作用下,绕过胸梁 8、刺毛辊 9 和导布辊 10,最后卷绕在卷布辊 11 上。

当织机运转时,综框 5 和 5′分别作垂直方向的上下运动,把经纱分成上下两片,形成梭口。当梭子 12 穿过梭口时,纬纱便从装在梭子内的纡管 13 退绕下来,在梭口中留下一根纬纱,当综框作相反方向运动时,上下两片经纱交换位置,从而把纬纱夹住。与此同时,钢筘 7 向织机前摆动,把纬纱推向织口,经纱和纬纱在织口处交织,形成织物。织机主轴每转一转,便形成一个新的梭口,引入一根新的纬纱,完成一次打纬运动。这样不断地反复循环,就构成了连续生产的织造过程。

由此可见,织物在织机上的形成过程是由以下几个工艺程序和运动来完成的。

(1)按照经纬纱交织规律,把经纱分成上下两片,形成梭口的开口运动。

(2)把纬纱引入梭口的引纬运动。

(3)把引入梭口的纬纱推向织口的打纬运动。

(4)把织物引离织物形成区的卷取运动。

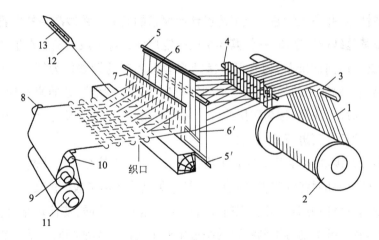

图1-1 机织物形成示意图

1—经纱 2—织轴 3—后梁 4—分纱绞棒 5,5′—综框 6,6′—综丝眼 7—钢筘
8—胸梁 9—刺毛辊 10—导布辊 11—卷布辊 12—梭子 13—纡管

（5）把经纱从织轴上放出，输入工作区的送经运动。

以上几个运动由织机的相应机构来完成。此外，为了提高产品质量，保证安全运转，提高生产效率和织机的适应性等，织机上还设置了各种辅助机构，可自动补纬、经纱断头自停、纬纱断头自停、多色纬织制及防护等。在新型无梭织机上，随着计算机、电子等高新技术的广泛应用，大大提高了织机机电一体化、自动化和高速化水平。

三、机织工艺流程

织物在织机上进行织造的过程中，经纱要承受周期性的拉伸、冲击和弯曲负荷的作用，在这些外力作用下，经纱的结构有可能受到损坏。如果经纱的强度和弹性不足以承受这些外力的作用，就会引起经纱断头。此外，经纱还要经受停经片、综丝和钢筘等机件反复摩擦作用，极易发毛和起球，如磨损严重也会引起经纱断头。因此，为了减少经纱断头，提高纱线的织造性能，在上机织造前必须设法贴伏经纱毛羽，降低其摩擦系数，增加经纱强度并保证经纱有足够的弹性。纬纱在织机上的工作条件与经纱不同，主要受引纬张力的作用，其大小主要取决于引纬速度、纬纱卷装形式、退绕气圈大小以及纬纱制动力等因素。纬纱所受张力是一次性负荷，在有梭织机上，由于引纬速度低，纬纱张力的峰值比经纱张力小，因此，可采用强度较低、捻度较小的纱线做纬纱。但在高速无梭织机上，由于引纬速高，纬纱应具有较高的强度才能适应织造的要求。

此外，在织造前还必须把纱线卷绕成具有一定形状、大小，且成形良好、结构合理的卷装，如把经纱卷绕成织轴，纬纱卷绕成纡子或筒子，以满足织造需要。

由此可见，经纱、纬纱在上机织造之前，必须先经过一系列的准备加工工序，这些工序统称为织前准备工程。

经纱准备的主要任务是提高纱线的强度和耐磨性，伏贴毛羽，消除纱线上的纱疵、杂质，以改善经纱的织造性能,并把经纱卷绕成工艺设计所要求的卷装。纬纱准备的主要任务是清除纱线上的粗细节及其他纱疵和杂质,并将其卷绕成一定规格的纡子或筒子。在生产某些低档织物时,纬纱不需要进行织前的准备,通常可直接把细纱机生产的管纱作为纡子使用,称为直接纬纱。而某些中高档织物所用的纬纱,则要把细纱机生产的管纱清除杂质疵点后,在卷纬机上重新卷绕成纡子,提高纬纱质量,称为间接纬纱。在有些情况下,为了稳定纬纱的捻度,并适当提高纬纱的强度,纬纱还需要进行给湿定捻。

无梭织机引纬速度高,而且引纬时加速度值变化也大,必然会在引纬过程中引起纬纱张力的骤增。因此,无梭引纬对纬纱强度、卷装形式及卷装结构提出了较高的要求。

由于织物原料、品种和用途不同,织前准备的工序也不尽相同,使棉坯布、色织物、毛织物、丝织物、麻织物以及合纤织物等不同织物的织造生产工艺流程不尽相同。常见的织造工艺流程如下。

(一)分批整经、浆纱工艺流程

该流程主要应用于棉型坯织物、苎麻织物、绢织物等单色或本色织物的生产,一般采用分批整经、浆纱工艺流程的产品批量较大,大部分织物组织比较简单。某些较简单的条格色织物也可采用此工艺流程生产。其工艺流程如图1-2所示。

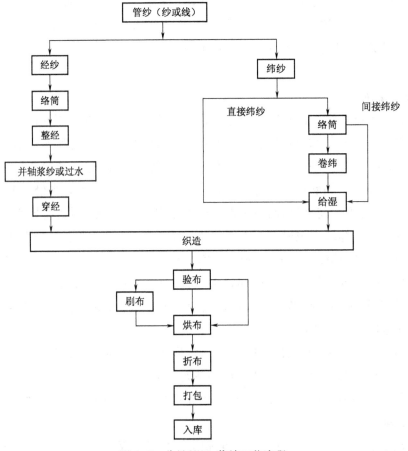

图1-2　分批整经、浆纱工艺流程

(二)分条整经工艺流程

分条整经工艺流程主要应用于毛织物、丝织物、色织物、棉织物等花色品种较多、产品批量较小的织物生产,其工艺流程如图1-3所示。

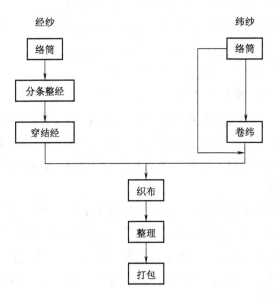

图1-3 分条整经工艺流程

由于原料不同、产品不同等原因,在准备加工中,以股线作为经纱和纬纱的毛织物、色织物等,首先要经过并线、捻线、络筒、蒸纱定捻等工序,把纺部的原纱加工成股线;以色纱作为经纱、纬纱的色织物,原纱还要经过漂、染等工序;以天然丝或化纤长丝作为经纱或纬纱的丝织物、合纤长丝织物,要经过浸渍、并丝、捻丝、定捻等工序;合纤长丝上浆又往往采用上浆后再并轴的工艺,在此不一一列举。但各类织物的织前准备工程,一般都要经过以下工序。

1.络筒 在纺纱、织造一体的纺织业,织造用的纱线大多是以管纱形式由纺部送往织部的。由于管纱的纱线容量小,如果直接用来整经,换管次数势必会非常频繁,会使整经机经常停车,降低了机器的生产效率。另外,在管纱上难免会存在一些影响织物外观质量的杂质和各种纱疵。因此,要经过络筒工序,将容量小的管纱卷绕成密度适宜、成形良好的容量大得多的筒纱,同时清除纱线上的疵点和杂质。在采用无梭织机织造时,也要求将纬纱卷绕成成形良好、结构合理的筒子纱。

络筒质量对后续工序有着重要影响。因此,对络筒工序的要求如下。

(1)纱线应卷绕成容量大、结构合理、成形良好的筒子,且卷绕张力、密度应大小适当、均匀,便于运输和储存。

(2)在不损伤纱线原有力学性能的条件下,尽量清除纱线上的疵点及杂质。

(3)保证接头质量符合要求。

2.整经 整经工序的任务是根据工艺设计要求,把一定数量的筒纱按工艺设计规定的长度、配列顺序、幅宽等均匀平行地卷绕在经轴或织轴上,供浆纱或穿经工序使用。

整经质量对浆纱工序的顺利进行和织物质量具有重要意义,因此,整经工序必须满足以下工艺要求。

(1)单纱张力和整片经纱张力都应尽量保持一致和均匀。

(2)经纱在经轴上的排列和卷绕密度要均匀,经轴卷装圆整,成形良好。

(3)整经根数、长度、纱线排列顺序都严格符合工艺要求。

(4)接头质量符合规定标准,回丝少,生产效率高。

纺织厂常用的整经方法,按其工艺特征可分为分批整经和分条整经。

分批整经是把全幅织物所需的总经纱按根数分成若干批,分别卷绕在几个经轴上(每个经轴上的经纱根数应尽可能相等),再把这几个经轴在浆纱机上进行上浆或过水并合,并按规定长度卷绕成符合织造要求的织轴。这种整经方法适用于大批量、原色织物的整经,优点是速度快、效率高,缺点是回丝较多。

分条整经是把全幅织物所需要的总经纱,根据筒子架容量及色纱排列循环分成若干条带,把这些条带按工艺规定的宽度和长度分别依次平行地卷绕在整经滚筒上,再将全部条带同时倒卷在织轴上。采用分条整经的经纱,一般不需上浆。这种整经方法的优点是有利于色纱或不同品质和结构经纱的排列,回丝较少,缺点是生产效率较低,主要适合于小批量、多品种的色织、毛织、丝织、毛巾织物等织物的整经。

3. 浆纱 浆纱工序的任务是在浆纱机上进行经纱上浆,并按整幅织物所需的总经纱根数,合并若干经轴的经纱,把上浆后的经纱卷绕成织轴。其目的是使纱线毛羽贴伏,提高纱线强度和耐磨性,尽量保持纱线的原有弹性伸长,改善经纱的织造性能。

浆纱是经纱准备工程中的重要工序,浆纱质量的优劣对织造生产的影响极大。如果浆纱工艺合理、质量好,就能使织造达到高产、优质、低消耗的目的;反之,将会给织造工作带来很大困难。

上浆一般都在浆纱机上进行,使经纱通过特制的浆液,经浸轧和烘干后,一部分被覆于纱体表面的浆液会形成坚韧的浆膜,使毛羽贴伏,纱线光滑而耐磨;另一部分浆液浸透到纱线的内部,使纤维间相互粘连而增加其抱合力,形成牢固浆膜,从而提高纱线的断裂强度。

经纱上浆对所用的浆料、浆液及上浆工艺都有严格要求,浆膜要柔韧、坚牢、光滑且富有弹性,并应保证达到工艺设计要求的上浆率、回潮率和伸长率。

4. 穿结经和纬纱准备 穿结经是经纱织前准备的最后一道工序,它的任务是根据织物工艺设计的要求,把织轴上的全部经纱按一定的规律穿入停经片、综丝眼和筘齿,以便织造时形成梭口,织成所需的织物,并在经纱断头时能及时停车而不致造成织疵。

穿经工作的质量优劣,对织造能否顺利进行和产品质量是否符合要求有着直接影响。如果穿经出现差错,将有可能织造不出所要求的织物组织、经密及幅宽。因此,必须严格地按要求进行穿经。

结经与穿经的目的相同,但结经方法完全不同于穿经。它是用打结的方法,把织机上剩余的了机经纱同准备上机的织轴上的经纱逐根连接起来,再使上机经纱全部拉过停经片、综眼和筘齿,达到同穿经完全相同的要求。对织造同一品种且织物组织比较复杂的织物,采用结经方法就显得十分方便和快捷。

纬纱准备包括络筒、卷纬和热湿定捻等工序。络筒可将纬纱络成无梭织机所需要的筒子;卷纬是将纬纱卷绕成适合有梭织机织造需要的纡子,以便于织造。热湿定捻是稳定纬纱捻度,防止在织造时纬纱产生纬缩、起圈等现象。

织物在织机上织成后,还需要通过验布、折布、修织和成包等检验和整理工序。在相对湿度大的地区,为了防止产品在储存运输过程中发霉变质,需经过烘布工序。某些市售本色棉坯布,为减少坯布的棉结、杂质和改善布面外观,还需通过刷布工序。

第二节　织造对纱线的质量要求和纱线的质量检验

机织加工原料广泛,按照纱线结构划分,主要有以下几类。

(1)短纤维纱线,包括各种天然纤维、化纤加工而成的纯纺、混纺、交并等纱线。由于原料多样,纤维长度、细度不同,这些纱线的性能也有很大差异。

(2)天然及化纤长丝,包括各种复丝(如低弹丝、变形丝、加捻丝和无捻丝)、单丝、网络丝等。长丝尤其是合成纤维长丝,一般有良好强度,但丝束中个别单丝的断裂可能导致整束长丝迅速解体。

(3)各种花式纱线,如结子纱、竹节纱、雪尼尔纱、睫毛纱等。随着人们对装饰织物需求的增加和花式纱线加工技术的进步,花式纱线的种类层出不穷,各种花式纱线所用原料、纱线细度、纱线结构差异较大。

在制订织造工艺时,应根据所用原料的特点,选择适当的织机机型、速度、张力等,以充分发挥不同纱线的各自优点,并应根据织造的要求,对不同原料采用不同的工艺进行准备加工。

一、织造对纱线质量的要求

(一)织造过程经纱承受的张力和摩擦

织造过程中经纱所承受的张力可以看成由上机张力和动态张力叠加而成,并在织机主轴的每一回转中随经纱的开口运动呈周期性的变化,如图1-4所示。从图1-4中可以清楚地看出,在开口时其张力渐增,梭口满开时张力最大,闭口时张力渐减,至综平时张力最小。同时,在打纬时产生一个张力峰值(0°时),这一张力峰值的大小与所织造产品的纱号、纬密及上机工艺参数有关,有时会大于梭口满开时经纱张力的最大值。

由于开口过程中经纱所受的拉伸作用时间极为短促,其伸长可视为弹性变形,即经纱张力与拉伸变形量的大小成正比。研究表明,拉伸变形量的大小与梭口高度的平方成正比,与梭口长度成反比。拉伸变形量与梭口对称度大小的关系如图1-5所示,当梭口对称度 $m=1$ 时,即前部梭口长度与后部梭口长度相等时拉伸变形量为最小。

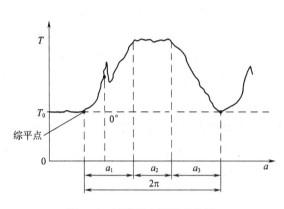

图1-4　经纱张力周期变化图

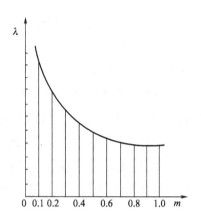

图1-5　梭口对称度与经纱伸长量的关系

有梭织机和各种无梭织机梭口形状和尺寸不尽相同,因此,织造过程经纱的动态张力大小及变化也不一样。图1-6为几种型号机的梭口形状,尺寸参数见表1-1。几种型号织机织造时经纱张力大小见表1-2。

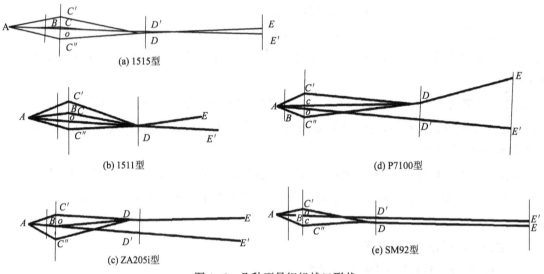

(a) 1515型

(b) 1511型

(d) P7100型

(c) ZA205i型

(e) SM92型

图1-6　几种型号织机梭口形状

表1-1　几种型号织机的梭口形状和参数

织机型号	L(mm)	L'(mm)	L''(mm)	ε_{max}(%)	α(°)	H(mm)	L_1(mm)	L_2(mm)	m
1515	625.3	633	629.3	1.23	20.56	85.3	235.1	390.2	0.6
1511	522.6	536.8	521	2.7	22.44	80.5	201.6	321	0.63
ZA205i	522.6	525.4	533.9	2.16	37.18	75	130	392.6	0.33
SM92	570.3	572.7	571	0.42	12.96	31.8	140	430.3	0.33
P7100	646.8	653.6	650	1.04	27.82	65.2	130.9	515.9	0.25

注　L—综平时经纱长度;L'—梭口满开时上层经纱长度;L''—梭口满开时下层经纱长度;ε_{max}—经纱相对伸长;α—开口角;
H—开口高度;L_1—梭口前部长度;L_2—梭口后部长度;m—梭口对称度。

表 1-2　几种型号织机的织造张力对比

产品	机型	上机张力（cN/tex）	动态张力均值（cN/tex）	动态张力最大值（cN/tex）
T65/JC35　13×13　433×299 细布	GA615 型有梭织机	1.91	3.07	5.23
	ZA205i 型喷气织机	2.43	3.94	4.92
C19.5×19.5　307×268 细布	SM92 型剑杆织机	1.30	2.52	2.9
	ZA205i 型喷气织机	1.38	2.74	3.07

从图 1-6、表 1-1 和表 1-2 中分析可得：

（1）采用有梭织机织造时，梭口高度较大，经纱张力波动较大，而织机速度较低。

（2）无梭织机普遍采用小梭口高度、小打纬动程，梭口为开清梭口，织制同样产品时上机张力较有梭织机高 25% 左右。

（3）无梭织机梭口对称度远远小于有梭织机，这虽然可获得较大的引纬空间，但对减小织造时经纱动态张力明显不利。

（4）无梭织机速度较高，即织造中经纱动态张力的变化频率远远高于有梭织机。

（5）在表 1-1 所列的几种机型中，ZA205i 型喷气织机的速度最高。但为了获取清晰的梭口，其梭口高度在几种无梭织机中最大，梭口长度却最小，且梭口对称度也较小，所以织造时经纱动态张力大于 P7100 型片梭和 SM92 型剑杆织机。

织造时，经纱不仅承受周期性变化的张力的作用，而且受到反复摩擦作用。

如图 1-7 所示，由于织机上梭口对称度小于 1，即前部梭口长度 L_1 较后部梭口长度 L_2 小，在开口时，前部梭口经纱拉伸变形和张力大于后部梭口，这样开口时经纱要沿综丝眼向前运动，而闭口时又要向后移动，每一个开口周期，经纱都要经历由于前后移动造成的与综丝眼之间的摩擦。

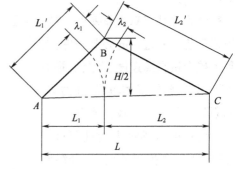

图 1-7　开口时经纱的拉伸变形

同时，经纱还和后梁、停经架中导棒、停经片等织机部件产生摩擦，经纱和经纱之间也存在粘连和摩擦。每次打纬过程中，经纱还要经受钢筘的筘齿摩擦。这些摩擦反复出现，甚至要经历几千次才能形成织物。

（二）织造过程中纬纱承受的张力和摩擦

织造过程，纬纱同样也要承受一定张力和摩擦，但经纱和纬纱所承受的载荷状态是不同的。经纱承受的是成百上千次重复的周期性的循环载荷，而纬纱承受的是一次性载荷，但其变化极为复杂。

有梭织机引纬时的纬纱张力变化与梭子飞行时速度变化、加速度大小以及梭腔的结构、纡子退绕气圈控制等有关。图 1-8 为梭子飞行时速度和加速度变化示意图。由图 1-8 分析可知,引纬时纬纱张力峰值出现在梭子加速和制动过程。

图1-9为几种无梭织机纬纱动态张力变化示意图,纬纱张力峰值同样出现在纬纱加速和制动过程。在常用的几种织机中,有梭织机和剑杆织机的纬纱张力峰值较小,片梭织机和喷气织机的纬纱张力峰值较大。不同织机引纬速度差异较大,排列顺序为喷水织机、喷气织机、片梭织机、剑杆织机及有梭织机。引纬速度不同,引纬时纬纱加速度以平方提高,纬纱张力峰值也不呈线性比例地大幅度增加。

引纬过程中纬纱和经纱及导纬部件的摩擦是一次性的,它对织造工艺不会造成显著影响。

(三)织造对纱线质量的要求

根据以上分析,可以把织造对原纱的质量要求归纳为以下几点。

1. 织造对纱线强度的要求 纱线的强度是织造工艺顺利进行的必要条件,尤其是无梭织机在高速度、高上机张力条件下织造,对纱线的单强、强力 CV 值和断裂伸长提出了较高要求。

纱线强度应满足织造过程对经纱、纬纱断头率控制的要求,经纱断头和纬纱断头增加,影响织机效率,经纱断头的影响大于纬纱断头;频繁停车使产生"横档"疵点的机会增加,而对"横档"疵点产生的影响是纬纱断头大于经纱断头。经纱、纬纱断头是产生断经、断纬、双缺纬等疵点的根本原因。

以某厂经纱、纬纱为 JC14.5tex

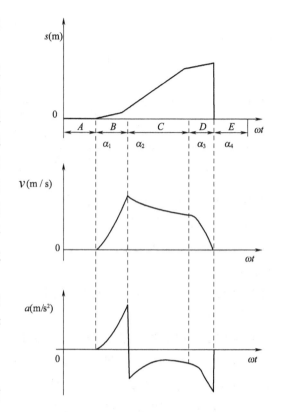

图1-8 梭子运动示意图

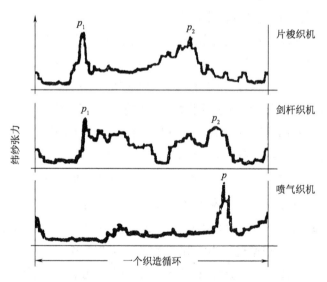

图1-9 纬纱动态张力变化曲线

的织物生产为例,采用品质指标 2400 以上、单纱强力为 260cN 的经纬纱时,喷气织机效率在 90%以上;采用单纱强力为 230cN 时,喷气织机效率为 85%;当单纱强力降低到 205cN 时,织机效率为 84%;单纱强力为 182cN 时,织机效率仅为 70%以下。

某厂在制织 JC14.5tex×14.5tex 斜纹时,为了解决断纬问题,将纬纱捻度由 79.7 捻/10cm 增加到 83.60 捻/10cm,品质指标则由 2660 增加到 2730,单纱强力由 301cN 增加到 308cN,单纱强力 CV 值由 7.3% 降低到 6.4%,这时织机断纬有明显下降。

对 JC14.5tex 的纱线进行纬纱加捻试验,捻度由 90.5 捻/10cm 增加到 96.1 捻/10cm,捻度不匀率由 2.9% 降低到 2.3%,单纱强力由 208cN 提高到 228cN,断裂伸长由 4.3% 提高到 4.9%,喷气织机纬停次数降低了 44.4%,织机效率有所提高。

织机上纱线峰值负载与纱线平均强力之间的关系为:织机上纱线峰值负载小于纱线平均强力的 25%。

当织机运转时,织机上经纱或纬纱所承受的峰值张力,不应超过纱线平均强力的 25%,否则断头会明显增加。大部分纱线断头,是由于纱线中的"弱环"造成的,因此对纱线强度的要求不仅仅是纱线断裂强力指标,同时应考核单强分布的离散性即强力 CV 值指标,在某种意义上,后者影响更甚于前者。应根据原纱的断裂强度数值,确定断裂强度下限(弱环)控制范围,有的以单强试验中最低的五个试样强力平均值作为考核指标。如某厂喷气织机用纱(JC14.5tex)的最低单纱强力,要求试验中最小的五项平均必须在 175cN 以上,最低单纱断裂强度要在 12.07cN/tex 以上,强力 CV 值在 9.5% 以下。

2. 对纱疵的要求　纱线上的条干不匀、粗节、细节、弱捻、棉结杂质等疵点,不但会影响织物质量,而且会影响无梭织机的停台;粗细节、弱捻等纱上的弱环,往往会引起断头;棉结杂质、飞花附着,会引起经纱纠缠,造成开口不清,这对消极引纬方式(如喷气)尤其重要。表 1-3、表 1-4 分别为某厂喷气织机经纱纱疵和纬纱纱疵对经、纬向停台的影响。

表 1-3　经纱疵点对经纬向停台的影响

品种		羽毛纱	条干不匀	大棉结	大杂质	棉球	大接头	辫子纱	飞花附着	脱结	台时停台	占比例(%)
T/C13tex 府绸停台	经向(次)	5	6	5	1	8	21	2	14	18	1.3	35
	纬向(次)	96	1	4	0	7	36	1	2	5	1.63	65
JC14.6tex 府绸停台	经向(次)	8	6	5	1	0	29	3	6	37	1.12	34
	纬向(次)	21	2	125	7	0	18	1	1	6	1.8	66

表 1-4　纬纱疵点对纬向停台的影响

品种		条干不匀	弱捻	脱结	大接头	飞花附着	辫子纱	羽毛纱	回丝附着	台时停台
T/C13tex 府绸停台	经向(次)	28	1	2	3	26	0	0	0	0.42
JC14.6tex 府绸停台	纬向(次)	20	15	3	0	6	2	1	1	0.41

从表 1-3 和表 1-4 中可以看出,经、纬纱中的棉结、结头不良、弱捻、飞花附着、羽毛纱等严

重影响喷气织机停台,因此要严格控制 10 万米纱疵数。表 1-5 为日本一些企业提出的喷气织机用纱标准。

表 1-5　日本喷气织机用纱质量标准

项目		JC14.5tex	T/C13tex
原纱指标	重量不匀率(%)	0.8	1.9
	单纱强力(cN)	215	270
	最小单强(cN)	175	215
	单强 CV 值(%)	9.5	11.9
	捻度(捻/10cm)	—	231
	条干 CV 值(%)	15.0	16.3
乌斯特疵点	细节(-50%)(个)	15 以下	20 以下
	粗节(+50%)(个)	95 以下	100 以下
	棉结(+200%)(个)	90 以下	110 以下
十万米纱疵数(个)		1	12

3. 对纱线条干均匀度的要求　纱线条干均匀度超过限度后,会在织物上以条影、条干不匀、云斑等形式明显地表现出来,影响织物外观疵点的评分。纬纱均匀度由于集中显示特性,对织物的外观影响更为严重。织造过程往往由于纱线中的细节形成"弱环"而造成断头。经纱上的粗结、棉结经过反复摩擦后起球,造成在综丝部分断头,或使纱线间产生粘连,造成开口不清及意外伸长,会严重影响织机效率和织物质量。

不论何种织物,条干 CV 值处于乌斯特统计 75%水平线以上时,各工序断头多,效率下降,布面质量严重恶化。因此,较高档的织物,如纯棉精梳府绸、防羽绒布等,其纱线条干 CV 值必须在 1989 年乌斯特统计值 50%的限度线以下,掌握在乌斯特统计值 25%水平线为好。同时,纱线均匀度的变化是随机分布的,如在频谱图中显示出明显的"烟囱",就会对无梭织机的生产产生巨大影响。

纱线中的细节、粗节、棉结数值也必须处于乌斯特统计 50%或 25%及以下的水平。

由表 1-5 可看出,在日本喷气用纱质量标准中,对细节(-50%)、粗节(+50%)、棉结(+200%)提出了严格的要求,这比我国国内实际水平要高。

4. 对纱线毛羽的要求　毛羽的一般定义是:从单位长度纱或单位面积织物上突出的、可移动的纤维或纤维圈。毛羽长度是指从突出纤维顶端到纱线轴线的垂直距离。1989 年乌斯特统计中推出了毛羽指数分类水平线要求,并把它作为评价毛羽的标志。随着无梭织机的普及,人们对毛羽产生机理、毛羽的测试、毛羽对织物生产和质量影响的研究越来越深入。纱线毛羽的多少,对织造时经纱的粘连与纠缠具有决定性作用。毛羽多,经纱纠缠严重,断头增多;毛羽多,织口开口不清,形成吊经纱及"三跳"等疵点;毛羽使纱线外观呈毛绒状,会降低纱线光泽;过长的毛羽会影响经纱正常上浆,导致分纱困难,影响浆膜完整,落物增多;毛羽多,布面会失去应有的外观效应,影响布面实物质量。采用无梭织机(尤其是消极引纬的喷气织机)织造时,应从原料的使用、纺纱工艺及合理的络筒、浆纱工艺等方面尽量降低毛羽指数,尤其要严格控制 3mm 以上的较长毛羽数量。

二、纱线质量的检验

织造厂对于所使用的原料——纱线必须进行检验,以确保使用优等原料,为织好布创造条件,并根据原料实际情况,制订正确的工艺。针对原料存在问题,可以有目的地采取必要的预防措施。

纱线品种较多,目前生产批量较大和生产企业较多的纱线主要为纯棉本色纱线、涤/棉本色纱线、涤/黏本色纱线及纯棉混色纱线、涤棉混纺色纱及纯化纤的黏胶纱、涤纶纱线等品种。

(一)棉本色纱线质量检验

1. 纱线的细度不匀指标　纱线的细度不匀,是指沿纱线长度方向的粗细不匀。细度不匀是评定纱线质量最重要的指标之一,细度不匀,不仅会使纱线强力下降和在织造过程中断头、停台增加,而且影响织物的外观,降低其耐穿、耐用性。细度不匀分纱线长片段不匀、短片段不匀。

(1)长片段不匀指标——纱线百米重量变异系数。测长称重法是测量纱线长片段细度不匀率的最基本和最简便的方法。对于每一批纱,抽样 30 只管纱,从每只管纱摇取一缕纱线(每缕长 100m),分别称重,然后按下面公式计算纱线百米重量变异系数。

$$CV = \sqrt{\frac{\sum\limits_{1}^{n} (X_i - \overline{X})^2}{n-1}} \times \frac{1}{\overline{X}} \times 100\%$$

式中:CV——变异系数(也称均方差系数),简称 CV 值;

　　X_i——测定值,g;

　　$\overline{X}$——平均数$\left(\overline{X} = \dfrac{\sum\limits_{1}^{n} X_i}{n}\right)$,g;

　　n——试验总次数。

百米重量变异系数 CV 值大,则长片段不匀率大,影响成纱的强力不匀、织物的厚薄不匀和外观质量,故应将其控制在允许限度以内。

(2)短片段不匀指标——纱线条干均匀度。纱线条干均匀度是表示纱线短片段不匀的指标,有黑板条干均匀度和条干均匀度变异系数 CV 值,分别用目光检验和仪器检测法评定。

①黑板条干均匀度,测量方法是先将纱线试样以一定密度均匀地绕在 10 块 22cm×25cm 的黑板上,然后逐块与标准样照对比,评定出 10 块黑板分级比例,再按国家标准决定该批纱线的条干均匀度品等。这种方法需要熟练的检验人员,并需定期统一目光,否则容易产生人为误差。

②条干均匀度变异系数 CV 值,用电容式条干均匀度测试仪检测,仪器自动测出条干均匀度变异系数 CV 值、波谱图等,测量快速、准确。

　　纱线条干均匀度检验,国家规定生产厂可选用上述两种方法的任何一种,但一经选定,不得任意变更。发生质量争议时,以条干均匀度变异系数 CV 值为准。目前广泛使用电容式条干均匀度仪测试,其特点是准确,人为因素少。

　　乌斯特公司不断研发纱线条干测试仪器,使其具有先进、方便、测试准确的特点。其中 TESTER 型条干仪可用于测定纱线的条干均匀度,TESTER5-S400 型条干仪除了测试条干均匀度及常发性纱疵外,还可通过 FM 传感器直接完成对异性纤维的监测与分级;通过 OH 传感器检测纱线毛羽状况;通过花式纱功能模块进行竹节纱节长、节距等参数和质量的测试,形成了对纱线质量比较完整的试验体系。TESTER5-S800 型条干仪还集成了可测试灰尘和杂质的 OI 传感器、可测试纱线直径和形状的 OM 传感器、智能化模拟工具和乌斯特公报,试验速度可达800m/min,加快了 TESTER 型条干仪对产品或半制品的试验监控周期。TESTER5-C800 型条干仪可对化纤长丝进行质量监控,由于对长丝采用了机械加捻功能,确保了在测试速度高达800m/min 情况下测试的准确性和可重现性。

　　乌斯特 ME6 条干仪拥有全新开发的独特电容传感器,精度和可靠性更高。新开发的 CS 传感器显示出更强大的功能,不仅提供可靠的测定结果,还可提供清晰易懂的图解,包括不匀率曲线图、波谱图、长度变异曲线和柱状图,标注周期性疵点的质量原因。OH 传感器可提供的毛羽解决方案,HL 传感器可进行毛羽长度分级。

　　织物的外观质量,常因短片段不匀严重而形成条影或云斑。因此,改善纱线条干均匀度,是提高纱线质量的一个十分重要的方面。

　　2.百米重量偏差　百米重量偏差反映纱线实际纺出特数和设计特数间的偏差程度。可以根据缕纱的实测干重和设计干重按下式求得:

$$百米重量偏差 = \frac{试样实际干燥重量 － 试样设计干燥重量}{试样设计干燥重量} \times 100\%$$

　　百米重量偏差应限制在允许范围之内。超出正偏差说明纱线过粗;超出负偏差说明纱线过细。纱线过粗过细,影响织物的规格(如厚度、单位重量)、质量,还影响用棉量或用纱量。

　　3.棉结与棉结杂质粒数　计算棉结杂质粒数的方法,是将专用黑色压片(图 1-10)压在黑板试样上,数出 10 块黑板正反面空格内(共 10m 长度)的棉结杂质粒数,再根据下式折算成 1g 棉纱线上的棉结杂质粒数。

$$1g 棉纱线上的棉结杂质粒数 = \frac{棉结杂质总粒数}{棉纱线公称特数} \times 10$$

　　棉结杂质除了影响成纱与布面的外观质量外,还会影响染整加工质量,棉结将造成深色织物布面呈现白星,浅色织物出现深色点。因此,在纺纱工艺设计中应注意多排除棉结杂质,尽量减少杂质碎裂和产生棉结。

　　4.纱线强度及其不匀指标

　　(1)单纱(线)断裂强度。单根纱(线)断裂强度以纱线每特的相对断裂强力表示,用下式计算:

$$\sigma = \frac{P_{\mathrm{j}}}{\mathrm{Tt}}$$

式中：σ——单纱（线）断裂强度，cN/tex；

　　　Tt——纱线未拉伸前的实际特数，tex；

　　　P_{j}——单纱（线）的修正断裂强力，cN；即将单纱（线）实测强力修正为标准状态（棉纱为温度 20℃，回潮率为 8%）下的单纱（线）强力。

一般单纱每份试样抽取 30 只管纱，每管测 2 次，试验总次数为 60 次；股线每份试样抽取 15 只管纱，每管测 2 次，试验总次数为 30 次。单纱断裂强度数值越大，纱线越坚牢。

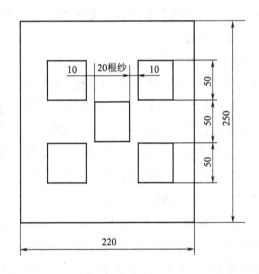

图 1-10　黑色压片压在黑板试样上的状况

（2）单纱（线）断裂强度变异系数。根据单纱（线）断裂强力数据，按变异系数公式算出单纱（线）断裂强力变异系数 CV 值。该指标表示纱强力不匀情况，也是百米重量 CV 值和条干 CV 值的综合反映。为了减少纱线断头和提高后工序生产效率，应降低单纱强力 CV 值。

乌斯特 TENSOJET4 型单纱强力仪可对单纱强力进行大容量测试，是为喷气织机等无梭织机把好原纱质量关的关键仪器，能在 400m/min 的条件下进行 30000 次/h 的全自动单纱强力测试。一次性地完成对所有管纱的测试与分析，并评估出织造工序的效率。

5. 纱疵　纺纱生产过程中所产生疵点，称为纱疵。它反映在布面上统称为布面纱疵。布面纱疵直接影响布的外观和棉布下机一等品和入库一等品率。因此，必须努力减少纱疵。

纱疵分常发性纱疵和偶发性纱疵两大类，主要包括错纬、条干不匀、竹节纱、煤灰纱等。

纱疵分析方法有目光分析法、切断称重法和仪器检测法等。目前较为普遍采用的是仪器检测法，该方法采用乌斯特纱疵分级仪测试，将纱疵分类打印出结果数据，并换算成 10 万米细纱的各类纱疵数量表。

我国已规定用纱疵分级仪检测 10 万米纱线的纱疵，并制定了 FZ/T 01050—1997《纺织品纱线疵点的分级与检验方法 电容式》标准。目前生产纱疵分级仪厂家不少,分级方法也不一致,有的过于繁细。乌斯特公司的 CLASSIMAT5 型纱疵分级仪是分析纱疵的最新仪器,具有高精度、易操作的特点。其采用全新电容式传感器,能够检测发现细小棉结(只能在印染布上看到的疵点)以及以前不能检测发现的粗细节疵点;并设有新的异性纤维传感器,利用多重光源可对纱线的污染进行定位分级,还能分离纯棉纱和混纺纱内的有色纤维和植物纤维。区分有害疵点和无害疵点,对提高纱线质量具有重要的意义。

在一定的条件下,可将纱疵分析仪的检测头安装在络筒机上,实施在线纱疵分级,但车速要稳定且应低于 600m/min。

6. 捻度 具有一定伸直程度和定向排列的纤维束在相邻两截面之间发生相对扭转的动作,称为加捻。加捻使短纤维组成细纱,或使几根细纱并合成股线。由单丝并合的复合长丝,为了使它具有稳定的外形,一般应适当加捻。

单纱中的纤维或股线中的单纱,在加捻后由下而上、自右向左的称为 S 捻,又称顺手捻;由下而上、自左向右的称为 Z 捻,又称反手捻,如图 1-11 所示。股线捻向的表示方法是第一个字母表示单纱的捻向,第二个字母表示股线的捻向。经过两次加捻的股线,第一个字母表示单纱的捻向,第二个字母表示初捻捻向,第三个字母表示复捻捻向。例如单纱 Z 捻,股线 S 捻的股线捻向以 ZS 表示;单纱 Z 捻,初捻为 S 捻,复捻为 Z 捻的股线捻向以 ZSZ 表示。

图 1-11 纱线捻向示意图

纱线加捻程度可用捻度、捻回角和捻系数等指标表示。

(1)捻度定义。纱线的捻度是以单位长度中的捻回数表示。棉纱线和棉型化纤纱线的质量标准中,规定纱线的捻度用 10cm 内的捻回数表示。其计算式为:

$$T = \frac{10n}{L}$$

式中:T——纱线的捻度,捻/10cm;

L——纱线的长度,cm;

n——捻回数。

英制捻度用 1 英寸(2.54cm)内的捻回数表示,其计算式为:

$$T_e = \frac{n}{L_e}$$

式中:T_e——纱线的英制捻度,捻/英寸;

L_e——纱线的长度,英寸;

n——捻回数。

特数制捻度与英制捻度的换算式为:

$$T = 3.94 \times T_e$$

近似计算时,可取特数制捻度是英制捻度的 4 倍。即:

$$T \approx 4T_e$$

纱线经加捻后,纱线各段上的捻度分布并不是均匀的。因此,一般除采用平均捻度指标外,还要计算捻度不匀率,用来反映纱线上捻度分布的不匀程度。

(2)捻回角。细纱在加捻后,表层纤维对纱的轴心线的倾角 β,称为捻回角,如图 1-12 所示。以捻度表示加捻的程度,对粗细相同的纱线进行比较是合适的。当纱线粗细不同时,虽然纺纱时给以相同的捻度,但由此引起的纤维伸长并不相同。粗特纱与细特纱相比较,前者纤维的倾斜较大,所产生的向心力也较大,即实际的加捻程度较细特纱为大。通常捻回角可按下列公式求得。

$$h = \frac{100}{T}$$

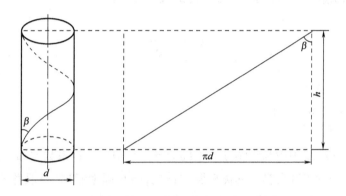

图 1-12 表层纤维螺旋线展开图

由图 1-12 可知,捻回角 β、捻度 T 与直径 d 的关系为:

$$\tan\beta = \frac{\pi d}{h} = \frac{\pi dT}{100}$$

式中:β——纱线的捻回角;

d——纱线的直径,mm;

T——纱线的捻度,捻/10cm;

h——捻距,mm。

由上式可知,对于粗细不同的纱线,虽然捻度相同,但捻回角 β 并不一样,亦即纱线的加捻程度不一样,所以可用捻回角比较不同粗细纱线的加捻程度。

(3)捻系数。测量纱线捻回角 β 是较困难的,在实际生产中采用与捻回角具有相同意义的另一指标,即捻系数来比较不同粗细纱线加捻程度。在棉纱和化纤纱线标准中,采用特数制捻系数。

纱线直径与特数的关系式为:

$$d = \frac{\sqrt{Tt}}{15.81\sqrt{\pi\delta}}$$

代入捻回角公式,得:$\tan\beta = \frac{\pi dT}{100} = \frac{\pi T}{100} \times \frac{\sqrt{Tt}}{15.81\sqrt{\pi\delta}} = \frac{T\sqrt{Tt}}{892\sqrt{\delta}}$

则

$$T = 892\tan\beta\sqrt{\delta}\,\frac{1}{\sqrt{Tt}}$$

令

$$\alpha_t = 892\tan\beta\sqrt{\delta}$$

$$\alpha_t = T\sqrt{Tt}$$

式中:a_t——特数制捻系数。

当纱线体积重量 δ 一定时,捻系数相同,表示线的捻回角相等,即加捻程度相同。

在采用英制捻系数时,亦可用类似方式得到其计算式:

$$\alpha_e = \frac{T_e}{\sqrt{N_e}}$$

式中:α_e——英制捻系数;

T_e——英制捻度,捻/英寸;

N_e——英制支数。

捻系数的大小随纱线用途和织物性质不同而异。一般经纱捻系数比纬纱捻系数大。涤/棉混纺纱织物要求充分发挥其滑挺爽的优良服用性能,防止起毛起球,一般都采用大于相同特数纯棉纱的捻系数。应该指出,纱线捻度的多少还影响纺部的细纱产量。

纱线特数制捻系数与英制捻系数的换算式为:

$$\alpha_t = T\sqrt{Tt} = \frac{T_e}{254} \times 10 \times \sqrt{\frac{583.1}{N_e}} = 95.08\frac{T_e}{\sqrt{N_e}}$$

近似换算时,$\alpha_t = 95\alpha_e$,其误差不大于 0.7%。

一般换算式:$\alpha_t = K\alpha_e$,K 为换算常数。

几种纱线的特数制、英制捻系数换算常数见表 1-6。

表 1-6　纱线的特数制、英制捻系数换算常数

纱线类别	混纺比	换算常数
纯棉	—	95.08
化纤纯纺、混纺	—	95.67
涤/棉	65/35	95.43
棉/黏	75/25	95.20
维/棉	50/50	95.39

国家标准中规定梳棉单纱的实际捻系数范围见表1-7。

表1-7 梳棉单纱的实际捻系数

线密度(tex)	实际捻系数	
	经 纱	纬 纱
8~13	340~430	310~380
14~30	330~420	300~370
32~192	320~410	290~360

国家标准中规定精梳棉单纱的实际捻系数范围见表1-8。

表1-8 精梳棉单纱的实际捻系数

线密度(tex)	实际捻系数	
	经 纱	纬 纱
4~5.5	340~410	310~360
6~15	330~400	300~350
16~36	320~390	290~340

纱线捻度对纱线强度、织物强度、织物透气性、紧度、弹性、缩率、起毛起球、耐磨性、覆盖性和柔软性都有一定的影响。在我国质量标准和乌斯特统计值中已作为列出指标,也用于区分针织物和机织物用纱的主要依据。2013年乌斯特公报规定精梳棉纱捻系数为354,普梳棉纱捻系数为376,低于该值列为针织纱。

(二)近年来制定的纱线标准介绍

近几年来,随着新型纤维在纱线中的广泛应用以及新型纺纱技术的推广应用,纱线的品种发展较快。为适应市场需求,使纱线的品种和质量符合规范化、法规化的要求,在标准主管部门与相关生产企业的共同努力下,加快了纱线标准的制定步伐。

1.棉本色纱线 棉本色纱线是国内生产量最多的纱线品种,其标准采用GB/T 398—2008《棉本色纱线》。对棉本色纱线的具体指标要求如下。

(1)纱线百米重量变异系数要求为优等品2.2%、一等品3.5%、二等品4.5%。

(2)纱线条干均匀度变异系数要求为0.5%~1.0%。

(3)单纱(线)断裂强度与单强变异系数指标依纱线细度变化。

(4)百米重量偏差分优等、一等、二等指标,分别为优等2.0%、一等2.5%、二等3.5%。

(5)纱线1g内的棉结与棉结杂质总粒数要求高于旧标准。以14~15tex为例,普梳纱的1g棉结数优等、一等品分别为35粒、65粒;普梳纱的棉结杂质总粒数优等、一等品分别为55粒和105粒。

(6)10万米纱疵要求为:普梳纱的优等、一等品分别为10个和20个,精梳纱为5个和20个。

（7）标准中对纱线捻系数也有控制范围，规定14~15tex普梳纱：经纱捻系数为330~420，纬纱捻系数为300~370；精梳纱：经纱捻系数为330~400，纬纱捻系数为300~350，纬纱捻系数比经纱略低控制。

（8）新标准对起绒用纱制订了相关技术要求。起绒纱的原棉质量要优于普通织物用纱。

2. 精梳棉粘混纺本色纱线标准　精梳棉粘混纺本色纱线标准为GB/T 29258—2012，标准适用于环锭纺（含紧密纺、赛络纺）精梳棉粘混纺本色纱（包括针织用纱和机织用纱）。

纱线考核指标有七项，即单强CV值、线密度CV值、单纱断裂强度、线密度偏差、条干均匀度CV值（黑板与Uster条干仪并用）、+200%千米棉结、优等和一等纱考核10万米纱疵。

（1）按照精梳棉含量50%~70%和含量70%以上两个系列，随着精梳棉含量的增加，单纱断裂强度要求相应提高。

（2）采用紧密纺与赛络纺技术生产的精梳棉粘混纺纱时，增加千米纱疵（细节、粗节、棉结）和毛羽数考核。

（3）对棉粘混纺纱的纤维含量偏差率规定为±1.5%，超过时该批产品降为等外品。

3. 精梳棉与黏胶混纺色纺纱线标准　精梳棉与黏胶混纺色纺纱线标准为FZ/T 12029—2012，标准适用环锭纺精梳棉与黏胶混纺色纺纱线（针织用纱）。

单纱考核指标纱有九项，比精梳棉粘混纺本色纱增加色棉结与色牢度两项考核指标。股线考核指标为七项，与单纱比较，取消条干均匀度CV值、千米棉结与10万米纱等三项考核指标，但增加捻度变异系数考核。

（1）将黏胶纤维含量小于50%和大于等于50%分别考核。随着黏胶纤维含量的增加，单强变异系数有所改善，但单纱断裂强度下降0.4~0.6cN/tex。

（2）因纤维染色后性能变化较大，故总体质量水平有一定下降。

4. 纯棉竹节本色纱标准　纯棉竹节本色纱标准为FZ/T 12032—2012，标准适用于环锭纺纯棉竹节本色纱，可用作针织用纱或机织用纱。

（1）竹节纱定义。在一定长度范围内，直径、粗细、竹节长度或竹节间距有规律或无规律变化的纱，称为竹节纱。

（2）考核指标有五项，即单强CV值、综合线密度CV值、单纱断裂强度、综合线密度偏差率、竹节规格。

（3）纯棉竹节本色纱按生产工艺及线密度分类，可分为普梳和精梳纯棉竹节纱两类。

（4）纯棉竹节本色纱标记以基本表述和特征表述两部分组成。基本表述有：纯棉竹节本色纱、生产工艺、过程代号、原料代号（棉代号为C）、综合线密度（基纱线密度）；特征表述有：有无规律性、最短竹节长度、最长竹节长度、最短间距长度、最长间距长度、竹节倍数。

（5）纯棉竹节纱有精梳与普梳之分，有机织用纱和针织用纱两种。其单纱断裂强度要求有一定区别，以16.1~20tex为例，精梳棉竹节纱比普通竹节纱高1.0cN/tex；机织用纱为15.5cN/tex，针织用纱为13.0cN/tex，差距为2.5cN/tex。

（6）纯棉竹节纱竹节规格分竹节长度偏差、竹节间距偏差、竹节倍数偏差三项，分别制订了优等、一等品的控制范围。

5. 精梳棉本色紧密纺纱线标准　精梳棉本色紧密纺纱线标准为 FZ/T 12018—2009,标准适用于紧密纺技术加工生产的精梳棉本色紧密纺纱线(包括针织用纱线与机织用纱线)。

(1)考核指标。纱和线的考核指标均为八项,即单强 CV 值、百米重量 CV 值、单纱断裂强度、百米重量偏差、条干均匀度 CV 值、常发性纱疵的千米粗节及棉结、10 万米纱疵、毛羽指标。毛羽指标可用毛羽指数或 2mm 以上毛羽根数/10m(任选一种);百米重量偏差率作为顺降指标,超出±2.5%降为等外品。

(2)技术要求。技术要求分针织纱与机织纱两个系列。由于精梳棉本色紧密纺纱线系作高档织物用纱,故纱支跨度较大,从最细的 4.0tex 到 60tex;机织用纱与针织用纱在质量要求上有一定区别。针织用纱的单强 CV 值要高于机织用纱 0.5%左右,机织用纱的单纱断裂强度要高于针织用纱 0.5~1.0cN/tex,针织用纱的条干均匀度也要略高于机织用纱。由于采用紧密纺技术纺纱,其各项质量指标比普通纯棉精梳纱均有较高的要求。

6. 复合纱线标准　复合纱线通常是指有两种纤维或纱(丝)经加捻而纺成的纱或线,是在环锭纺细纱机上通过改造来生产。目前生产最多的是棉氨纶包芯纱,下面介绍棉氨纶包芯色纺纱的标准。

棉氨纶包芯色纺纱标准为 FZ/T 12034—2012,适用于鉴定氨纶含量 3%~15%的环锭纺棉氨纶包芯色纺纱的品质。

(1)考核指标共九项,即单强 CV 值、线密度 CV 值、单纱强度、线密度偏差、条干均匀度 CV 值、千米棉结、明显色结、10 万米纱疵及色牢度。

(2)标准分精梳棉与普梳棉氨纶包芯色纺纺纱两个系列。精梳棉包芯色纺纱各项指标要明显好于普梳棉包芯色纺纱。

(3)棉氨纶包芯色纺纱与棉氨纶包芯纱比,将中空芯纱疵、包覆不良纱芯、露芯纱及氨纶含量差异范围等指标删去了。

(三)涤纶低弹丝质量检验

1. 线密度　涤纶低弹丝线密度以分特(dtex)表示,它是指标准条件下,10000m 长度低弹丝的重量克数。试验时在规定条件下测试试样长度和质量,由此计算得到线密度的平均值,并计算出线密度偏差率和线密度 CV 值两项指标。

(1)线密度偏差率 D。

$$D = \frac{A - B}{B} \times 100\%$$

式中:A——线密度测定值,dtex;

B——线密度名义值,dtex。

实测值样品数取 15,每个试验 2 次共 30 次,按下式计算其实测值为标准大气下不扣除含油率的线密度。

$$Tt = \frac{\sum\limits_{i=1}^{n} x_i}{nL} \times 10000$$

式中:x_i——各次线密度试验值,dtex;

    n——试验总次数,次;

    L——单个试样的测试长度,m;

    Tt——实测线密度,dtex。

(2)线密度 CV 值。

$$CV = \frac{S}{\bar{x}} \times 100\%$$

$$S = \sqrt{\frac{\sum_{i=1}^{n} (x_i - \bar{x})^2}{n-1}}$$

式中:S——标准差;

    x_i——各次试验值;

    $\bar{x}$——各次试验的算术平均值;

    n——试验总次数。

2. 强度

(1)断裂强度。断裂强度以每 dtex 低弹丝的相对断裂强力表示(cN/dtex)。试验时在规定条件下用单纱强伸仪拉伸试样,直至断裂,由 30 次实测值求出平均断裂强力,再由断裂强力和线密度计算出断裂强度。

$$G = \frac{F}{Tt}$$

式中:G——平均断裂强度,cN/dtex;

    F——平均断裂强力,cN;

    Tt——线密度,dtex。

(2)断裂强度 CV 值。由断裂强力实测值数据,按照变异系数计算公式可得到断裂强度 CV 值(%),它反映了涤纶低单丝强度不匀情况。

(3)断裂伸长率。根据上述断裂强度试验中的数据计算断裂伸长率。

$$\varepsilon_i = \frac{\Delta l_i}{l_o}$$

$$\varepsilon = \frac{\sum_{i=1}^{n} \varepsilon_i}{n}$$

式中:ε_i——每个试样的断裂伸长率;

    Δl_i——每个试样的断裂伸长值,mm;

    l_o——试样的夹持长度,mm;

ε——试样的平均断裂伸长率;

n——试验次数,次。

(4)断裂伸长 CV 值。由断裂伸长数据,按照变异系数计算公式计算得到断裂伸长 CV 值。

3. 卷缩性能 卷缩性能主要包括卷曲收缩率、卷曲稳定度和卷曲收缩率 CV 值等指标。卷曲收缩率是指变形丝过卷显现后,在规定负荷下测得拉直长度与拉直后又恢复卷曲状态时的长度之差与拉直后的长度比值。它反映的是变形丝被拉直后,其卷曲立体结构重新恢复所产生的收缩率。卷曲稳定度是变形丝经过卷缩显现,加重负荷后与加重负荷前的卷曲收缩率的比值。它反映的是变形丝在承受重负荷之后,仍可保留的卷曲收缩量。而卷取收缩率 CV 值反映了低弹丝卷缩性能的均匀性。测试时,设定绞丝的总线密度为 2500dtex(试样线密度≤400dtex)或10000dtex(试样线密度>400dtex),经过卷曲显现过程,并用规定的加负荷程序加载,绞丝的长度就发生变化。利用在规定的加负荷程序下测得的绞丝长度,就可计算卷曲收缩率,卷曲稳定度等指标。

$$卷取收缩率 = \frac{L_g - L_z}{L_g} \times 100\%$$

$$卷曲稳定度 = \frac{L_g - L_b}{L_g - L_z} \times 100\%$$

式中:L_g——绞丝在规定负荷下拉直后的长度,mm;

L_z——绞丝恢复卷曲时的长度,mm;

L_b——绞丝加重负荷后又恢复卷曲时的长度,mm。

卷曲收缩率 CV 值由卷曲收缩率试验中的数据,按照变异系数计算公式计算得出。

4. 沸水收缩率 在规定条件下用沸水煮处理试样,测量处理前后试样长度变化,计算其对原试样长度的百分比,由此得到沸水收缩率。

$$沸水收缩率 = \frac{L_o - L_s}{L_o} \times 100\%$$

式中:L_o——试样沸水处理前的长度,mm;

L_s——沸水处理后的长度,mm。

5. 染色均匀度 染色均匀度可采用织袜染色法或仪器法测定。织袜染色法是在单喂纱系统圆形袜机上,将涤纶长丝试样织成袜筒,并在规定条件下染色,对照变色用灰色样卡评定染色均匀度等级。仪器法是在变形丝测试仪上,测定涤纶长丝的总回缩率、卷曲率和纤维残余收缩率及其变异来判定染色均匀度。

6. 含油率 含油率是和织造工艺关系密切的指标,可采用中性皂液洗涤法或萃取法测定。中性皂液洗涤法是利用皂液和油剂的亲和力,经洗涤使试样上的油转移到皂液中,由洗涤前后的质量变化,计算含油率。

$$含油率 = \frac{G_1(1-W) - G_2}{G_1(1-W)} \times 100\%$$

$$W = \frac{m_1 - m_2}{m_1} \times 100\%$$

式中:G_1——试样洗涤前质量,g;

G_2——试样洗涤后烘干质量,g;

W——试样含水率;

m_1——试样烘前质量,g;

m_2——试样烘干质量;g。

萃取法是利用油剂能溶于有机溶剂的性质,通过索氏萃取器将试样表面油剂抽出,再将抽出液加以蒸发烘干,得到不易挥发的油剂质量,连同萃取前的试样质量,计算得到试样的含油率。

$$含油率 = \frac{G_2 - G_1}{G_3(1-W)} \times 100\%$$

式中:G_1——萃取前萃取瓶质量,g;

G_2——萃取后萃取瓶烘干质量,g;

G_3——萃取前试样质量,g;

W——含水率。

7. 筒重　测筒重时应为满卷,以千克计。

8. 外观　外观指标由双方根据后道工序要求商定。检验时,应按照规定条件,在荧光灯下观察筒子两个端面和圆柱表面,并对照变色用灰色样卡。

除以上技术条件外,对于网络丝还应检验网络度及其变异指标,在此不做赘述。

☞ **思考题**

1.画出棉型机织产品的工艺流程图,并说明每道工序的主要作用。

2.机织物按照用途可以分为哪几个类型?

3.画出机织物上机织造工艺流程图,并说明织物形成的过程。

4.织造对原纱质量有什么要求?说明在喷气织机织造时,纱线应达到的质量方面的要求是什么?

5.棉本色纱线质量检验的主要指标有哪些?

第二章 络筒、整经工序的质量控制

第一节 络筒工序的质量控制

络筒质量的好坏,与后道工序的效率、质量和织物质量有着密切的关系。随着新型准备机械和新型织机的广泛使用,企业对络筒的质量要求也越来越高。

新型整经机不断向高速、高效、大卷装方向发展,就需要高质量和大卷装的筒纱。而高质量的筒子纱就是要求在络纱过程中,粗细节及棉结等疵点要尽可能地通过清纱器完全被清除掉,并要求接头质量,筒子卷绕密度符合工艺规定,卷绕成形良好。这是因为:纱线上的粗细节及棉结杂质,不仅会降低纱线的质量,而且还会影响后道工序效率和织物的质量,尤其在新型织机中,细节往往是一种潜在的断头,粗节、棉结会使纱线不易穿过停经片、综眼及筘齿,造成开口不清和经纱断头,严重影响织布效率。

现在,接头质量的好坏也是影响织物外观质量和造成后道工序断头的主要因素之一。筒纱卷绕张力适中与否和卷绕成形良好与否将会影响整经时筒子退绕张力波动大小,尤其在整经机不断向高速化发展情况下,张力波动会导致整经断头,从而会影响整经效率和经轴卷绕密度均匀。筒纱大卷装就是为了适应整经机的高速高效化,以减少换筒次数,降低工人劳动强度,提高整经效率。现在,新型织机的供纬形式都采用筒纱供纬,因而对纬纱的质量要求,即高质量和大卷装的筒纱的必要性是显而易见的。

纱线经过络纱后,由于络筒机的纱道不光洁,因摩擦而使纱线毛羽增多,而毛羽过多将会导致纬纱不能顺利通过梭口。随着新型织机不断向高速化发展,梭口高度也随之不断降低,因而纬纱的质量不但会影响引纬的质量,还会影响布机效率和织物质量。

由此可见,需要对络筒质量加以控制,提高络筒质量,才有可能更好地发挥后道工序效率和保证后道工序半制品,满足织物高质量要求。

一、络筒工艺参数对纱线性能的影响

(一)络筒工艺参数对纱线条干的影响

1. 络纱速度对纱线条干的影响 在自动络筒机上,张力刻度固定为10,电清参数不变,络纱速度对纱线条干影响的试验数据见表2-1。

从表2-1数据可看出,络筒加工对纱线条干 CV 值无明显改善。对纯棉纱线来说,适当速度范围时,细节、粗节和棉结略有降低,但高速时条干 CV 值恶化。与纯棉纱相比,络筒速度对涤/棉纱的影响稍大,细节、粗节和棉结随络纱速度增加都有增加倾向。

表2-1　络纱速度对纱线条干的影响

络纱速度	条干CV值(%)		细节(-50%)		粗节(+50%)		棉结(+200%)	
(m/min)	C14.6tex	T/C13tex	C14.6tex	T/C13tex	C14.6tex	T/C13tex	C14.6tex	T/C13tex
管纱	19.2	15.85	212	58	855	166	810	205
800	18.93	16.54	198	85	734	232	664	239
900	19.18	17.03	228	106	753	296	698	234
1000	19.36	16.77	255	103	794	254	752	297
1100	19.27	—	235		830		730	
1200	19.88	—	323		911		874	

络卷圆锥筒子时，筒子上只有一点的线速度和槽筒相等，这一点称为传动点。筒子大端的圆周速度大于传动点处，而筒子小端的圆周速度小于传动点处。一方面，筒子大端和小端与槽筒之间会产生摩擦；另一方面，大小端速度的不一致，必然引起卷绕张力的不一致，这种由张力波动引起的伸长变化，会给纱线条干CV值带来负面影响。

在自动络筒机上，纱线从管纱上退绕下来，要经过气圈破裂、预清纱器、探纱器、张力装置、捕纱器前挡杆、电子清纱器前挡杆和电子清纱器后夹缝板，每个接触部件都会使纱路角度发生微小变化，分布有细节、粗节和棉结的纱线高速通过这些接触部件时，也会引起张力波动，从而给纱线条干带来不利影响。因此，适当减小络纱速度对条干有利。

电子清纱器可以清除原纱上超过设定标准的粗节、细节和双纱，但仍有15%～20%的疵点漏切。同时，在张力作用下的拉伸变形伸长和纱线在络筒过程中受到的摩擦，又会产生新的细节和棉结。显然，络纱速度的变化会引起电子清纱器正切率、误切率、漏切率和清除效率等指标的变化。过高的速度，会使电子清纱器的清除效率下降，对改善纱线条干不利。

从表2-1数据看，为改善纱线条干，络纱速度应适当，尤其是络涤/棉纱时，宜采用较低的速度。

2. 络纱张力对纱线条干的影响　络纱速度选择1000m/min，张力刻度值分别调整为8、9、10，试验结果见表2-2。

表2-2　络纱张力对纱线条干的影响

品种	张力刻度值	条干CV值(%)	细节(-50%)	粗结(+50%)	棉结(+200%)
C14.6tex	管纱	19.2	212	853	810
	8	19.22	248	743	675
	9	19.24	253	787	715
	10	19.58	284	812	800
T/C 65/35 13tex	管纱	15.85	58	166	205
	8	16.20	68	184	213
	9	16.39	67	210	229
	10	16.50	84	203	226

由表 2-2 可以看出,纱线条干与络纱张力大小显著相关。在一定范围内,张力值越大,条干 *CV* 值越高,细节、粗节也随之增长。因此,在络筒工艺配置时,为得到较好的纱线条干,在不影响卷装成形的前提下,张力以偏小掌握为宜。

(二)络筒工艺参数对纱线强力、强力 *CV* 值的影响

1.络纱张力对纱线强力、强力 *CV* 值的影响　络纱速度选择 1000m/min,改变张力刻度值,测得原纱和筒子纱单纱强力和强力 *CV* 值(表 2-3)。

表 2-3　络筒张力对纱线强力的影响

张力刻度		单纱断裂强力(cN)		强力 *CV* 值(%)	
		C14.6tex	T/C13tex	C14.6tex	T/C13tex
管纱		197.46	229.1	12.37	13.29
筒纱	8	181.8	227.7	10.85	13.47
	9	190.6	225.5	11.06	13.48
	10	189.9	225.6	11.67	13.61

从表 2-3 可以看出,络筒后纱线断裂强力均略有下降,纯棉纱的强力 *CV* 值略有改善,T/C 纱未得到改善,随络筒张力增加,强力 *CV* 值有增加的趋势。在以上分析中可看出,随络筒张力增加,细节、粗节和棉结有所增长,细节、粗节出现频率的增加,无疑会使强力 *CV* 值也升高。

2.络纱速度对单纱强力、强力 *CV* 值的影响　改变络筒速度,得到络纱速度对单纱强力、强力 *CV* 值的影响试验数据(表 2-4)。

表 2-4　络纱速度对单纱强力、强力 *CV* 值的影响

络纱速度	单纱断裂强力(cN)		强力 *CV* 值(%)	
	C14.6tex	T/C13tex	C14.6tex	T/C13tex
管纱	197.46	247.55	12.37	13.68
800	203.93	240.86	11.79	13.63
900	191.07	245.44	12.05	12.62
1000	190.14	241.3	10.63	11.17
1100	184.65	239.9	11.21	12.52
1200	186.42	240.7	11.46	14.10

由表 2-4 可看出随络纱速度的增加单纱断裂强力总体降低,强力 *CV* 值降低。随速度的依次增加,强力平均值略呈下降趋势,但各速度点有起伏。

络筒时,一定的络筒张力是卷装成形和清纱所必需的。理论和大量实验证明,络纱速度的增加也会使络筒张力增加。在较低速度时,由速度变化引起的张力增加,会使张力波动减小,且有利于在络筒过程中消除原纱弱环,对降低强力 *CV* 值有利。速度增加到一定值时,再增加络纱速度,会使络筒张力超过工艺允许的范围,纱线塑性变形量增加,纱体与各接触部件摩擦、撞

击程度加大,会引起强力值下降,强力不匀率升高。

(三)络筒工艺参数对纱线毛羽的影响

络筒工序对纱线毛羽影响很大,经过络筒后,纱线毛羽增加很多。试验研究表明,络筒是纱线毛羽增加的主要工序。络筒速度、络筒张力、张力盘转速、筒臂压力对纱线毛羽都有影响,其中络筒张力、络筒速度对纱线毛羽的影响比较显著。

1. 络筒张力对纱线毛羽增长率的影响 某厂选用纯棉9.7tex纱,在Autoconer338型自动络筒机进行络纱实验。测试速度为1200m/min,张力盘转速为210r/min的条件下,分别选用12cN、14cN、16cN的络筒张力进行试验,并测试1~8mm的毛羽数,计算随络筒张力的增加,3mm以上有害毛羽的毛羽增长率,计算结果见表2-5。

表2-5 不同络筒张力对纱线毛羽增长率的影响

络筒张力(cN)	毛羽增长率(%)
12	73
14	97
16	113

从表2-5可知,在络筒张力为12~16cN,3mm以上有害毛羽的毛羽增长率是呈增加趋势的。3mm以上毛羽形成的主要原因是,3mm以下的短毛羽在与相关机件的摩擦中受到抽拔作用形成的;同时张力使得纱线与相关机件的接触更紧密,纱线受到的机件作用力增加。当张力较小时,纱线与机件的摩擦也较弱,纱线受到的作用力较小,短毛羽被抽拔形成比原来更长毛羽的机会也较小。随着络筒张力的增加,纱线与机件的摩擦会变得越来越剧烈,机件对纱线的作用力加强,短毛羽被抽拔形成比原来更长毛羽的机会增加,使3mm以上毛羽增长率增加。

2. 络筒速度对纱线毛羽增长率的影响 络筒速度对纱线毛羽影响显著,速度越高,气圈回转角速度越大,离心力越大,纱线与各接触部件摩擦、撞击作用加剧,筒子卷装表面摩擦增加,摩擦加剧产生的静电,又使纱线表层松软的纤维更容易被离心力和摩擦力拉出纱体,形成毛羽。络筒速度在1100m/min以内,不同络纱速度对纱线毛羽增长率的影响见表2-6。

表2-6 低速时络筒速度对纱线毛羽增长率的影响

毛羽数 (个/10cm)	管纱		800(m/min)		900(m/min)		1000(m/min)		1100(m/min)
	2mm	3mm	2mm	3mm	2mm	3mm	2mm	3mm	3mm
小纱	163.72	35.30	471.90	133.18	471.05	135.93	363.80	122.89	110.70
中纱	189.33	37.98	390.30	113.40	397.56	121.52	333.54	103.20	113.40
大纱	177.47	35.61	336.78	105.23	352.30	95.74	331.86	99.75	120.30
平均毛羽 增长率(%)	—		126	223	429	224	94	199	216

目前,随全自动络筒机各项性能的逐渐完善,增加了毛羽减少装置,络筒速度可达1200m/min

以上。在高速络筒条件下,选用 Autoconer338 型自动络筒机对纯棉 9.7tex 纱进行络纱实验,络筒张力为 12cN,张力盘转速为 210r/min 的条件下,分别选用 1200m/min、1300m/min、1400m/min、1500m/min、1600 m/min 的络筒速度进行试验,测试 1~8mm 的毛羽数,并计算随络筒速度的增加,3mm 以上有害毛羽的毛羽增长率,计算结果见表 2-7。

表 2-7 高速时,高速络筒速度对纱线毛羽增长率的影响

络筒速度	1200(m/min)	1300(m/min)	1400(m/min)	1500(m/min)	1600(m/min)
毛羽增长率(%)	72.9	119.6	191.7	156	71.8

由表 2-6 和表 2-7 可看出,络筒后,毛羽增长幅度大,增长率值很高。在 1100m/min 以下低速度范围内,3mm 以上有害毛羽的增长率无明显差别。但络筒速度在 1200~1600m/min 变化时,毛羽增长率呈先增加后减少的趋势,毛羽增长率的最大值出现在络筒速度为 1400m/min 处,最小值出现在络筒速度 1600m/min 处。因此,在高速络筒机上,速度对纱线毛羽增长率的影响规律与以往的试验结论有所不同,并不是络筒速度越大,毛羽增长率越大。

造成这种结果的原因是,当速度较小时,络筒机的机件与纱线之间的相对速度较小,机件与纱线之间的摩擦作用较弱,毛羽增长率也较小;当速度增加时,机件与纱线的相对速度增加,机件对纱线的摩擦作用随之增加,短毛羽被作用的机会增加,毛羽增长率也会增加。当速度超过 1400m/min,机件对纱线的作用力随着速度增加而增加,但是机件对纱线上某一纤维头端的作用时间的减少,使毛羽增长率又逐渐减小。

二、络筒工序质量控制的主要指标

络筒工序质量控制指标的技术要求见表 2-8。

表 2-8 络筒工序质量控制指标的技术要求

指标分类	项目名称	线密度 [tex(英支)]	技术要求	测试方法
主要指标	百管断头率(次/百管)	14.5(40)		常规测试,生产现场实测
	卷绕密度(g/cm³)	9.7(60)	0.34~0.39	专题测试
	好筒率(%)		>98	按好筒率标准生产现场实测
	管纱回潮率(%)			专题测试
	捻结强力比		≥85	专题测试
	捻结强力合格率(%)		>85	YG021A-1 型单纱强力仪 Y361-1 型单纱强力仪 USTER-TENSORAPID 型快速单强仪 村田株式会社 PP-705 型单纱强力仪
	捻接区增粗倍数		<1.3	专题测试 显微镜目测,投影仪 IPI 目测

指标分类	项目名称	线密度 [tex(英支)]	技术要求	测试方法
主要指标	电清切除效率(%)		>85	专题测试(GB 4145—1984) USTERCLASSIMAT 纱疵分级仪
	正切率(%)		>85	
	毛羽增长率(%)		<250	专题测试 YG171B 型纱线毛羽仪 BT-2 型纱线毛羽仪
参考指标	捻接成接率(%)		>97	专题测试
	捻接单强 CV 值(%)		<20	专题测试 YG021A-1 型单纱强力仪
	捻接端断裂率(%)			Y361-1 型单纱强力仪

注 以上指标由企业根据设备、实验条件等实际情况参考选择,并可附加其他指标作为企业内部控制指标,以保证络筒质量。同时因品种及企业设备情况不同,各指标控制范围会有差异,企业应根据实际情况制订适当的指标控制范围。

若各个企业都能按以上指标对络筒工序认真控制,就能够保证后道工序正常顺利进行和织物质量。但是在实际生产中,各企业由于种种原因,只对部分指标如百管断头、卷绕密度、电清效率加以控制,而不对接头质量、毛羽等指标考核和控制。现在,人们对织物质量要求在不断提高,新型织机已被广泛使用,接头质量和毛羽的影响越来越大,它不但会影响纱线的性能和质量,而且还会影响后道工序。若接头质量不符合要求,就易造成断头。毛羽在织造过程中,尤其在无梭织机织造时,会导致开口不清,经纱断头多,并会影响引纬的顺利进行和引纬质量,严重影响布机效率和织物外观的光洁、清晰、滑爽。由此可见,只控制个别指标还远远不能达到保证和提高后道工序的效率、质量和织物质量的目的,所以这些指标应引起企业的足够重视。

三、络筒工序的试验方法与结果分析

(一)百管断头次数试验

1. 试验目的 通过测试,可及时发现络筒时由工艺操作、机械等方面而引起的断头原因,以便采取措施降低断头,为提高络筒效率创造条件。

2. 试验周期 1332MD 型络筒机,各品种每周至少测一次;全自动络筒机,每台设备每周测试两次(试验周期可根据企业情况调整)。

3. 测试方法 对 1332MD 型络筒机,测试方法如下。

(1)分品种在任意机台上至少测定 100 只管纱,从开始插上到络完为止。

(2)发现断头立即记录下来并分析断头原因,有突出问题时应留出样品,提供给有关部门进行详细分析,测试结果记录在表2-9中。

(3)试验前后分别记录靠近试验区的温度和相对湿度。

表 2-9 1332MD 型络筒机百管断头率原因分析表　　纱线品种和线密度：

细纱								因成形不良吊断头	清洁器不良	其他	百管断头次　数
生头不良	接头不良	飞花	杂质	弱捻纱	竹节纱	小辫子	脱圈				

对全自动络筒机,可以直接从络筒机上抄录数据,再经过折算求出百管断头数,记录表格见表 2-10。

表 2-10 全自动络筒机百管断头率原因分析表　　纱线品种和线密度：

日期	机号	班别	百管断头	10 万米纱线平均断头次数(次)						
				棉结	短粗节	长粗节	细节	异性纤维	特数偏差	接头不良

4. 试验结果计算

$$A_d = \frac{D_n}{D_s} \times 100$$

式中：A_d——络筒百管断头,次/百管；

　　　D_n——断头次数,次；

　　　D_s——测定管纱只数,只。

所得结果中需保留一位小数。

5. 测试结果分析　测试时,应将断头原因及时记录在表 2-9 和表 2-10 中,以便分析。

(1)百管断头的主要原因是细纱质量不好,其次是络筒机机械、工艺设定和操作的原因。

(2)若个别锭子断头高时,先检查张力盘的轴心、张力盘底部或张力杆是否起槽,锭子状态是否良好。

(3)若某种纱发生较长时间断头高,根据断头原因分析;在其他断头一项所占比例较多时,则可检查络筒工艺是否合理,如张力装置和清纱器所设参数是否符合工艺规定。

(二)络筒卷绕密度试验

1. 试验目的　通过测试卷绕密度来衡量络筒的卷绕松紧程度,进而了解经纱所受张力是否合理,并可计算出络筒最大的卷绕容量。

2. 试验周期和取样　各品种每季至少测一次,翻改品种时必须试验。取样时任取筒纱,数量不少于 5 只。

3. 筒子卷装体积计算方法　圆锥形筒纱和圆柱形筒纱卷装尺寸如图 2-1 和图 2-2 所示。

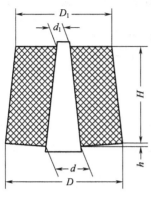 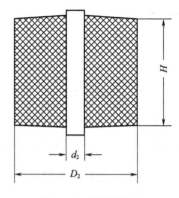

图 2-1　圆锥形筒纱　　　　　　　图 2-2　圆柱形筒纱

（1）圆锥形形筒纱的绕纱体积：

$$V = \frac{\pi}{12}(D^2 + D_1^2 + DD_1)H + \frac{\pi}{10}(d^2 + D^2 + dD)h - \frac{\pi}{12}(d^2 + d_1 + dd_1)(H + h)$$

式中：D——圆锥形筒纱满筒大端直径，cm；

　　　D_1——圆锥形筒纱满筒小端直径，cm；

　　　d——圆锥形筒管大端直径，cm；

　　　d_1——圆锥形筒管小端直径，cm；

　　　H——筒纱上的绕纱高度，cm；

　　　h——圆锥形筒纱绕纱底部锥体高度，cm。

（2）圆柱形筒纱的绕纱体积：

$$V = \frac{\pi}{4}(D_2^2 - d_2^2)H$$

式中：D_2——圆柱形筒纱的满筒直径，cm；

　　　d_2——圆柱形筒管直径，cm；

　　　H——筒纱上的绕纱高度，cm。

4. 筒子绕纱质量的测量　称空筒子和满筒子的质量，两者之差即为绕纱质量 G。

5. 求筒子的卷绕密度　筒子的卷绕密度：

$$\gamma = \frac{G}{V}$$

6. 影响卷绕密度 γ 的因素

（1）同一纱线密度时，张力越大则卷绕密度 γ 越大，反之 γ 越小。

（2）络筒机类型和车速高低对卷绕密度也有影响。同一机型，车速快，γ 要大一些。

（3）棉纱特数越大，则卷绕密度越小，卷绕密度也随纤维类别、纱线特数大小不同而不同，

表 2-11 为不同棉纱特数的卷绕密度范围。

表 2-11　络筒卷绕密度参考范围

纱线特数(tex)	卷绕密度(g/cm³)	纱线特数(tex)	卷绕密度(g/cm³)
96~32	0.34~0.39	19~12	0.35~0.45
31~20	0.34~0.42	11~6	0.36~0.47

注　同样特数涤棉混纺纱的卷绕密度一般要比纯棉纱高 0.04~0.06g/cm³。因为涤/棉纱线弹性好,卷绕成筒子后纱线略有收缩,造成卷绕较紧。

(三)毛羽增长率试验

1.试验目的　通过测试可了解管纱经过络筒工序后,对纱线外观质量的影响,并为改善络筒工艺和设备提供依据,进一步提高络纱质量。

2.试验周期　每台络筒机每月至少测一次。

3.取样方法　每个品种随机取 10 只管纱和筒纱,满管纱去掉 100m 左右,满筒纱去掉 1000m 左右,连续测 10 次,最后求平均值。

4.试验方法

$$毛羽增长率 = \frac{M_1 - M_2}{M_2} \times 100\%$$

式中:M_1——筒子纱毛羽数,个;

　M_2——管纱毛羽数,个。

5.影响毛羽增长的因素

(1)槽筒是影响毛羽增长的主要因素,而槽筒的材质、表面光洁度起决定性作用。一般情况下,采用金属槽筒,其表面加工精度高,因而毛羽增加要比采用胶木材料的槽筒要少一些。

(2)纱路曲度对毛羽增长也有影响,一般直线型纱路毛羽增长比曲线型毛羽增长少。这是由于直线型纱路减少了作用于纱线上的摩擦和附加张力,这就减少了对纱线的磨损,减少了毛羽的产生。

(3)络筒工艺参数如络纱速度,络筒张力对毛羽增长率有很大影响,应根据加工纱线的不同来选择适当的工艺参数。

(四)管纱回潮率试验

1.试验目的　通过试验,可以了解管纱回潮率的大小,使管纱回潮率控制在工艺要求范围内,不断提高生产效率。同时间接地考核空调设备的运转情况,作为调节温湿度以及计算产量的依据。

2.试验周期　每品种每月测试一次。

3.试验方法

①从车间管纱存放处的管纱上取样,每个品种取三个样品,样品重量为 2g 左右,每个样品中均放入纸条,记录品种。

②将样品放入取样容器小铁筒内。

③在试验室用电子天平称取每个样品的湿重 G_1。

④把样品放入烘箱,烘燥 1~2h 后,将样品放入干燥器 15min,称取样品干重 G_2。

⑤计算回潮率:

$$W = \frac{G_1 - G_2}{G_2} \times 100\%$$

4. 管纱回潮率对生产的影响 管纱回潮率的高低,不仅影响筒纱的卷绕密度,还能影响纱线的质量即络筒的断头率。管纱回潮率高,筒纱的卷绕密度偏大,反之卷绕密度偏小。管纱回潮率偏高,纱线的伸长增加,络筒时断头会增加,影响筒纱的质量和络筒机的效率。若管纱回潮率偏低,络筒时静电较多,毛羽增长率大幅度增加。

5. 影响回潮率因素 影响管纱回潮率的主要因素是车间温湿度和纤维种类,不同纤维种类的纱线在不同的温湿度条件下,其回潮率也不同。

(五)好筒率试验

1. 试验目的 通过试验可以全面了解筒纱的质量,并可以了解每个挡车工的产品质量,作为挡车工的质量考核依据,以达到提高筒纱质量,从而稳定整经生产,提高效率和经轴质量。

2. 试验周期 每季度不少于一次,品种翻改时必须检验。

3. 检验方法 按络纱好筒率考核标准进行考核。检查时在整经车间与织造车间随机抽查筒子各 50 只,总只数不少于 100 只(同品种纱线),倒筒抽查不少于 50 只。

4. 计算方法

$$络纱好筒率 = \frac{检查筒纱总只数 - 坏筒数}{检查筒纱总只数} \times 100\%$$

5. 络纱好筒率考核标准及造成筒子疵点的原因 好筒率考核标准见表 2-12。

表 2-12 络筒好筒率考核标准及造成坏筒的原因

疵点名称	考核标准	造成原因
磨损	扎断底部、头端有 1 根作坏筒,表面拉纱处满 3 米作坏筒	机械或工艺配置不当,筒纱太大,被槽筒磨损
错特、错纤维	作质量事故处理	管理不善
成形不良	(1)攀头:喇叭筒纱,大头攀 1 根作一只坏筒,小头绕筒管一圈一只坏筒;小头攀 1~3 根作一只坏筒,4 根及以上作一只坏筒;一次检查中疵点超过 3 只作一只坏筒 (2)菊花芯:喇叭筒超过筒管长度 1.5cm,作坏筒 (3)软硬筒纱:手感比正常筒纱松软或过硬作坏筒 (4)葫芦形:腰鼓形都作坏筒 (5)重叠:表面有重叠腰带状作坏筒(手感),重叠造成纱圈移动,倒伏作坏筒,表面有攀纱性重叠作坏筒 (6)凸边、涨边、脱边等均作坏筒	操作或机械不良

疵点名称	考核标准	造成原因
接头不良	（1）捻接纱段有接头、松捻作坏筒；捻接处暴露纤维硬丝或纱尾超过0.3cm作坏筒；捻接处有异物和回丝花衣卷入作坏筒 （2）非捻接股线及粗特纱纱尾超过0.3~0.5cm，中细特纱纱尾超过0.2~0.4cm作坏筒；松结、脱结作坏筒	操作不良
双纱	双纱作坏筒	操作不良
油污渍	表面浅油污纱满5m作坏筒；内层不论深浅作坏筒；深油作坏筒	操作不良，清洁工作未做好
筒纱卷绕大小	按各厂工艺规定的卷绕半径落筒，喇叭筒纱细特纱允许差±0.3cm，中粗支纱为±0.5cm，超过误差标准作坏筒（自动络筒定长差异控制由各厂工艺规定中确定）	
杂物卷入	飞花、回丝卷入作坏筒	操作不良
责任标记印	标记偏离筒管底端1.5cm以上作坏筒；印记不清和漏打作坏筒	操作不良
绕生头不良	绕生头时出现两个头或无头作坏筒	操作不良
空管不良	筒管开裂、豁槽、闭槽、空管毛刺、变形均作坏筒	磨损造成

（六）电子清纱器正切率和清除效率试验

1.试验目的 通过试验，既可以检验电子清纱器质量好坏，又可以了解电子清纱器效率和检测系统的灵敏度和准确性。

2.试验周期 每月每台络筒机测试至少一次，品种翻改时随时测试。

3.试验方法

（1）正切率试验方法。

①每一次工艺试验，各锭清纱器的试验长度不少于10万米。

②分锭采下被清纱器切断的全部纱疵（包括空切的纱线）。

③将采下的纱疵逐根与该清纱相适应的纱疵样照和清纱特性曲线对照，确定正切根数。

④分锭计算正切率，然后求出算术平均数，即为该套清纱器的正切率。

（2）清除效率试验方法。

①确定倒筒的清纱设定。倒筒时设定长度保持不变；设定粗度规定为：以直径设定的清纱器应比原清纱设定值减少20%，以截面积设定的清纱器应比原清纱器设定值减少40%。

②把已经清过纱的筒子放在原锭上倒筒。对于灵敏度低的锭子不要在原锭上倒筒，应将该筒子放在本套清纱器中灵敏度正常的锭子进行倒筒。

③分锭取下被切断的纱疵（空切的可不取下），再对照纱疵样和清纱特定曲线确定漏切数。

④分锭计算清除效率,然后求平均值,作为该套清纱器的清除效率。

4.计算方法

(1)正切率:

$$B = \frac{Z}{Z + W} \times 100\%$$

(2)清除效率:

$$P = \frac{Z}{Z + L} \times 100\%$$

式中:B——正切率;

Z——正确切断根数,根;

W——误切根数,根;

P——清除效率;

L——漏切根数,根。

5.结果分析　正切率和清除效率反映了电子清纱器检测系统的准确性和灵敏度。正切率和清除效率高,则说明纱疵被漏切的少,因而络纱的质量较高,有利于提高后道工序质量和织物质量。一般要求正切率和清除效率要大于85%;若小于85%,则就不能保证络纱质量,就要停止使用该套清纱器。

在使用电子清纱器时,必须选择最佳的清除范围,如设定的灵敏度太高,就会增加回丝和接断头次数,降低络筒效率和增加劳动强度。如果灵敏度设定太低,则难以保证筒纱质量。因此,应根据原纱质量和后道工序的要求,对照纱疵样照,合理选择清除范围,从而提高电子清纱器的正切率和清除效率。

(七)无接头纱捻接质量检验

1.试验目的　通过试验,可了解纱线捻接质量是否符合技术要求,并以此来评价捻接纱线质量和捻接器质量的好坏,为提高捻接纱质量和改善捻接器性能提供依据。

2.试验仪器　Y361-3型单纱强力仪(可采用现有型号单纱强力仪)。

3.试验周期、方法及计算方法　试验周期、方法及计算方法见表2-13。

表2-13　捻接纱质量试验周期和计算方法

内　容	样本	试验方法	计算方法	试验周期
成接率	500次	随机选取2~4个空捻器,查看挡车工捻接头并做好记录。凡一次接不上的打一个"×",统计捻接失败次数 n	$\dfrac{500 - n}{500} \times 100\%$	每月每台捻接器测一次
捻接强力比	60次	随机抽管纱10个,每管捻接间距在2m左右,并做上标记。在单强测试机上拉伸捻接头强力 X_a,同时仍使用原管纱,每个测6次,拉伸单强 X	$\dfrac{\overline{X_a}}{\overline{X}} \times 100\%$	每台络筒机每月测两次

内　容	样本	试验方法	计算方法	试验周期
捻接单强 CV 值	60 次	按捻接强力实验值计算	$$\dfrac{\sqrt{\dfrac{\sum\limits_{i=1}^{60}(X_{ai}-\overline{X}_a)^2}{(60-1)}}}{\overline{X}_a}\times 100\%$$	每台络筒机每月测两次
捻接端断裂率	60 次	在检测接头单强时查看断裂部位。凡在捻接长度及两端 5mm 范围内断裂均算捻接断裂,统计捻接断裂次数 n	$\dfrac{n}{60}\times 100\%$	每台络筒机每月测两次
捻接长度(mm)	20 次	在 4~6 个捻接器上取样,用尺在小黑板上测量	$\overline{X}=\dfrac{\sum\limits_{i=1}^{20}X_i}{20}$	周期结合维修调试时检测记录
捻接直径(mm)	20 次	可在测试捻接长度时,对抽样进行对照	$\overline{D}=\dfrac{\sum\limits_{i=1}^{20}D_i}{20}$	周期随操作教练员对挡车工测定同时进行

四、提高络筒半制品质量的几个问题

以前,人们认为络筒工序的作用仅在改变纱线的卷装形态上,随着无梭织机的大量使用,对经纱、纬纱的质量要求越来越高,络筒工序在经纱、纬纱准备工作中的地位也越显重要。

(一)采用自动络筒机

从无梭织机对络筒质量要求这一点来考虑,普通络筒机已难以满足要求,必须更新为自动络筒机。自动络筒机纱线通道设计合理,卷绕张力均匀,有在线检测和捻接头质量检查功能,捻接质量与成形良好,从而解决了普通络筒机难以解决的一系列问题。自动络筒机解决了无梭织机对络筒质量要求高而现有质量水平不能满足的矛盾;解决了环锭细纱机适当减小卷装、提高生产水平与络筒生产水平的矛盾;解决了满足后部要求,加严清除限度,增加切断、接头次数,与接头质量的矛盾;解决了络筒成形不良与后部高速退绕的矛盾。因此,无论从质量水平还是从经济效益方面考虑,自动络筒机是必不可少的配套设备。自动络筒机具有以下特色。

(1)纱线通道设计合理。自动络筒机的纱路趋向直线化,有利于减少纱路机件和纱线的摩擦,有利于络筒的高速卷绕。从纱路机件的布置顺序上,不同的机型略有差异,显然,将电子清纱器置于捻接器之后,先接头再经电子清纱器检测,有利于保证接头质量,而上蜡装置位于电子清纱器之后,蜡屑就不会干扰电子清纱器的正常工作。

(2)配置完善的在线监控系统。自动络筒机电脑监控系统日益完善,可完成计长、定长、电子清纱、参数设定及各种工艺参数如(纱疵、接头数、产量、效率等数据)的显示、统计和自检等功能,是普通络筒机所不能相比的。

(3)电子清纱器的性能更加完善。随电子技术的发展,电子清纱器由单一功能型向多功能、集成化和自动化方向发展。清纱过程受到络筒机的全程控制,反应灵敏度进一步提高,可以适应最高 2000m/min 的高速卷绕。设置了多清纱通道如棉结通道、短粗节通道、长粗节通道、细节通道、错特通道、捻接检测通道。

（4）捻接质量优良。自动络筒机配备空气捻接器或机械捻接器，适应范围更广，可用于棉股线、化纤长丝、棉弹性包芯纱、转杯纺纱，甚至涤纶或锦纶帘子线。接头直径为原纱直径的 1.1~1.2 倍，捻接头强力可以达到原纱强力的 80%~100%。因此，自动络筒机生产的无接头纱能够有效地降低织造工序的停台率。

（5）良好的卷绕成形。自动络筒机普遍采用金属槽筒，卷绕沟槽设计先进，络筒速度较高。采用电子防叠系统，电脑在线检测筒子纱直径，传感器测得槽筒和筒子的转速，确定是否在重叠区域；需要防叠时，有些络筒机使槽筒电动机按设定曲线加速或减速，使筒子与槽筒之间产生滑动，改变传动比，达到防叠的目的；也有通过采用防叠槽筒，用一机构把纱线从一条沟槽调到另一条沟槽，通过改变导纱规律达到防叠目的。电子防叠系统的应用，使络卷的筒子纱成形良好，有利于后道工序的高速退绕。

（6）采用张力控制系统。这是自动络筒机的一个重大突破，使筒纱卷绕张力趋于一致。

意大利 SAVIO 和德国 SCHLAFHORST 采用张力传感器测定单锭纱线张力；采用电磁加压方式，由单独伺服电动机驱动张力盘转动，张力值经电脑设定，并测得张力信号，通过电脑来调节张力器的压力和卷绕速度，保证张力均匀一致。日本村田公司的 No. 21C 型自动络筒机的 bal-con 气圈控制器，在管纱退绕过程中随管纱残纱量的减少而跟踪下降，解决了高速退绕时所出现的脱圈问题，从而控制张力变化，减少了毛羽，其张力控制系统与上述装置结合使用，确定管纱剩余量与退绕张力的关系，据此调节栅式张力器的压力，达到张力均匀一致的目的。

（7）完善的清洁系统。自动络筒机采用定点和巡回结合的气动清洁系统，极大地减少了络筒过程中的飞花卷入。

（8）毛羽减少装置的使用。日本村田公司的 No.21C 型自动络筒机上采用了两种原理的毛羽减少装置，即 Perla-A 空气加捻的毛羽减少装置和 Perla-D 机械盘加捻的毛羽减少装置，解决了经络筒后纱线毛羽增幅大的问题，对络筒质量的提高具有积极的作用。

（9）细络联和粗细络联成为必然趋势，在企业得以应用。在一些有实力的企业中，细纱和络筒联合机、粗纱和细纱及络筒联合机已经开始使用，使工序间半制品的更换实现自动化，减少了用工，提高了生产效率。

（10）机电一体化程度发展速度惊人。电气类零部件大幅增加，机械类零部件大幅减少；监控内容不断增加，如防叠、张力、打结、吸头回丝控制等由计算机集中处理和调控；监控内容从以数据统计、程序控制为主向以质量控制为主转变，实现质的飞跃，是自动络筒机高速、高效、高质量的根本保证。

（二）改造型普通络筒机

自动络筒机价格为普通络筒机的几十倍，因此，对中低档产品，也可采用改进的普通络筒机。普通络筒机技术改造成熟的项目有以下几项。

（1）电子清纱器。国产电子清纱器覆盖了国内 40%~50% 的普通络筒机。电子清纱器大致可分为初始型、提高型和微机型三大类。80% 以上是"六五"期间研制的初始型，功能单一，性能不够稳定,清除效率不够理想,难以满足高档织物对络筒质量的要求。"七五"期间多功能提高型和具有 20 世纪 80 年代国际先进水平的数字式微机型清纱监测装置相继问世,为络筒机配套改造提供了良好的条件。集清纱、定长、统计和在线自检功能于一体的清纱监测装置以及类似产品,作为扩大使用及更新换代初始型产品,已取得良好的效果。

(2)空气捻接器。国内空气捻接器生产厂家较多。为了用好空气捻接器,发挥应有的效益,必须抓住相关条件的改善,总结出一套统一、合理的操作规程与维修管理制度;要有严格的生产管理及质量检查考核制度;要有压力稳定、无油、净化、干燥的压缩空气;要有足够的维修备件。

(3)定长装置。整经机集体换筒可以均衡筒子退绕张力,国内已经大量采用。一般情况下使用筒纱定长装置,筒脚纱可减少 80% 以上,还可减少复倒工作量,使纱线毛羽、棉结增多和条干恶化的情况得以改善,有利于后道工序质量的提高。但由于受定长器性能、加压、转数差异以及滑溜因素等影响,定长误差较大。DQSS 系列等清纱监测装置中的定长功能配有车速自动跟踪电路,使定长装置受槽筒车速变化的影响较小。配置良好的张力架及接触良好的筒锭握臂,不但可以提高好筒率,而且还可以减少定长误差。

(4)金属槽筒。金属槽筒与胶木槽筒相比,散热快、防静电、耐磨且使用寿命长、筒纱成形有较大的改善,条干水平有所提高。金属槽筒更适合加工纯化纤纱,由于金属槽筒使用寿命长、筒纱成形好,好筒率明显提高,国内不少厂已广泛使用。

(5)电子防叠。防止筒子卷绕重叠是保证筒子高速退绕的重要措施之一。原使用的普通络筒机采用继电器式断通电防叠装置,效果较差,电气故障多。在技术改造中,一般采用可控硅三相无触点电机间歇通断防叠装置,好筒率有较大提高,但可控硅元件损坏较多,电动机温升也较高,从而影响槽筒转速及络筒效率的提高。为此,应研究在普通络筒机上采用变频调速防叠装置,以进一步提高防叠效果。

(6)巡回清洁装置。使用往复巡回清洁装置以后,取消了值车工人清洁操作,改善了工作环境,减少了导纱器、张力装置及清纱器上飞花的积聚。既减轻了工人劳动强度,又提高了产品质量和生产效率,受到挡车工欢迎。往复清洁装置有龙带传动及坦克链电机直接传动两种,后者风力大,故障少,吹风嘴系橡胶制品,损坏少。只要使用厂维护及管理工作能跟上,减少故障,巡回清洁装置是一项花钱少、收效大的好措施。

(7)筒锭握臂和轴承锭管。GA013 型普通络筒机上的双支点筒锭握臂和含油轴承锭管,使筒管受力均匀,运转平稳无窜动,结构简单,坚固耐用,能提高筒纱成形合格率,减少油污纱。

(三)电子清纱器的使用

实践已证明,采用高效多功能电子清纱器,是提高络筒纱线质量必不可少的手段。在使用电子清纱器时,如何确定络筒机电子清纱器对疵点的清除限度呢?首先应根据影响质量及断头的疵点类型及大小来定。不同的产品品种和不同的络筒机型号要区别对待。确定络筒机对有害疵点的合理清除限度的原则是:影响产品质量、织机效率的有害疵点要清除;影响整经、浆纱断头停台的疵点要消除。国内外研究表明,从各工序断头停台的经济损失及其对产品质量和织机效率的影响程度分析,络筒机断头的经济损失最小。因此,普遍认为,有可能影响后道工序质量或造成断头的疵点,最好在络筒工序中清除。这就是说,在络筒工序中清除疵点,技术上最合理,经济上最合算。

电子清纱器清除限度的设定要结合实际情况来考虑,这涉及设备能力、人员配备、人员承受限度及捻结质量如何保证等问题。片面强调清除限度,会使络筒产量锐减,供应平衡失调,值车工负担过重,反而会影响络筒质量。普通络筒机配备电子清纱器时,由于设备和人员承受限度的限制,往往无法按照后部要求设定清除限度。不同种类络筒机、电子清纱器采用不同的清除限度,其络筒质量及后部效果就有明显不同。其测定资料见表2-14。

表2-14 自动络筒机和普通络筒机的纱线疵点清除限度

项目	Autoconer238	1332MD
电子清纱器型号	PI-120	QS-3
清除范围	$D=6, L=1, G=7$	$D=1.9, L=4$
百管断头(根)	115	25
整经断头[次/(百根·万米)]	1.33	2.44
筒子成形合格率(%)	100	97.22

注 采用 G1452A 型整经机。

(四)采用捻接器

络筒机在使用机械打结器时,要采用自紧结,以减少结头松脱;在保证接头牢度的前提下,缩短纱尾长度;接头后强调要用手工或机械方式对接头质量进行检查。但即使这样做,在后道工序仍会产生松脱、断头和缠绞现象。所以最好使用捻接器捻接,生产无接头纱线。

随着纱线品种的不断增加,对络筒机上捻接器的要求越来越高。新型捻接器应不仅能够适应单纱,还应符合股线、弹力包芯纱、麻纱、高捻度纱线等的捻接要求。目前,研制出水捻捻接器,在捻接时可喷湿或利用水力捻接等,可以适用于股线、亚麻及高捻度纱线的捻接要求。

第二节 整经工序的质量控制

整经工作的好坏与织造的关系,往往不能直观地反映出来,容易被人们忽视。但是应该看到,原纱质量差、络筒成形不良、卷绕张力差异大、未能按后部工序要求清除纱疵以及接头不良等,在整经过程中会暴露出来。整经质量是保证浆纱正常运转、保证浆纱质量和织物质量的基础,整经缺陷会使上浆质量恶化。整经断头卷入或退绕断头,将造成浆槽内缠辊停车,浆轴疵点增加,其后会严重影响织机的织造。整经张力不均匀,会造成浆纱片纱张力差异和浆纱绞线。整经轴漏头会造成浆纱缠辊,在输出伸缩筘处挤断,造成浆纱机打慢车或停车处理,烘干过度及毛羽增多,直接影响织机的生产。

一、织造对整经工序的质量要求

织造生产对整经工序的基本要求如下。

（1）全片经纱排列均匀，张力差异要小，以形成左右、内外卷绕密度均匀一致的圆柱形经轴，保证经纱顺利上浆，降低织造断头，提高织物质量。

（2）整经时既要有适当的张力，又要减少张力差异及张力峰值。充分保持经纱的弹性、强度及伸度等物理力学特性。

（3）整经根数、整经长度及纱线排列方式都应正确。

（4）降低整经断头，不但可提高整经机效率，同时有利于提高浆纱质量。断头后，断头信号应迅速传递，制动应灵敏，以减少断头卷入，同时接头应符合规定标准。

概括地说，稳定张力，均匀卷绕，减少漏头和断头是整经的主要任务。

二、整经工序质量控制的主要指标

整经工序质量控制的主要指标见表2-15。

表2-15　整经工序质量控制的主要指标

项目名称	纱线线密度（tex）	技术要求	测试方法
万米百根整经断头 ［根/（万米·百根）］	14.5 9.7	<1	常规测试 生产现场实测
卷绕密度（g/cm^3）	14.5 9.7	0.5~0.6	专题测试
排列均匀（10cm）	14.5 9.7	分品种按工艺规定±5%	专题测试或抽查 测查10cm内经纱根数，同一轴不少于3处
刹车制动（m）	14.5 9.7	≤4	常规测试 剪头位置：筒子处
经轴好轴率（%）	14.5 9.7	>98	按经轴好轴率标准生产现场实查
回潮率（%）	14.5 9.7		专题测试 Y411型电气测湿烘箱

在实际生产过程中，许多企业对整经工序指标控制较重视，但对刹车制动、回潮率、排列均匀等指标不重视或不控制。

对摩擦滚筒式整经机来说，若不对刹车制动加以考核控制，则易造成经纱断头后卷入经轴内层/深层，不但会给挡车工寻找断头带来困难，影响效率，而且在倒轴和制动过程中，压辊与经轴摩擦而损伤纱线，还会造成测定长度误差。经轴回潮率不准确，就不能保证经纱上浆率稳定，从而影响浆纱质量。排列不匀也会影响浆纱质量和织物质量，所以这些指标也应该得到重视，需加以控制。

三、整经工序试验方法与结果分析

(一)整经断头率试验

1. 试验目的 通过试验,可以了解整经断头对后道工序的影响,因为整经断头率直接影响浆纱质量和布机经纱断头率。整经断头率高,会造成浆轴倒断头多,影响布机断头。

2. 试验周期 各品种每周至少一次。

3. 试验方法

(1)分品种分机台任意测定5000m,测定时不要在小筒纱时进行,以免影响正确性,发现断头即根据现象分析原因,如有突出原因应留出样品,供有关方面分析。

(2)值车工为摘除羽毛纱、粗节纱、回丝等主动关车不算,但由辫子疵点造成的关车应算断头。

(3)试验前后分别记录试验区温度和相对湿度。

(4)将断头原因记入表2-16。

表2-16 整经断头原因分析 纱线线密度:

合计断头次数	细 纱			络 筒					机械原因	其他	万米百根断头
	竹节	弱捻纱	杂质	脱结	攀头	脱圈	回丝	小辫子			

4. 计算方法

$$B_d = \frac{Z_d}{Z_s} \times 2 \times 100\%$$

式中:B_d——整经万米百根断头次数,次;

$\quad Z_d$——测试断头数;根;

$\quad Z_s$——整经轴绕纱根数,根。

5. 影响整经断头的因素

(1)络筒质量不良,如攀头、脱圈、生头不良、带回丝等疵点。

(2)细纱质量不好,如细节纱、弱捻纱等。

(3)整经机工艺配置不当,如插纱锭子与张力座的导纱眼位置未对准,造成经纱退绕时气圈过大而引起断头;落针停经片重量过重,经纱通道部件不光洁等。

生产实践证明,严格控制整经断头次数,使整经时少停车是提高经轴质量十分有效的途径。

(二)卷绕密度试验

1. 试验目的 通过测试,可以了解经轴卷绕松紧程度,从而知道经纱在卷绕时所受张力的大小均匀与否。若密度过大,则卷绕时纱线所受张力大,易损伤纱线弹性,在布面上的单纱细节会呈黑影;反之,密度过小,会造成经纱卷绕松紧不匀,经轴表面会呈高低不平,影响布面平整。

2. 试验周期 每个品种每季度试验不少于一次,翻改品种时必须试验。

3. 取样方法 任意选择5只空经轴到规定试验的整经机上做满5只经轴,分别测各只经轴的卷绕密度,然后求平均值。

4. 试验方法

(1)用软尺沿空经轴的横向分左、右、中三处测出其周长,计算出空经轴的轴芯平均直径 d(cm),测量出经轴两盘片间的距离 W(cm),并分别称出各只空轴的净重。

(2)同样的方法,用软尺分别在左、中、右三处测出各只满轴的圆周长,分别计算各只满轴的平均卷绕直径 D(cm),精确到 0.1cm。

(3)分别称出 5 只满经轴的重量,并减去空经轴的重量,即得经轴的绕纱重量。

5. 计算方法

(1)卷绕体积:

$$V = \frac{\pi W}{4}(D^2 - d^2)$$

式中:V——经轴容纱体积,cm³;

　　 W——经轴上盘片是距离,cm;

　　 D——满轴直径,cm;

　　 d——经轴的轴芯直径,cm。

(2)经轴的卷绕密度:

$$\gamma = \frac{G \times 1000}{V}$$

式中:γ——卷绕密度,g/cm³;

　　 G——经轴绕纱净重,g;

　　 V——经轴容纱体积,cm³。

6. 影响卷绕密度的因素 经轴的卷绕密度随经轴的加压形式、车速、纱线线密度、张力盘重量的不同而异。纱线特数越小,则卷绕密度越大;若其他条件不变,车速快慢、加压形式不同均会影响卷绕密度。纯棉纱线经轴卷绕密度范围见表 2-17;同样特数下,涤棉混纺纱的卷绕密度比棉纱大 10% 左右。

表 2-17　不同特数的经轴卷绕密度范围

棉纱特数(tex)	经纱卷绕密度(g/cm³)	棉纱特数(tex)	经纱卷绕密度(g/cm³)
96~32	0.45~0.50	19~12	0.50~0.65
31~20	0.50~0.65	11~6	0.55~0.60

(三)经纱排列均匀试验

1. 试验目的 通过测试,可了解经轴纱线排列是否符合工艺要求。纱线排列均匀与否不仅会影响浆纱质量,还会影响布面平整光洁、粒纹清晰、交织匀整和织疵的多少。

2. 试验周期 每个品种每周至少测一次,品种翻改时,必须测试。

3. 试验方法 抽查每个经轴的左、中、右不同三处地方,用尺子测 10cm 内的纱线根数,然后把所测得结果与考核指标对比,看排列均匀程度是否符合工艺规定。一般按其品种工艺规定±5%来考核,若测得每个经轴的三处中有一处结果不符合要求,则说明经轴纱线排不匀。

4. 影响经纱排列不匀的因素

(1)伸缩筘宽度和盘片间距离不协调,不符合要求。

(2)伸缩筘中心与两盘片的中心不对正。

(3)纱线在伸缩筘中穿得不匀。

(四)刹车制动试验

1. 试验目的　通过试验,可以了解整经机制动系统的性能,为改善制动系统性能提供依据。

2. 试验周期　每季度每台整经机不少于1次。

3. 试验方法　在正常情况下,与挡车工相配合,在筒子架处的任一筒子端剪断纱线。在剪断的同时,刹车直到静止为止,测量断头的纱线卷入经轴的长度。连续用同样方法做5次,求其平均值,就是刹车制动距离。

4. 试验结果分析　刹车制动距离一般要求在4m内。若超过4m,则易造成经纱断头后断头卷入经轴内层,这不仅给挡车工操作带来不便,影响整经效率,而且在制动和倒轴过程中,压辊与经轴摩擦滑移而损伤纱线较严重。因此,就应考虑改善制动系统性能或采用新型高效能的制动系统,如液压式、气动式制动,其制动力强,作用稳定可靠,经纱断头后,可在0.16s内被制动,刹车制动距离在2.7m左右。

(五)经轴好轴率试验

1. 试验目的　整经轴好轴率是整经工序半制品质量的一个重要指标,它直接影响着浆轴质量、布机效率和布面质量,并与节约浆纱回丝有直接关系,试验结果可以作为考核挡车工工作质量的依据。

2. 试验周期　各品种每周至少测一次,若品种翻改,必须测试。

3. 试验方法　按经轴好轴率标准在生产现场实查。

4. 经轴好轴率　考核标准及造成疵点的原因见表2-18。

5. 计算方法

$$经轴好轴率 = \frac{每月实际生产轴数 - 疵轴数}{每月实际生产轴数} \times 100\%$$

表2-18　经轴好轴率考核标准与造成疵点原因

疵点名称	考核标准	造成原因
浪纱	下垂3cm、4根以上作一只疵轴;下垂5cm、1根以上作一只疵轴,超过5cm作经轴质量事故处理	(1)操作不良,两边未校对整齐,造成经轴边纱部分不平,低于或高于其他部分 (2)伸缩筘与经轴幅宽的位置不适当 (3)经轴两端加压不一致,轴承磨灭过大等机械原因,造成经轴卷绕直径不一 (4)经轴管变形及盘片歪斜或运转时左右窜动,造成经轴卷绕直径有差异 (5)滚筒两边磨损

续表

疵点名称	考核标准	造成原因
长短码	一组经轴的绕纱长度相差大于1/2匹纱长度作疵轴;大卷装大于50m作疵轴,满100m作质量事故处理	(1)操作不良,码表未拨准 (2)整经机测长机构失灵,如测长齿轮磨损,跳动,销子脱落等
绞头	有2根以上作疵轴(包括吊绞头在内)	(1)断头后刹车过长,造成寻头未寻清 (2)落轴时,穿绞线不清
错特	经纱(轴)上发现错特作前工序质量事故;及时调整处理未造成经济损失和未影响后道坯布质量不作疵轴;有经济损失,但未影响后道坯布质量作疵轴;经纱(轴)上未发现或发现后未认真处理好,作事故处理	(1)换筒工操作不认真,筒子用错 (2)筒子内有错特或错纤维纱,未能发现
错头份(根数)	经纱头份未按工艺规定,未影响后道质量作疵轴;影响质量作质量事故处理	翻改品种时,挡车工没检查头份或筒子数字点错
油污渍	影响后道的深色油污疵点作疵轴	(1)清洁工作不良,将油飞花掉落在经轴内 (2)加油不当,油飞溅在经轴上
杂物卷入	有脱圈回丝及硬性杂物卷入作疵轴	(1)作清洁工作时,飞花等落入经纱层上,未及时清除 (2)换筒子时,回丝没有放好而吹入纱层上 (3)筒子结头带回丝未及时摘掉 (4)筒子堆放时间长,上面附有飞花
标记用错	封头布、轴票用错作疵轴	挡车工操作不良
空边	经轴边纱部分平面凹下,作疵轴处理	挡车工操作不当,经轴盘片严重歪斜

(六)经轴回潮率试验

1.试验目的　通过试验计算每轴的干经纱重,以保证经纱质量,达到提高织机的生产效率的目的。

2.试验周期　每半个月各品种至少做一次。

3.取样方法　在落轴时,割取全幅纱0.2m,用其中1~2根轻轻扎起。

4.试验方法　将纱样在试验室称好重量,精确至0.01g,放入105~110℃烘箱内,烘至重量不变,移入干燥器内冷却20min后取出,称其干重,精确至0.01g。

5.计算方法

$$回潮率 = \frac{样纱湿重 - 样纱干重}{样纱干重} \times 100\%$$

6.影响回潮率因素　影响经轴回潮率的主要因素是车间温湿度和纤维种类,不同纤维种类的纱线在不同的温湿度条件下,其回潮率也不同。

四、提高整经质量的有关技术问题

(一)有关整经技术问题

近年来,国内整经技术的发展较快,对一些关键性技术问题的看法渐趋一致。现将这些看法综合如下。

1. 经轴的直接传动与摩擦传动 在整经机高速运行时,经轴直接传动明显优于摩擦传动。由电动机直接传动经轴回转,变频自动调速,可实现恒线速恒张力卷绕,这是实现高速整经的根本改进。国外高速整经机及国内新型整经机均用经轴直接传动。

摩擦传动系统通过滚筒与经纱的摩擦而驱动经轴,使滚筒与经轴的压力稳定,但卷绕密度等方面较难控制。当经轴表面不平或退绕张力不匀时,在浆纱机经轴架退绕过程中会产生"浪纱"现象。摩擦传动很难实现高速与大卷装,例如,在整经速度为 500m/min、轴盘直径为 800mm、经纱片纱张力为 117.6N(12kgf)的条件下,计算得出的惯性运行距离为 10.4m,制动不良就会造成断纱卷入。如 G1452 型摩擦传动整经机的整经速度控制在 250m/min 左右,采用矩形筒子架,缩短退绕距离,降低退绕张力,使用平行加压、光电断头自停以及摩擦盘及能耗刹车相结合的制动形式,断头少,断头卷入少,整经轴质量也可基本满足要求。

2. 高速与高产的关系 速度高,张力大,张力波动大,整经断头就会增多。卷绕速度高,对原纱质量、筒子成形、电子清纱器清除效率有很高要求。如某一个相关条件不能满足整经机要求时,整经机断头就会急剧增加,整经质量就无法满足后道工序的要求。制动、压纱等机构必须与卷绕速度相适应。国外引进整经机运行一段时间后,由于备件供应与部件磨损、器件恶化等原因,故障增多,效率下降。由于相关条件不能适应高速高产统计的数据见表 2-19。

表 2-19 几种整经机的速度和产量

机型	纱线品种(tex)	整经线速度(m/min)	班产(万米)
本宁格 CE/GCF	T/C 13	600~700	7
哈克巴	T/C 13	350~400	6~7
SGA201	低比例 T/C 13	400~700	12
SG081	T/C 13	345	8
1452A	T/C 13	250	7

从表 2-19 数据可看出,高速不等于高产,因此整经时不宜片面追求高速。

3. 气动与液压控制 制动、压纱等机构采用气动或液压控制各有利弊。液压结构复杂,控制精度高,元器件要求严,而气动控制结构简单,使用方便。

国产 SGA1101 型整经机采用气动控制,直流电动机皮带传动经轴,线速度稳定,制动灵敏。该机设计了气动双领蹄制动机构,当气压为 0.32MPa 时,可产生 2500N·m 制动力矩。铝合金边盘直径为 800mm,设定经纱卷绕密度为 0.6g/cm³,满轴时经纱转动惯量为 53kg·m²。如果需要经轴速度 500m/min 时在 0.6s 内刹车,则计算制动矩为 1840N·m,该机构制动力矩完全能满足制动要求。

(二)提高整经质量的措施

(1)采用整经轴直接传动的新型整经机,有很大优越性;同时应选择集体换筒形式的筒子架,以减少由于退绕筒子大小不一而造成的片纱张力差异。采用集体换筒时,为了减少"筒脚",要求定长络筒。

(2)适当增加筒子锥度,减少筒子退绕张力的变化。一般情况下,平行筒子的纱线退绕张力变化比锥形筒子要大。在筒子底部退绕时,纱线未能完全被抛离筒子的表面,致使摩擦纱段较长,增加了纱线的分离张力,因此,筒子底部的纱线退绕张力大于筒子顶部。常用筒子锥度为 $5°57'$,筒子纱的退绕张力随筒子直径减少而增大,所以筒管的直径也不能太小,以避免小筒子时断头剧增。为减少筒子上部摩擦纱段长度,缩小张力差异,整经机筒子架锭座需向下倾斜 $15°$,同时张力器位置高于筒芯延长线与张力器垂直线交点 $15mm±5mm$。

(3)张力装置宜采用以累加法为主,倍积法为辅,避免造成张力波动放大作用。目前高速整经机上采用的一种新型张力装置,属于无瓷柱双盘张力器,下张力盘主动回转,避免了飞花的聚集。另一种为电子式张力装置,通过所设置的张力传感器,对张力进行反馈控制,同时设置超张力切断装置。这些新型张力装置的应用,使整经片纱张力更加均匀。

采用分段、分层调节张力的办法,纱线合理穿入伸缩筘,适当增加筒子架到整经机的距离,保持良好的机械状态等,都是实践证明均匀片纱张力的好办法。

(4)严格控制整经断头,断头控制在 0.5 根/(万米·百根)以内,做好整经清洁工作,杜绝飞花杂物卷入经轴。在高速整经机上,断经自停装置装于筒子架上,灵敏度进一步提高,每层装有指示灯,断头不易卷入经轴内部。

(5)安装停车防纠缠装置,减轻了由于整经机停车造成的纱线互相纠缠、张力不匀的现象。

☞ 思考题

1.试分析络筒工艺参数对纱线毛羽有何影响?产生的主要原因是什么?

2.试分析络筒工艺参数对纱线条干有何影响?产生的主要原因是什么?

3.在纺织企业,络筒工序质量控制的主要指标有哪些?

4.什么是好筒率?好筒率如何测定?

5.提高络筒半制品质量的主要措施有哪些?并分析原因。

6.整经工序质量控制的主要指标有哪些?

7.整经断头率和经轴的卷绕密度如何测定?

8.提高整经半制品质量的主要措施有哪些?

第三章 浆纱工序的质量控制

经纱在织机上织造时,要经受由于各种机构的运动而产生的反复的拉伸、弯曲、摩擦和冲击等作用。为了使纱线能够承受这种作用,降低经纱在织造过程中的断头率,改善纱线的可织造性能,最终达到提高产品质量的目的,对经纱上浆是非常有效的方法。通过给纱线上浆,赋予纱线较高的耐磨性、较大的强度和良好的弹性,并使纱干上的毛羽贴伏,以满足织造的要求。上浆有以下主要作用。

一是增加纱线的断裂强度。通过给纱线上浆,可以增加纱线中纤维之间的抱合力,从而使纱线的断裂强度增加,使纱线能够承受织造时的张力。

二是改善纱线的耐磨性。上浆后的纱线表面覆盖有一层坚韧的浆膜,对纱线起到良好的保护作用,从而使纱线的耐磨性得到改善。纱线耐磨性的改善、浆膜的完整程度与浆膜的性能有密切的关系。

三是保持纱线的断裂伸长。经纱上浆后,纱线的弹性、断裂伸长和可屈曲性能均有所下降。因此,必须在上浆过程中对纱线的张力和伸长进行严格的控制,在浆料的选用、上浆工艺等方面严格要求,以保证纱线内部在上浆后仍有部分可移动的纤维,使上浆后纱线具有良好的弹性、断裂伸长和可弯曲的能力。

四是使毛羽伏贴。在纱干的表面存在不同类型的毛羽,通常长度大于 3mm 的毛羽对织造有害。由于浆膜的黏结作用,使毛羽紧贴在纱干表面,从而使纱线表面光滑,毛羽减少,这一点在高密织物织造时非常重要。对于毛羽较长的毛纱、麻纱等纱线的织造尤其重要。

浆纱工序的工艺控制包括浆料的选用和配方设计、浆液的调制以及上浆过程的工艺配置和工艺控制。只有同时做好浆纱各个阶段的工艺设计和工艺控制工作,才能真正使上浆的质量得到提高,为织造工序提供良好的纱线条件。因此,对浆纱提出了如下工艺要求。

一是浆液对纱线的浸透和被覆要有适当的比例。适当被覆在纱线表面的浆料,会形成厚薄适当的浆膜,以提高纱线的耐磨性并贴伏毛羽;而适当的浸透,会使纤维间的抱合增强,并可以作为浆膜附着的基础。浸透和被覆的比例如果不适当,会使上浆纱线的性能得不到较好的提高,这是上浆的工艺关键。

二是浆液具有良好的成膜性能。在纱线表面形成的浆膜应保证薄、坚韧和光滑,良好的浆膜是浆纱强度增加、耐磨增加和耐屈曲性能增加的前提和基础。

三是浆液应具有稳定的物理和化学性质。具有稳定性质的浆料在使用过程中状态稳定,不易变质和沉淀,为上浆提供良好的浆液条件,为上浆的均匀和稳定创造条件。

四是浆料的配方应简单合理、操作方便,且易于退浆,退浆废液易生物降解,不会对环境造成污染。简单合理的浆料配方,可以大大简化调浆操作,使工艺管理的难度降到最低,同时,采用环保、易于退浆的浆料,既可以减小后道工序的生产难度,又可以保护环境。

五是上浆应保证"三大率"指标,即上浆率、回潮率和伸长率满足工艺要求,同时对浆纱的半制品质量也有严格的要求,为织造工序生产出质量良好的织轴。

六是在保证浆纱质量的前提下,应保证较高的生产率和较低的生产成本,以提高浆纱工序的经济效益。

随着纺织产品生产技术的发展和人民生活水平的不断提高,织物正在向细特、轻薄、高密化方向发展,织机正向高速、高效、大卷装和阔幅化方向飞速发展。随着织机速度的提高,对经纱具有良好的可织造性提出了更高的要求,浆纱工序是纺织企业的关键工序之一。俗话说:"良好的浆纱是织造成功的一半",这说明了浆纱工序对织造工序的重要影响。因此,提高浆纱质量是降低经纱断头率,提高织机效率的关键。本章重点从影响浆纱质量的三个重要的环节,即浆料质量的检验与控制、浆液质量的检验与控制以及浆纱质量的控制三个部分来分析研究提高浆纱质量的方法和措施。针对生产实际中影响浆纱质量的三关,即浆料关、调浆关及浆纱关,进行较深入的分析研究。

第一节 浆料的检验及质量控制

经纱上浆所用的材料很多,但按照用途可以分为两大类,一类是黏着剂,另一类是助剂。黏着剂是浆料的主要组成部分,是一种具有黏着力的高分子材料,浆液的上浆性能主要由它的性质来决定。由于经纱上浆对浆料的性能要求是多方面的,目前还没有单一的黏着剂能达到经纱上浆的全部要求,因此,在浆料配方中除以黏着剂为主体外,还必须加入少量的助剂来改善或弥补浆料性能的某些不足。助剂用量不大,但种类繁多,性能各异,使用时必须了解其物理化学性能,以免产生不良后果。

经纱上浆用浆料必须具备以下基本性能:对纱线具有良好的黏附性能;浆液成膜性好,浆膜应具有较高的强力、柔软性和适当的吸湿性;浆料各组分具有良好的相容性,易退浆,对环境无污染;浆液具有适当的黏度和良好的热黏度稳定性,调煮浆液时不起泡、无嗅味;来源广泛、价格适中。

目前,在浆料市场上浆料的种类繁多,性能各异,质量状况也不容忽视。对浆料性能的测试和研究,是浆好纱线的必然要求。表3-1列出常用黏着剂的分类情况。

表3-1 浆纱用黏着剂分类表

类型	来源	种类	黏着剂
天然黏着剂	植物类	原淀粉	玉米、小麦、马铃薯、木薯、大米、甘薯、橡子淀粉等
		植物胶	白芨粉、田仁粉、阿拉伯树胶、果胶等
		海藻类	褐藻酸钠

续表

类型	来源	种类	黏着剂
天然黏着剂	动物类	动物胶	明胶、骨胶等
		甲壳质	蟹壳、虾壳等
变性黏着剂	变性淀粉	转化淀粉	酸化淀粉、氧化淀粉、可溶性淀粉、糊精
		淀粉衍生物	淀粉酯、淀粉醚、阳离子淀粉
		接枝淀粉	各种淀粉接枝共聚物
	纤维素衍生物		羧甲基纤维素、甲基纤维素、乙基纤维素等
合成黏着剂	乙烯类		聚乙烯醇(PVA)、变性PVA
			乙烯类共聚物
	丙烯酸类	酸盐类	聚丙烯酸及其盐、甲基丙烯酸及其盐
		酰胺类	聚丙烯酰胺
		酯类	丙烯酸酯类共聚物

一、常用黏着剂的性能

(一)淀粉

淀粉是天然的高分子碳水化合物中一种多糖类物质,广泛存在于多种植物的种子、块茎、块根或果实中,如从玉米、小麦(种子)、马铃薯(块茎)或甘薯(块根)中分别加工提取出玉米淀粉、小麦淀粉、马铃薯和甘薯淀粉。通常直接加工,未经化学或物理等方法处理的均称为原淀粉。

1. 淀粉的结构 淀粉作为主黏着剂在浆纱工程中应用的历史已经很久。淀粉是由多个 α 葡萄糖分子通过 α 型甙键连接而成的缩聚高分子化合物,它的分子式为 $(C_6H_{10}O_5)_n$,n 为缩聚葡萄糖基的聚合度。聚合度决定它的黏度(流变性)、黏附性、成膜性、浆膜强度及弹性等。由于淀粉的种类、品种、产地(土壤)、气候条件的不同,聚合度差异很大,可由数百到数万,在性能上也存在很大的差异。各种淀粉的颗粒大小也不相同,直径从几微米至几十微米,有的可以达到 $100\mu m$ 以上,其中马铃薯淀粉的颗粒最大,小麦、玉米和甘薯淀粉颗粒居中,米淀粉颗粒最小。各种淀粉的糊化时间和温度有很大的差异,甚至同一种淀粉,因产地不同、制法不同也存在差异。各种淀粉的主要成分为纯淀粉(占 65% ~ 85%)、脂肪、蛋白质、灰分、纤维素、水分等,淀粉的分子式为:

淀粉的结构式

原淀粉有直链淀粉和支链淀粉两种形态。一种在大分子中只有葡萄糖基环间的 α-1,4 苷键连接的,称为直链淀粉,其分子量为 30000~50000,它在淀粉颗粒中的含量一般为 17%~25%;另一种为除 α-1,4 苷键连接外,还有 α-1,6 苷键以及少量的 α-1,3 苷键连接,大分子呈分枝状态,称为支链淀粉,其分子量为 1×10^6~6×10^6,结构式为:

① α-1,4苷键; ② α-1,6苷键。

直链淀粉与碘反应呈蓝色,成膜性能好,浆膜具有较高的强度,但浆液温度下降时,易凝冻结块。支链淀粉难溶于水,是一种不溶性淀粉,与热水作用则膨胀而成糊状,与碘反应呈紫色,不易成膜,浆液黏度高,对亲水性纤维具有良好的黏附性,在温度下降时不易凝胶。直链淀粉和支链淀粉在淀粉中的比例,会对淀粉的上浆性能产生一定的影响,表3-2为常见淀粉中直链淀粉的比例。

表3-2 常见淀粉中直链淀粉的比例

淀粉种类	糯米	米	玉米	小麦	高直链玉米	木薯	马铃薯	甘薯	豆子淀粉
直链淀粉比例(%)	0	17	21	24	70~80	17	22	20	100

2. 淀粉的上浆性能 衡量黏着剂的上浆性能的指标有黏着剂的水溶性(包括糊化)、浆液的黏附性、黏度、成膜性、混溶性(与其他浆料)等。淀粉的上浆性能如下。

(1)糊化。淀粉中含有大量的支链淀粉,不溶于水。淀粉与水作用时,在冷水中淀粉能吸收少量的水分子,使颗粒略有膨胀;但当水的温度升高时,吸收水分增大,淀粉颗粒的体积迅速膨胀。当达到一定温度时,淀粉颗粒开始破裂,直链淀粉从颗粒中流出,并溶于水中,这时的温度称为糊化温度。当温度继续升高至颗粒完全破裂,支链淀粉分散在水中,淀粉液变成黏稠的液体,黏度也大致稳定下来,这时的温度称为完全糊化温度。淀粉的糊化温度与淀粉的种类、产地、成熟情况和淀粉液的浓度密切相关,表3-3为几种常见淀粉的糊化温度。为了稳定上浆质量,宜采用处于完全糊化阶段的浆液,这时的黏度最为稳定。

表 3-3　常见淀粉的糊化温度

淀粉种类	开始糊化温度(℃)	完全糊化温度(℃)
小麦淀粉	58	64
马铃薯淀粉	56	66
玉米淀粉	62	72
木薯淀粉	59	69

(2)黏度。黏度是表示液体流动时液层内摩擦力的大小,它反映了液体流动的程度,单位为帕·秒(Pa·s)。黏度大小和稳定性是反映浆液上浆性能的重要指标之一。淀粉浆液黏度随温度的高低和加温时间变化。一般规律为,开始加温时,黏度迅速增大,当达到最大值后,随着温度的继续升高黏度开始下降,并逐渐稳定,在黏度稳定时期上浆,可以获得良好的上浆效果。

(3)浸透性。未经分解剂分解的淀粉浆的黏度很高,浸透性极差,不能适应上浆的要求。原淀粉经分解剂分解后,浆液黏度下降,浸透性能得到改善。图 3-1 为在淀粉中加入硅酸钠分解后黏度变化曲线。

(4)黏附性。黏附性是指浆液对纤维的黏附性能,用黏附力来反映。黏附力的大小随黏附材料的变化,纤维原料的不同有很大的差异。通常淀粉浆对棉、黏胶纤维、韧皮纤维具有较好的黏附性,其原因是淀粉大分子中富含羟基,对具有相同化学结构的纤维黏附力较强。

(5)成膜性。成膜性是指浆液烘燥后所形成的浆膜的性能,如吸湿性、耐磨性、耐屈曲性、抗拉强度和断裂伸长等。淀粉的浆膜一般较为脆硬,手感粗糙,浆膜强度大但弹性和断裂伸长小。故淀粉浆在使用时需加入起柔软和减磨作用的助剂,以弥补其性能上的不足。

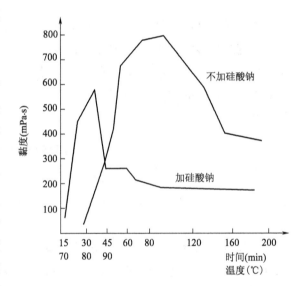

图 3-1　小麦淀粉加入硅酸钠后黏度的
　　　　变化曲线

(二)变性淀粉

天然原淀粉的上浆性能有诸多的不足,人们以天然淀粉为母体通过各种化学、物理或其他方式,使天然淀粉的性能发生显著变化而形成的产品称为变性淀粉。根据各种不同的化学、物理等处理方法制成的变性淀粉其性能也各不相同。在我国已用于纺织经纱上浆的变性淀粉主要有酸解淀粉、氧化淀粉、交联淀粉、淀粉酯(酯化淀粉)、淀粉醚(醚化淀粉)和接枝淀粉等。表 3-4 为各种变性淀粉的变性方式和变性目的。

表3-4　各种变性淀粉的变性方式和变性目的

发展阶段	第一阶段	第二阶段	第三阶段
变性技术	转化淀粉	淀粉衍生物	接枝淀粉
品种	酸解淀粉、氧化淀粉	交联淀粉、酯化淀粉、醚化淀粉、阳离子淀粉	各种接枝淀粉
变性方式	解聚反应、氧化反应	引入化学基团或低分子化合物	接入具有一定聚合度的合成物
变性目的	降低聚合度及黏度,提高水分散性,增加使用浓度(高浓低黏)	提高对合成纤维的黏附性能,增加浆膜的柔韧性,提高水分散性,稳定浆液黏度	兼有淀粉和接入聚合物的优点,代替或部分代替合成浆料

1. 酸解淀粉　酸解淀粉又称酸转化淀粉或酸变性淀粉,属转化淀粉类型。其变性的主要目的是降低浆液的黏度,改善其流动性能,提高热黏度稳定性,以扩大原淀粉的应用功能,达到高浓低黏,适应高压力上浆的要求。

酸解淀粉变性的基本原理是利用酸对淀粉大分子中葡萄糖甙键的催化水解作用,使大分子聚合度降低,达到水解的目的。在水解反应中,酸是起着催化剂作用而不被消耗。因此在制取中当达到预期水解程度时,应立即用碱中和所含的酸,及时中止水解反应,故可根据需要,生产不同黏度的酸解淀粉系列产品。酸解淀粉可作为粗中特棉纱、人棉纱及苎麻纱的主体浆料,亦可与PVA混合,用于涤/棉混纺纱上浆。根据近几年来涤/棉织物经纱上浆使用实践,一般酸解淀粉与PVA混用比为(30~40):(70~60),可获得较好的上浆效果。实践证明,酸解淀粉与PVA等的混合浆用于纯棉、细特、高密织物亦有很好的上浆效果。

2. 氧化淀粉　氧化淀粉也是一种转化淀粉,其原理是使用强氧化剂(如次氯酸钠)在一定反应条件下,使淀粉大分子中的羟基先被氧化成醛基(—CHO),然后再氧化成羧基(—COOH),同时淀粉基环甙键因氧化而发生部分断裂,降低聚合度。其反应式如下:

由于氧化淀粉用次氯酸钠作氧化剂,所以色泽较原淀粉白,且具有光泽,有较好的流动性。氧化淀粉的结构特点是在淀粉分子中引入了羧基官能团(—COOH),这也是判别氧化淀粉的主要指标。由于羧基的存在,增加了淀粉对纤维素纤维的黏附性,但其浆膜性能与原淀粉相似,较为硬脆。由于氧化淀粉在一定程度上的分子链断裂,降低了聚合度,同时,羧基的引入使它的分子更为均匀,流动性能更好。氧化淀粉可作为棉纱、苎麻纱织物经纱上浆的主浆料,用于涤/棉织物经纱上浆时可与PVA混合使用,一般可替代30%~40%的PVA,和酸解淀粉一样可以取得较好的织造效果。

3. 交联淀粉 淀粉是一个多元醇的多羟基化合物,交联淀粉就是通过淀粉与双官能团或多官能团交联剂的反应而制成。常用的交联剂有甲醛、环氧氯丙烷、磷酰氯、丁二酸、乙二酸等。由甲醛制取的交联淀粉在产品中往往含有一定量的残留甲醛,对人体健康有一定的影响,因此必须控制残留甲醛含量。交联淀粉最大特点是具有良好的黏度稳定性,有较好的耐热性,不仅在高温烧煮时黏度下降很小,而且在强的机械剪切应力的作用下,黏度值也基本保持不变。其主要原因是淀粉大分子之间彼此以化学键形成交联状分子,对浆液起到了稳定作用。但是由于淀粉交联后为分支型大分子,浆液黏度很高,因此为了适应经纱上浆的要求,必须在交联作用的同时(或交联前)用酸解或氧化的方法,使淀粉聚合度降低,黏度降低。淀粉经交联后,虽然淀粉的黏度稳定性有了很大的提高,但同时也使浆膜的柔顺性恶化,浆膜刚度大、强度高、伸度小、浆膜脆而硬。

交联淀粉应用于经纱上浆主要利用其优良的黏度稳定性和耐热性能,一般用于以被覆为主的经纱的上浆,如苎麻类及细特棉纱上浆,也可用于与低黏度、高流动性的合成浆料混合,用于各类纤维的混纺纱上浆。

4. 淀粉酯(酯化淀粉) 淀粉大分子中含有大量的羟基,与一般醇羟基一样能起酯化反应,生成酯化淀粉。淀粉酯主要是在适当的条件下,使用化学活泼性较强的酯化剂(如酸、酸酐等)使淀粉大分子羟基中的氢被酸根取代,生成淀粉酯。淀粉酯用于经纱上浆的主要有醋酸酯淀粉、磷酸酯淀粉、尿素淀粉或其他类似的酯。运用相似相容原理,使淀粉大分子上带有疏水性的酯基,以增强对疏水性纤维黏附力。

酯化淀粉的变性程度以取代度来表示,即取代度"D.S"是指淀粉大分子中每个葡萄糖基环上的羟基的氢平均被取代数的个数。显然酯化淀粉的取代度的范围为0~3,淀粉取代度的大小是影响其上浆性能的关键,经纱上浆用浆料的取代度以0.1~0.2为宜。

5. 淀粉醚(醚化淀粉) 淀粉在适当的条件下与烃基反应,使羟基中的氢被烃基所取代生成淀粉醚(醚型的淀粉衍生物)。适用于经纱上浆的这类淀粉浆料主要是水溶性淀粉醚,即所引入的醚基应具有增强淀粉水溶性的产品。醚化基团的数量反映了淀粉醚化的程度,对淀粉醚的性质有很大的影响。取代度(醚化度)是醚化淀粉的关键质量指标,应控制在一定范围。取代度过低,水溶性差;过高则醚化剂用量太大,提高了产品的成本。纺织经纱上浆应用较多的有羧甲基淀粉(CMS)、羟乙基淀粉(HES)和羟丙基淀粉(HPS)等。

醚化淀粉具有良好的水溶性,调浆方便,浆液在低温时不会凝胶,可用于低温上浆,对纱线的黏附性能并不比酸水解和氧化淀粉高,而造价却高许多,使用时要慎重考虑。

6. 接枝淀粉 接枝淀粉是现有变性淀粉中最新型的浆料,属第三代变性淀粉。接枝淀粉是用化学方法首先在淀粉的大分子上产生游离基(自由基),然后将淀粉与高分子聚合物联结而形成带有支链的一种共聚物。

由于接枝淀粉的分子链是由淀粉分子链和合成高聚物分子链两部分所组成,因此它具有淀粉和合成浆料的特点。接枝淀粉与其他变性淀粉相比,对疏水性纤维的黏着性、浆膜的弹性和伸度、浆液黏度稳定性均有较大的提高。接枝淀粉有热塑性接枝淀粉、水溶性接枝淀粉和其他功能的接枝淀粉等多种类型。接枝淀粉的性能在很大程度上取决于接枝的高聚物的单体组分、接枝率以及接枝效率等,用于涤/棉经纱上浆可替代 60%~70% 甚至可完全替代 PVA,且对环境污染小,是今后浆料开发的重要方向。

(三) 聚乙烯醇(PVA)

1. 普通聚乙烯醇(未改性)　聚乙烯醇常称为 PVA,是一种水溶性的合成黏着剂。PVA 从化学结构上看是由乙烯醇单体聚合而成,由于乙烯醇结构中的一个碳原子上既有双键又有羟基,故极不稳定,所以在自然状态下,乙烯醇是不存在的。工业上制取 PVA 主要是通过聚醋酸乙烯的醇解反应而制得。聚乙烯醇的性质主要由它的聚合度和醇解度来决定。随着聚合度的提高,PVA 溶液的黏度、黏附性、成膜性能、结皮倾向和浆膜的机械强度、刚性都相应增大,但水溶性、浆膜的柔软性变差,溶液的流动性、浸透性能也相应降低。醇解度在 88% 左右时,具有良好的水溶性,但醇解度过高或过低水溶性能反而降低。由此可见,过高的聚合度对经纱上浆及印染退浆的退净率都会造成一定的影响。聚乙烯醇的制备反应和分子结构如下:

$$\{CH_2\text{—}CH\}_n +nCH_3OH \xrightarrow{NaOH} \{CH_2\text{—}CH\}_n +nCH_3COOCH_3$$

$$\underset{\substack{\\ \text{聚乙烯醇}}}{\overset{\substack{OH\\}}{}} \qquad \underset{\text{醋酸甲酯}}{}$$

（左侧反应物下标为 OCOCH₃，产物聚乙烯醇下标为 OH）

PVA 一般为白色或微黄色,呈颗粒、粉末、片状或絮状,相对密度在 1.21~1.34。完全醇解的 PVA 在 65~75℃ 水温中只是溶胀微溶,在 95℃ 以上高速搅拌 1.5~2h 才能完全溶解;部分醇解级 PVA 在 70℃ 左右就能完全溶解,但溶解时易起泡。PVA 溶液具有良好的成膜性能,浆膜强度高,伸度大,耐磨性好,黏度稳定,不易腐败,与其他黏着剂有较好的混溶性,对各类纤维均有较好的黏附性能,特别是部分醇解 PVA,因含有较多的醋酸根基团,对疏水性纤维(如涤纶)则有更好的黏着力,是一种较为理想的被覆型浆料。

表 3-5 为几种 PVA 对纤维的黏附力,从表中可以看出,完全醇解 PVA 对亲水性纤维具有良好的黏附力和亲和力,部分醇解 PVA 对亲水性纤维的黏附性则不及完全醇解 PVA。由于大分子中疏水性醋酸根的作用,部分醇解 PVA 对疏水性纤维具有良好的黏附性,而完全醇解 PVA 对疏水性强的涤纶黏附力较差。PVA 由于侧基单一,结构整齐,内聚力大,在干燥成膜时易结晶定型,造成湿浆纱干燥后在干分绞时分纱阻力大,增加浆纱并绞头。PVA 浆液在高温时易于结皮,亦是其缺陷。另外,由于 PVA 的 COD 值很高,BOD 值低,在退浆时排放的废水会对环境造成严重污染,所以为严格控制污水排放,保护生态环境,必须采取措施(如废水回收等)解决污染环境问题,否则 PVA 作为纺织浆料将受到限制,以至禁用。

表 3-5　几种 PVA 对不同纤维的黏附力　　　　　　　　单位:mN/mm²

项目	醋酯纤维	锦纶	聚丙烯纤维	聚酯纤维
完全醇解 PVA1700	19.6	58.8	39.2	9.8
部分醇解 PVA500	88.2	88.2	83.3	49.0
部分醇解 PVA200	98.0	107.8	88.2	68.6

2. 改性聚乙烯醇　聚乙烯醇用于经纱上浆具有优异的上浆性能。用于疏水性纤维及其混纺纱上浆取得了很好的效果,在各类高分子合成浆料中占有主要的地位,但存在浆液易结皮,分纱阻力大,浆纱毛羽增多,部分醇解 PVA 溶解时易起泡及生物降解性差等缺点。为了保持 PVA 原有的性能,对 PVA 进行改性处理,改变 PVA 的组成结构,以改善 PVA 的结皮、起泡及提高对疏水性纤维的黏着性能。

聚乙烯醇改性的基本原理是利用醋酸乙烯的双键酯基及醇解后羟基的活泼性,改变侧链基团或结构,或引入其他单体成为 PVA 为主体的共聚物,或引入其他官能团以改变 PVA 大分子的化学结构。如改性 PVA——FV-1 浆料,是由醋酸乙烯为主体与少量的丙烯酰胺单体共聚后进行醇解而制成的离子型高聚物,其结构式为:

$$\left[CH_2-CH\right]_a\left[CH_2-CH\right]_b\left[CH_2-CH\right]_c\left[CH_2-CH\right]_d\left[CH_2-CH\right]_e$$
$$OH \qquad AC \qquad COOH \qquad CONH_2 \qquad COONa$$

由于改性 PVA 改善了它的水溶性和结皮性,使之易于退浆,且浆膜柔软,分纱阻力小;引入了对疏水性纤维有良好亲和力的基团后,使 PVA 的上浆适应性更广,如能解决其生物降解性或废水处理问题,其应用前景将更加广阔。

(四) 聚丙烯酸类浆料

聚丙烯酸类浆料是丙烯酸类单体的均聚物、共聚物或共混物等一系列物质的总称。丙烯酸类聚合物的通式为:

$$\left[CH_2-\overset{\displaystyle R'}{\underset{\displaystyle COOR}{C}}\right]_n$$

式中:R'——H 或—CH_3;

　　R——H 或—CH_3,C_2H_5,…。

根据聚合单体的类型和比例可以将聚丙烯酸类浆料分为三类。

酸盐类:丙烯酸及其盐、甲基丙烯酸及其盐为主的共聚物。

酰胺类:丙烯酰胺为主的共聚物(液态、固态)。

酯类:以丙烯酯类为主体的共聚物(液态、固态)。

聚丙烯酸类浆料主要利用其有良好的水溶性,对纤维的黏着能力强和对环境污染小等优点。制造聚丙烯酸类浆料所供选择的共聚物单体种类很多,基本上都是具有双键及侧基活泼性很强的化合物,以打开双键的形式共聚。一般聚丙烯酸类浆料选用的单体有丙烯酸、丙烯腈、丙烯酰胺、丙烯酸酯(甲酯、乙酯、丁酯)和醋酸乙烯酯等,通过二元、三元及以上单体共聚后,充分利用各单体的特性来选择组分的合理配比,以便共聚后可以改变大分子的结构与性能,从而达到浆料性能和上浆工艺的要求。现应用于经纱上浆较广泛的聚丙烯类浆料有聚丙烯酸甲酯、聚丙烯酰胺和 28 号浆料等。

聚丙烯酸类浆料具有很多的优点,对疏水性纤维的黏附力强,浆膜具有一定强度,有良好的水溶性,对环境的污染小。同时其单体组分可以改变,能够调整浆膜的柔软性和断裂伸长等性能,是一种很有发展前途的浆料,被视为替代 PVA 上浆的重要途径。现对具有代表意义的几个品种做简要的介绍。

1. 聚丙烯酸甲酯　聚丙烯酸甲简称为 PAA,习惯上称为"甲酯浆"。聚丙烯酸甲酯以丙烯酸甲酯(85%)、丙烯酸(8%)和丙烯腈(5%)等几种单体通过硫酸铵为引发剂共聚而成。其化学结构为:

$$\cdots—CH_2—CH—CH_2—CH—CH_2—CH—CH_2—CH—\cdots$$

$$\quad\quad\quad COOCH_3\quad\quad COOH\quad\quad CONH_2\quad\quad COONH_4$$

$$\quad\quad\quad (85\%)\quad\quad\quad (8\%)\quad\quad\quad (5\%)\quad\quad\quad (2\%)$$

聚丙烯酸甲酯为乳白色半透明凝胶体,有大蒜味,具有好的水溶性,可与任何比例的水互相混溶,黏度稳定。由于它的侧链中主要是非极性的酯基,分子间的引力较小,因此浆膜强力低,伸度大,急弹性变形小,弹性差,是一种"低强高伸",柔而不坚的浆料,对疏水性纤维有很高的黏附性,但其"热再黏性"高,即在车间温度较高时,纱线易产生再粘连现象。聚丙烯酸甲酯浆料主要用于涤/棉混纺织物经纱上浆作辅助黏着剂,以改善纱线柔软性及浆料黏附性能。

2. 聚丙烯酰胺　聚丙烯酰胺简称为 PAA,习惯上称为"酰胺浆",是水溶性高分子化合物,它是由丙烯酰胺聚合而成。其化学结构式为:

$$\left[CH_2—CH\right]_n$$

$$\quad\quad CONH_2$$

聚丙烯酰胺是一种无色透明黏稠体。聚丙烯酰胺具有良好的水溶性,能与任何比例的水混溶,在水中遇到无机离子(如 Ca^{2+}、Mg^{2+} 等)会产生絮凝沉降作用,且黏度下降。在制取时由于是放热聚合反应,单体浓度不宜超过 10%,所以聚丙烯酰胺含固量一般为 8%~10%。聚丙烯酰胺成膜性好,具有较活泼的极性酰胺基,浆膜强度高,伸度低,是一种"高强低伸",坚而不柔的浆料,对棉纤维有良好的亲和力和黏附力,用于毛纱、涤棉混纺纱和麻纱等亦有良好的上浆效果,但它的吸湿性大,再黏性强,这是最大的缺点。

3. 28 号浆料(醋酸乙烯丙烯共聚浆料)　28 号浆料也是一种丙烯酸类浆料,它是由醋酸乙烯与丙烯酰胺经皂化的共聚物,其化学结构式为:

$$—CH_2—CH—CH_2—CH—CH_2—CH$$

$$\quad\quad CONH_2\quad\quad OCOCH_3\quad\quad OH$$

28 号浆料呈黏稠体状,其性能介于聚丙烯酸甲酯和聚丙烯酰胺之间,其黏着力虽没有聚丙烯酸甲酯好,但由于 28 号的浆料没有大蒜味,对人体无害,所以在生产中大都替代聚丙烯酸甲酯,用于涤棉混纺织物经纱上浆。

4. 多元共聚浆料　近年来,对多元共聚浆料的研究和开发获得了较快的发展。目的在于利用两种或两种以上不同性能的单体,根据其性能的不同,以不同配比,在一定温度条件下进行共聚,获得各种不同的浆料性能,如良好黏着性、水溶性以及较低的吸湿性。例如丙烯酸和丙烯酰胺的共聚物(钠盐或氨盐),丙烯酸、丙烯腈和丙烯酰胺的共聚物,或丙烯酸、丙烯酰胺、醋酸乙烯和丙烯腈的四元单体共聚等。现生产用的各种品牌的聚丙烯酸类浆料,大多数属于上述结构之一。

二、常用助剂的性能

助剂是浆纱的辅助材料,在浆液中起改善黏着剂某些性能不足,使浆料的综合性能优良的作用。助剂种类很多,但一般用量较少,选用时必须考虑它与主浆料的相容性和调浆操作的简便。

（一）淀粉分解剂

未经变性处理的各类淀粉（原淀粉）,调制后的浆液黏度大且不稳定,不易渗透到纱线内部,形成的浆膜手感粗硬,上浆不匀而影响浆纱质量,所以在使用原淀粉调煮浆液时需要加入一定量的分解剂,以降低淀粉浆液的黏度,提高浆液工艺性能,更好地满足经纱上浆的要求。原淀粉常用的分解方法主要有酸、碱和氧化剂化学分解方法,亦有用酶或酵素对原淀粉进行分解的生物方法。分解剂有酸性、碱性、氧化分解剂和酶分解剂四类,介绍如下。

1. 碱性分解剂 常用碱性分解剂主要是硅酸钠（Na_2SiO_3）和烧碱即苛性钠（NaOH）。硅酸钠可与任何比例的水混合而溶解,水溶液呈弱碱性,其纯净的水溶液为无色透明,但一般含有铁、碳等杂质而呈灰色或灰绿色。硅酸钠呈碱性,当遇酸作用被中和而析出硅酸,如再脱水则析出二氧化硅。所以淀粉生浆在未加硅酸钠以前应中和其中酸分,否则将影响分解作用,在输浆管道和上浆辊上产生结硅现象。用硅酸钠作为分解剂,不仅加快了淀粉的分解作用,而且有利于稳定黏度。硅酸钠的用量为淀粉干重的 4%~8%。

烧碱即苛性钠（NaOH）,为白色晶体,在空气中易潮解,是一种强碱,使用时要用水稀释,烧碱的用量一般为淀粉的 0.5%~1%。

2. 酶分解剂 酶是一种生物催化剂,属蛋白质一类,由各种氨基酸组成。因为酶作用的专一性,即一种酶只能催化一种或一类化学反应,因此对淀粉起水解作用的酶总称为淀粉酶。工业上常用的有 α-淀粉酶、β-淀粉酶和葡萄糖淀粉酶。由于 α-淀粉酶对淀粉的水解作用较为均匀,因此用做淀粉的分解剂更为合适。α-淀粉酶的活性是其重要指标,要保持 α-淀粉酶的活性长期不变,可通过化学或物理等方式进行"固定化"处理,使酶的活性保持稳定。现常用的各种添加剂（催化剂）大多数属于此类产品。

3. 氧化分解剂 氧化分解剂可使淀粉中的羟基氧化成醛基和羧基,部分分子的分子链变短,提高淀粉的亲和性、浸透性和均匀性。常见的氧化剂有次氯酸钠（NaClO）、漂白粉 [Ca(ClO)$_2$]和氯胺T等氧化分解剂。氯胺T的用量为玉米淀粉的 0.5%,小麦淀粉的 0.4%,马铃薯淀粉的 0.16%~0.2%;次氯酸钠做分解剂时,用量为其有效氯含量对淀粉的 0.5%~1.2%;而漂白粉的用量为其有效氯含量对淀粉的 0.12%。

4. 酸分解剂 酸对淀粉有强的分解作用,通过酸的作用使淀粉的大分子链断裂成为较小的分子链,使淀粉的黏度降低,流动性改善,浸透性提高,有利于上浆质量的提高。对反应的控制主要是通过控制反应进程来实现,可以采用中和的方式随时终止反应。常见的酸性分解剂有盐酸、硫酸和有机酸等,盐酸的用量为淀粉的 0.2%~0.3%;硫酸的用量为淀粉的

0.4% ~ 0.5%。

（二）柔软润滑剂

柔软润滑剂的作用是减小浆膜大分子之间的结合力,增加浆膜的可塑性,同时可提高浆膜表面的平滑程度。在浆液中加入柔软润滑剂可以改善浆膜性能,使浆膜具有良好的柔软性、平滑性,降低摩擦因数,赋予浆膜更好的弹性,以减少织造时经纱断头,提高织机效率。

1. 浆纱油脂　常用的柔软剂多数为油脂类物质,有各种牛油、猪油、羊油、棉籽油、浆纱用油脂以及经乳化处理的浆纱膏等。在实际使用时以动物油脂为主,它具有柔软和润滑为一体的性质。油脂的作用是使黏着剂分子间松弛,从而增加其可塑性,降低浆膜的刚性,增加弹性伸长,同时还具有降低纱线与停经片、综丝和钢筘之间的摩擦系数的作用。

油脂的用量一般为黏着剂用量的 2% ~ 8%,高密细特织物可适当增加,以淀粉类为主体的黏着剂用量较化学浆料为高。矿物油是一种卓越的润滑剂,对纱线具有良好平滑作用,但柔软性能很差,对纱线几乎无任何柔软作用。用做柔软剂的还有以柔软润滑为主的表面活性剂,也有润湿分散作用,如柔软剂 SG(用于合成纤维)、柔软剂 101(用于合成纤维、黏胶纤维上浆),用量为黏着剂的 1% ~ 2%。

2. 固体浆纱蜡片　固体浆纱蜡片(柔软润滑剂)是用于各类经纱上浆的新一代柔软润滑剂,有效成分几乎达 100%。它是由动植物油脂经氢化精制而成,并根据纤维的特性和上浆的要求,添加有抗静电剂、消泡剂、增塑剂等,一般不含矿物石蜡,是一种高效柔软润滑剂,具有良好的柔软润滑性、抗静电性和增塑性,是纺织经纱上浆较优良的柔软润滑剂,也可作为经纱后上蜡用。主要指标为:色泽和外观为白色或淡黄色片或块状固体,有效成分 >99%,不溶物 ≤0.1%,pH 在 7 左右,能分散在 60℃ 以上的热水中,熔点 47 ~ 55℃。固体浆纱蜡片一般用量为黏着剂干重的 3% ~ 5%。

（三）浸透剂

经纱通过上浆后,一部分浆液被覆于纱线的表面,使毛羽贴附于纱干上并形成一层薄薄的浆膜,以提高经纱在织造时的耐磨性能;浆液的另一部分渗透到纱线的内部以增加纤维之间的抱合力,提高纱线的强度,增加浆膜与纱线之间的附着力。如经纱密度较大,浆液浓度高,黏度大以及上浆过程中经纱通过浆液的时间短,压浆力小,同时纤维间有空气存在不利于浆液的渗透,为此在浆液中加入浸透剂,降低浆液的表面张力,增加浆液的扩散性和流动性,以利于浆液渗透到纱线内部。

浸透剂又称湿润剂,是一种以润湿为主的表面活性剂,能显著降低浆液的表面张力且有较好的乳化性能。浸透剂的品种很多,一般按其水溶液的电离情况可分为阴离子型、阳离子型和非离子型,浆液中通常选用阴离子或非离子型浸透剂,中性或弱碱性的浆液(pH = 7.5 ~ 8)选用阴离子型,酸性浆液宜采用非离子型。同时要选用低泡高效的渗透剂,否则浆液易产生泡沫,影响上浆质量。浆液常用的渗透剂主要有渗透剂 M-5881D、渗透剂 JFC、平平加 O、肥皂、土耳其红油等,其他高效低泡渗透剂也可应用于纺织浆料。

各种浸透剂在浆液中的作用是多方面的,许多浸透剂同时还起着乳化、流动和扩散的作用,成膜后使浆膜的吸湿性、柔软性和平滑性得到增加。因而,浸透剂又是柔软剂、吸湿剂、抗静电剂、分散剂和减磨剂。

(四) 防腐(霉)剂

浆料中的淀粉、油脂、蛋白质等都是微生物的营养剂。坯布在长期的存储过程中,在一定的温度和湿度的条件下容易发霉。在浆料配方中加入一定量的防腐剂,可以抑制霉菌的生长,防止坯布在存储过程中发生霉变,从而影响产品质量。

作为防腐剂应是高效广谱、易溶于水、不会引起染色印花等后加工产品质量的物质。由于天然黏着剂(淀粉类及多糖类)是微生物的良好营养剂,很易霉变腐败,浆液放置时间过长会变质;纱线经过上浆后,浆纱和织物也会出现霉斑,甚至破坏纤维结构,使纱线和织物的物理力学性能遭到严重损害,所以对这一类浆料加入防腐(霉)剂是必须的,对合成纤维可少用或不用。如坯布不经储存直接运到印染厂加工或气候干燥季节及地区亦可少用或不用。浆纱中常用的防腐剂有2-萘酚、NL-4、菌毒净、福尔马林(40%甲醛,60%水)、氯化锌($ZnCl_2$)、水杨酸、苯酚(C_6H_5OH)等,现将常用的几种防腐(霉)剂介绍如下。

1. 2-萘酚 2-萘酚亦称 β-萘酚,是2-萘磺酸和氢氧化钠共溶后的化合物。2-萘酚为淡黄色或红褐色片状或粉状固体,有毒性,带樟脑味,久与空气接触颜色变深,密度为 1.27g/cm³,熔点118~123℃,沸点为280℃,不溶于水,即使加热时也不溶解,能溶于浓热的氢氧化钠水溶液中,但不溶于纯碱溶液,溶解1g2-萘酚需用0.4g氢氧化钠。2-萘酚的防腐性能与浆液的酸碱度有关,它在酸性浆液中的防腐性最强,碱性浆液中次之,中性浆液中最差。用量一般为淀粉量的 0.2% ~ 0.3%,在梅雨季节或储存时间较长可适当增加用量,但不超过0.4%;在酸性浆中用量可降到0.15%~0.2%,在使用时不能与含氯的氧化物同时加入,因2-萘酚与氯会发生加成反应。

由于2-萘酚不溶于水,需用氢氧化钠溶解,使用不便,其防霉效果也欠佳,现已逐步被其他高效低毒广谱的防霉剂所替代。

2. NL-4 高效杀菌防霉剂 NL-4 防霉剂化学名称为 2,2′-二羟基-5,5′-二氯二苯基甲烷,分子式为 $C_{13}H_{10}O_2Cl_2$,纯品为白色无臭结晶体,工业品带棕色,苯酚味,熔点为177~178℃,在水中溶解度为 0.003%(25℃),易溶于乙醇、丙酮中,遇碱生成盐。NL-4 高效杀菌防霉剂具有高效低毒广谱的性能,对多种霉菌有良好的抑制作用,用量为浆料重量的 0.1%~0.3%,可直接加入浆液中,现在逐步替代2-萘酚。

"菌毒净"也是近年发展起来的一种高效广谱防腐剂,化学名称为5,5′-二氯-2,2′-二羟基二苯甲烷,据试验,它的防腐效果比2-萘酚高几十倍。

(五) 吸湿剂

浆膜中水分的含量与浆纱强力、弹性和耐磨性的有密切关系。浆液中加入吸湿剂的目的就是为了使浆纱增强吸收空气中水分的能力,提高浆纱的含湿量,保持浆膜的柔软性和弹性。吸湿剂的种类很多,普遍使用的吸湿剂是甘油,称丙三醇或称三元醇,它是制造肥皂的副产品。另外,食盐($NaCl$)、氯化镁($MgCl_2 \cdot 6H_2O$)、氯化钙($CaCl_2 \cdot 6H_2O$)等均为作用较强的吸湿剂。

吸湿剂的用量应根据纤维性质、黏着剂的性能、上浆率的大小和织造车间的环境(车间温湿度)而定。如以淀粉为主体的黏着剂,在气候干燥、上浆率较大或车间湿度偏低时,加入适量的吸湿剂可减少浆纱的脆断头。如气候潮湿的季节和地区,就不必加入吸湿剂,因浆纱吸湿过大,浆膜发黏而产生再黏性,纱线的强力、耐磨性能反而下降,增加经纱断头。聚丙烯类浆料因其吸湿性强,则不需加入吸湿剂。

(六) 抗静电剂

纺织纤维特别是疏水性纤维的导电性和吸湿性能都很差,在生产过程中纱线与机件摩擦后易积聚静电,使纤维相互排斥,造成纱线松散,毛羽突出,在织造时邻纱互相缠连,增加经纱断头。在浆液中加入微量的抗静电剂,可以增加纤维的导电性,使电荷易于消失。

抗静电剂有离子型和吸湿型两种,离子型由于物质本身的电离使纱线具有一定的导电性,大多数抗静电剂不但能抗静电同时也有吸湿作用。吸湿型的抗静电剂为亲水性的物质,可以吸收空气中的水分使纤维回潮率增加,从而提高纤维的导电性。

常用抗静电剂有抗静电剂 MPN、SN,平平加 O、拉开粉由于其本身的电离和亲水性,也是一种良好的抗静电剂。

(七) 消泡剂

浆液在上浆过程中容易产生泡沫,不仅给上浆操作带来很大困难,而且上浆率也难以控制,容易造成轻浆或上浆不匀等浆纱疵点,对浆纱质量影响很大。浆液内产生泡沫的原因很多,有浆纱本身的原因,亦有外部原因。如淀粉浆蛋白质含量过多,不仅易起泡沫,而且产生的泡沫强韧,不易消退。部分醇解 PVA 由于醋酸基团的存在,非常容易起泡,泡膜牢固而不易破裂;浆液中加入过量的表面活性剂,使浆液表面张力过低,搅拌起泡后,泡沫不能迅速破裂;浆液 pH 过高,也是容易起泡的另一原因。此外还与机械条件(如调浆桶搅拌速度过快等)、调浆用水等也有密切的关系。消除泡沫除改进调浆操作外,主要采用消泡剂。选择消泡剂,主要以泡沫溶液的性质作为依据。

消泡剂有多种,一般以硅树脂或高级醇最为有效,但因为在浆液中易被乳化,不能持续有效。浆液中常用的消泡剂还有硬脂酸、油脂等,但要注意它的用量,以不使浆液不匀、油脂上浮、不产生油污疵点为度。

三、常用浆料的质量要求和检测

浆料的种类很多,性能各异,生产浆料的企业也很多,这样每种浆料若来源于不同的生产厂家,则其有效成分、灰分、含水等情况差异相当大;甚至同一生产厂生产的不同批次浆料也存在一定的差异,这给浆纱质量稳定和控制带来了很大的难度。为保证上浆质量,必须把好原料进厂关,将不符合要求的浆料挡在门外;同时对现有的浆料质量状况要心中有数,以便调整上浆工艺,满足浆纱质量的要求。下面针对不同的浆料,列出其质量要求并对其中重要的检测项目重点提出说明。

(一) 淀粉及变性淀粉的质量控制

淀粉及变性淀粉是纺织企业常用的三大主浆料之一。由于其来源广泛,价格低,在纺织企业中广泛使用。但由于生产淀粉的企业很多,原料来源、技术力量和加工方法的差异,造成产品质量的波动较大,必须对其成分进行检验,以保证上浆的质量稳定。

1. 共性质量指标　淀粉及变性淀粉的共性质量指标有外观、水分、酸度、灰分、蛋白质、pH、细度、斑点、黏度及黏度热稳定性等。淀粉和变性淀粉的外观色泽、细度和斑点对上浆纱线的外观和色泽有非常重要的影响,最终会影响坯布的外观和色泽;过量的灰分和蛋白质会造成淀粉浆液易于腐败,浆液调制过程中泡沫过多,直接影响纱线的上浆质量;浆液的黏度和黏度稳定性对上浆均匀和上浆质量有重要的意义,稳定的黏度是保证上浆质量的前提和基础;而对淀粉和变性淀粉水分、酸度和 pH 的测定可以为上浆工艺的制订和调整提供理论依据,以满足纱线的上浆的要求。因此,这些指标可以作为常规的检验项目进行测试,以保证进厂的浆料严格符合要求。表 3-6 为淀粉及变性淀粉的常规试验项目。

表 3-6 淀粉和变性淀粉的共性质量指标

项目		玉米变性淀粉	马铃薯变性淀粉	木薯变性淀粉	小麦变性淀粉
外观		白色或类白色粉末或颗粒状物			
有效成分(%)		≥100%-水分含量-2%①			
水分(%)		≤14.0	≤18.0	≤15.0	≤14.0
细度(%)[39.4 网孔数/cm(100 目)筛通过率]		≥98.0			
斑点(个/cm²)		≤4.0	≤6.0	≤5.0	≤4.0
酸度(°T)(中和 10g 绝干淀粉所消耗的 0.1mol/L 氢氧化钠的毫升数)		≤1.8	≤1.5	≤1.8	≤2.5
pH	淀粉醋酸酯	6.0~7.0			
	其他变性淀粉	6.5~7.5			
灰分(干基,%)		≤0.35	≤0.60	≤0.50	≤0.50
蛋白质(干基,%,质量分数)		≤0.50	≤0.20	≤0.20	≤0.40
黏度(mPa·s)		高黏:>25;中黏:12~15;低黏:<12			
黏度最大偏差(%)		±15			
黏度热稳定性(%)		高黏:≥90;中黏:≥85;低黏:≥80			

①考虑到淀粉或变性淀粉浆料中有蛋白质、灰分等杂质的存在。

2. 特性质量指标 淀粉及变性淀粉的特性指标会因变性淀粉种类的不同有一定的差异,如氧化淀粉的羧基含量、游离氯,酯化淀粉的取代度,醚化淀粉的取代度,交联淀粉的沉降积、残留甲醛、残留氯,接枝淀粉的接枝率、游离单体等指标,表 3-7~表 3-11 为常见变性淀粉的特性指标。

表 3-7 氧化淀粉(用次氯酸钠作氧化剂)

项目	特性指标
羧基含量(%)	≥0.04
残留氯	无
氯化钠含量(%)	≤0.8

表 3-8　酯化淀粉

项目	特性指标(暂定)	
	取代度(D.S)	
	A 级	B 级
醋酸酯淀粉	≥0.05	≥0.03
磷酸酯淀粉	≥0.04	≥0.02

表 3-9　醚化淀粉

项目	特性指标
	取代度(D.S)
羧甲基淀粉	≥0.2
羟乙基淀粉	≥0.04
羟丙基淀粉	≥0.04

表 3-10　交联淀粉

项目	特性指标	
	用甲醛作交联剂	用环氧氯丙烷作交联剂
沉降积(mL)	1.9~2.1	1.9~2.1
残余甲醛(mg/kg)	150	—
残余氯(mg/kg)	—	≤5

表 3-11　接枝淀粉

项目	特性指标
接枝率(%)	>7
残留单体含量(%)	<0.3

3. 检验方法　一般的测试周期为库存浆料每月至少试验一次,而进厂的浆料必须进行试验。在抽样时,随机性和抽样的数量必须保证,这是数据准确可靠的条件,因此,每批浆料应随机抽取 10 袋以上,用扦子在袋口边部及中部均匀抽取数扦,置于干净样品盒中,混合均匀,塞紧塞子,并做好标记。淀粉和变性淀粉的常规试验项目必做,但特性指标可以针对变性淀粉的不同种类来选择,表中列出的指标有些为暂定指标,可参考执行。

(1)淀粉类浆料外观的检验。取淀粉样品 20g,放入 100mL 磨口瓶中,加入 50℃的温水 50mL,加盖,震荡 30s 后倒出上面的清液,嗅其气味。在明暗适当的光线下,用肉眼观察样品的颜色,然后在较强烈的阳光下观察样品的光泽。

(2)淀粉类浆料水分的测定。淀粉的水分是指淀粉中含有水分的多少。用样品的干燥后的损失质量与样品原质量的百分比来表示。对于在 130℃、1 个大气压的状态下化学性质稳定的淀粉类,可以采用烘箱烘燥的方法来测定其含水,其原理是将所取的淀粉样品放在温度为 130~133℃,一个大气压的烘箱内干燥 90min,可以得到样品的损失质量。

(3)淀粉类浆料灰分的测定。淀粉的灰分是指淀粉样品灰化后的剩余物质的量。通常用样品灰化后的剩余物质量与样品的干基质量百分比来表示。测试原理为将样品在 900℃的高温下灰化,直到灰化后的样品中的碳完全消失,可以得到样品的剩余物质量。

(4)淀粉类浆料蛋白质含量的测定。蛋白质的含量是根据淀粉及变性淀粉样品中水解产生的游离氨基酸和含氮化合物的氮含量按照蛋白质的系数折算而成的,以样品的蛋白质质量对样品干基质量的质量百分比来表示。其基本原理为在催化剂的作用下,用硫酸将淀粉及变性淀粉裂解,碱化反应产物,并进行蒸馏使氨释放,同时用硼酸溶液收集,然后用标定过的硫酸溶液滴定,将耗用的标准硫酸溶液的体积转化为蛋白质的含量。

(5)淀粉类浆料酸度的测定。通过用标准的氢氧化钠中和淀粉中的酸度,用耗用的氢氧化钠的体积来反映淀粉和变性淀粉的酸度。该方法适用于酸度不超过 12mL 的淀粉及变性淀粉的酸度的测定。

(6)淀粉类浆料黏度和黏度稳定性的测试。淀粉的黏度可以通过旋转式黏度计来测试。黏度变化和稳定性测试的原理为,在 45~95℃的温度范围内,淀粉浆液随着温度的升高而逐渐糊化,可以通过旋转式黏度计记录淀粉浆液的黏度随温度变化的情况;当温度达到 95℃时,在这种温度下保温 3h,并每隔 30min 测定一次黏度值,共测 6 次,后 5 次测定黏度值的极差与 95℃保温 1h 时测定黏度值的比值来表示黏度波动率。

$$黏度稳定性 = 1 - 黏度波动率$$

$$黏度波动率 = \frac{\max| \eta - \eta' |}{\eta_1} \times 100\%$$

式中: η_1——在 95℃保温 1h 测得的黏度值,mPa·s;

$\max|\eta - \eta'|$——95℃保温开始计时,后五次测得的黏度值的极差。

(7)淀粉浆料斑点的测定。淀粉的斑点是在规定的条件下,用肉眼观察到的杂色斑点的数量,以样品每平方厘米斑点的个数来表示。取混合好的样品 10g,均匀地分布在白色平板上,用刻有 10 个方格(每个方格 1cm×1cm)的无色透明板,盖到样品上,观察距离保持 30cm,记录 10 个空格内的斑点总数量。

$$斑点(个/cm^2) = \frac{斑点总数}{10}$$

(二)聚乙烯醇(PVA)浆料的质量控制

1. PVA 的质量要求　PVA 是合成类的浆料,一般由大型化工企业来生产,质量相对比较稳定。尽管如此,PVA 在原料进厂之前和在浆纱工程中使用前,必须对产品的质量进行检验。测定的指标有醇解度、黏度、乙酸钠含量、挥发分、灰分、pH、水溶性、外观、平均聚合度、膨润度等(普通 PVA 的质量要求见表 3-12),改性 PVA 的质量要求见表 3-13。

表 3-12　普通 PVA 的质量要求

指标名称	1788			1792			1799S（H）		
	优等品	一等品	合格品	优等品	一等品	合格品	优等品	一等品	合格品
醇解度（%）	87.0~89.0	86.0~90.0	86.0~90.0	91.0~93.0	90.0~94.0	99.0~94.0	99.8~100	99.8~100	99.8~100
黏度（mPa·s）	20.5~24.5	20.0~26.0	20.0~26.0	21.0~27.0	20.0~28.0	20.0~30.0	22.0~28.0	21.0~29.0	20.0~32.0
乙酸钠（%）≤	1.0	1.5	1.5	1.5	1.5	2.0	6.8	7.0	7.0
挥发分（%）≤	5.0	8.0	10	5	8.0	10.0	7.0	8.0	9.0
灰分（%）≤	0.4	0.7	1.0	0.5	0.7	1.0	2.8	3.0	3.0
pH	5~7	5~7	5~7	5~7	5~7.5	5~7.5	7~10	7~10	7~10
水溶性	70℃保温 1h 完全溶解						95℃保温 1h 完全溶解		
外观	白色或乳白色粉末、粒状或絮状								
平均聚合度	1750±50								
膨润度（%）	200±20（参考）								

表 3-13　改性 PVA 的质量要求

项目	指标	项目	指标
外观	白色或乳白色粉末	醇解度（%）	98±1
纯度（%）	≥92	乙酸钠（%）	≤1.0（高碱法≤5）
细度（%）	100（40 目通过率）	黏度（mPa·s）	24~32（4%，20℃）
挥发分（%）	≤5.0	pH	6.5~7.5
灰分（%）	≤0.7	水溶性	65℃ 1h 完全溶解
平均聚合度	2500±50	膨润度（%）	250±20

2. 检验方法　PVA 的测试周期一般为库存产品每季度至少测定一次,当每次进浆料的时候必须测定相应的指标。PVA 一般是由大型化工企业生产的,其平均聚合度是比较稳定的,进厂检验时,主要测试 PVA 中挥发物的含量、黏度情况及其醇解度指标。

（1）挥发物的测定方法。挥发物的测定原理是:将试样在（105±2）℃的温度下,干燥至恒重,计算试样干燥前后的质量损失。取样时应根据被测 PVA 的数量来决定取样的数量,被测 PVA 在 5 吨以下时,任意在 5 袋中抽取样品,5 吨以上可以在 5~10 袋中抽取样品,每袋取 50g,并迅速将样品混合均匀,装入密闭的瓶中,贴上标签。挥发分的计算公式如下:

$$挥发分 = \frac{m_1 - m_2}{m_1 - m_0} \times 100\%$$

式中：m_0——称量瓶质量，g；

m_1——干燥前样品和称量瓶的质量，g；

m_2——干燥后样品和称量瓶质量，g。

（2）黏度的测定方法。测试的基本原理是在一定的温度下，通过旋转式黏度计测定液体的黏度，通常测试在4%浓度下，20℃时PVA的黏度值。称取定量的样品，配制标准浓度的浆液，然后在沸水浴中加热搅拌至试样全部溶解均匀时取下，使其冷却到（20±0.1）℃，以旋转式黏度计测定其黏度。

（3）平均聚合度的测定。测定的原理为用一点法测定聚乙烯醇水溶液的极限黏度（特征黏度），计算出的平均聚合度。特征黏度采用奥氏黏度计来测定，记录试样溶液和蒸馏水自由下落的时间。平均聚合度（DP）的计算公式：

$$\lg DP = 1.613 \lg \frac{[\eta] \times 10^4}{8.29}$$

$$[\eta] = \frac{2.303 \lg \eta_\tau}{C_V}$$

$$\eta_\tau = \frac{t}{t_0}$$

式中：$[\eta]$——极限黏度（特征黏度），L/g；

η_τ——黏度比（相对黏度）；

C_V——浓度，g/L；

t——试样溶液的自由下落时间，s；

t_0——蒸馏水自由下落时间，s。

（4）醇解度的测定方法。PVA醇解度的测定原理为，聚醋酸乙烯在醇解的过程中，如果醇解不完全就会在PVA中残留醋酸根，通过测定残留醋酸根，就可以计算出PVA的醇解度。可以将试样溶解在水中，加入定量的氢氧化钠与聚乙烯醇中残留的醋酸根反应，而后再加入定量的硫酸中和未反应的氢氧化钠，过量的硫酸再用氢氧化钠标准溶液滴定，可计算出试样中的残留醋酸根含量和醇解度。

①残留醋酸根含量的计算：

$$X = \frac{(V_2 - V) \times C \times 0.06005}{m \times X_4} \times 100\%$$

$$X_4 = 100 - (X_1 + X_2 + X_3)$$

式中：X——残留醋酸根；

    C——氢氧化钠标准溶液浓度,mol/L;

    X_1——挥发分,%;

    X_2——氢氧化钠含量,%;

    X_3——乙酸钠含量,%;

    X_4——PVA 试样的纯度,%;

0.06005——与 1.00mL 氢氧化钠标准溶液相当的以 g 表示的乙酸质量;

    m——试样的质量,g;

    V_2——加硫酸后,滴定耗用氢氧化钠标准溶液的体积,mL;

    V——空白试验,滴定耗用氢氧化钠标准溶液的体积,mL。

②残留醋酸基的计算:

$$残留醋酸基 = \frac{44.05X}{6005 - 0.42X_4} \times 100\%$$

③醇解度计算:

$$醇解度 = 1 - 残留醋酸基$$

(三) 聚丙烯酸类浆料的质量控制

1. 常用聚丙烯类浆料的质量要求

聚丙烯酸类浆料的成分复杂,多为很多种单体的均聚和共聚物,且多数为黏稠状的液体,因此,常检测的指标为外观、含固量、黏度、pH、灰分等指标(表 3-14)。

表 3-14　常用聚丙烯类浆料的质量要求

项目	聚丙烯酸甲酯 PMA	聚丙烯酰胺 PAA	醋酸乙烯丙烯共聚浆料 (28 号浆料)
外观	乳白色黏稠体	透明黏稠体	乳白色半透明黏稠体
含固量(%)	≥14	≥8.0	≥16
黏度(mPa·s)	14~28(4%,20℃)	≥25(4%,20℃)	25~40(4%,20℃)
分子量 10^4	4±0.5	150~200	—
未反应单体(%)	≤0.8	—	—
pH	7~8	6~7.5	6.5~7.5
残留丙烯酰胺(%)	—	≤0.6	—
残留醋酸乙烯(%)	—	—	≤0.5

2. 检验方法　一般检验的周期为库存浆料每季至少一次,每次浆料进厂时必须测试。聚丙烯酸类浆料在制备过程中很难得到只含一种单体的浆料,常常是由多种单体混合共聚而成,因此,通常以含量较高的一类单体的名称作为这种浆料的名称,使用企业通常能测定的主要项目

是含固量和黏度值,这两项是影响聚丙烯酸类浆料上浆性能和上浆质量的重要指标。

（1）含固量的测定。含固量的测定原理是将一定量的试样,在一定的温度和真空条件下烘干至恒重,干燥后的试样质量的百分数即为聚丙烯酸类浆料的含固量。

$$含固量 = \frac{m}{m_0} \times 100\%$$

式中：m——干燥后试样质量,g；

m_0——干燥前试样的质量,g。

（2）黏度的测定。称取根据含固量折算的相当于4g绝干重量的试样,精确到0.01g,放入300mL锥形烧瓶中加蒸馏水至100mL刻度（即配制成4%浓度的浆液）,然后接到冷凝回流管,在水浴锅中加热搅拌至全部溶解均匀,取下冷却至（20±0.5）℃,以旋转式黏度计测定其黏度值。

（四）常用助剂的质量控制

1. 氢氧化钠的检验　氢氧化钠是浆纱工程常用的助剂,氢氧化钠的主要检测项目是其有效成分的含量。由于氢氧化钠放置时间过长,表面会与空气发生反应,因此,对库存的氢氧化钠每季度至少检测一次,而原料进厂时必须做相应指标的测试。为了保证取样的代表性,通常取固体氢氧化钠时,必须将表层去除（取20g左右）,液体取样时可以用玻璃管取（取40~50mL）,取样后,应将试样装入玻璃瓶,用橡皮塞紧并贴上标签。

测定氢氧化钠的基本原理为将氢氧化钠试样充分溶解后,用标准的盐酸溶液来滴定,用酚酞做指示剂,来测定氢氧化钠的有效含量。

（1）取干净已知重量的扁形称重瓶,移入固体烧碱20g左右,将盖盖紧称重；液体烧碱用量筒量取40mL左右倒入后称量,然后将试样移入500mL锥形瓶中,用蒸馏水冲洗称量瓶3~4次,再加100mL左右蒸馏水,徐徐摇动至全部溶解,稀释至400mL左右,冷却到室温后,充分混合。

（2）用移液管吸取试液50mL注入250mL锥形瓶中,加入酚酞指示剂5滴,以1N盐酸溶液滴定到恰好红色消失,记录耗用盐酸毫升数,然后,再加入甲基橙指示液两滴,继续用1N盐酸滴定至溶液由黄变为橙色,记录耗用盐酸毫升数。

（3）计算。

$$氢氧化钠的含量 = \frac{(V_1 - V_2) \times 0.04 \times C_1}{m} \times 100\%$$

式中：C_1——标准盐酸浓度,1mol/L；

V_1——滴定至酚酞等当点时耗用盐酸数,mL；

V_2——滴定至甲基橙等当点耗用盐酸总数,mL；

m——试样的质量,g。

2. 浆纱油脂的检验　浆纱油脂也是纺织企业常用的浆纱助剂,由于浆纱油脂在储存过程中非常容易腐败和变质,造成酸度增加,因此,对库存的浆纱油脂需要定期的进行检验,为浆液质量的保证创造较好的条件。一般的测试周期为每季度对库存的浆纱油脂至少检验一次,在进料的时候必须做一定的测试,常见的测试指标有水分、灰分和酸值。

(1)水分的测定。取一定量的样品(一般为 50g),在一定的温度下使浆纱油脂熔化,待其完全熔化后,用肉眼观察样品。质量良好的浆纱油脂在熔化后应为澄清的油液,无混浊现象,同时看不到明显水滴和砂粒存在。因此,若看到明显的水滴则表示油脂中含水不合要求。

(2)灰分的测定。浆纱油脂的灰分测定原理与淀粉灰分的测试原理相同。取一定量的浆纱油脂反复灼烧,直至取已经灼烧至残渣变成白色为止,冷却至室温后称重。

$$灰分 = \frac{m_q - m_h}{m_q} \times 100\%$$

式中:m_q——试样灰分灼烧前的质量,g;

m_h——试样灰分灼烧后的质量,g。

(3)酸度的测定。浆纱油脂酸度的测定原理与淀粉的相同,即将油脂溶解后,用标准的碱滴定,记录耗用碱的量。由于浆纱油脂不溶于水,可取一定量的浆纱油脂(20g 左右),在加热的情况下溶解于乙醇中,待其完全溶解后,加酚酞指示剂液,以标准的氢氧化钾滴定至溶液呈微红色,并保持 1min 不褪色,记录耗用氢氧化钾毫升数。

$$酸度(°T) = \frac{V \times C_K}{m} \times 56.1$$

式中:V——耗用 0.1mol/L 氢氧化钾的浓度,mL;

C_K——0.1mol/L 标准氢氧化钾的浓度,mol/L;

m——试样的质量,g。

3. 二萘酚的检验　二萘酚是常用的防腐剂,通常情况下,它是不溶于水的,只能溶解于热的氢氧化钠溶液中。在调浆时,操作较麻烦,对二萘酚的日常检测主要是其溶解性能。一般对库存的产品每季度至少测定一次,进料时必须做专项测试。

称取一定量的二萘酚,然后将 2-萘酚溶解于加热的烧碱中,用玻璃棒调和均匀,加热至 70℃ 左右并加以搅拌,此时 2-萘酚应全部溶解,并观察溶液中是否含有砂粒。要求在这种条件下,二萘酚能完全溶解并没有明显的砂粒存在。

第二节　浆液质量的控制

把浆料和水按照工艺配方的要求调制成符合上浆要求的浆液,浆液质量的好坏是保证浆纱质量的关键问题。配制成的浆液要求分散、均匀混合且质量稳定。浆液的质量在生产实际中可以通过一定的测试指标来衡量和控制。

一、浆液配方设计和浆液的调制

浆液配方的设计是浆液质量提高的前提,合理的浆纱配方是完成浆纱工艺的重要一环。浆液配方设计包括浆料组分的选择和配比的选择,在我国习惯上把黏着剂材料定为 100,其他助剂的用量则以对黏着剂材料的百分比来表示。

1. 制订浆液配方的依据 设计配方时一般应根据浆纱理论和设计人员的生产经验先制订几个配方,然后通过小样试验,由试验数据来确定实际使用的浆纱配方,即找出最佳的工艺方案。

(1)纤维的种类。在选择主浆料时,应根据纱线的纤维种类来确定主黏着剂。为了避免织造时浆膜的脱落,所选择的黏着剂大分子应对纤维具有良好的黏附性和亲和力。根据"相似相溶原理",具有相同化学基团或相似极性的物质可以相溶。主黏着剂确定后,部分助剂也就随之而定。几种纤维和黏着剂的化学结构特点见表 3-15。

表 3-15　纤维和黏着剂化学结构对照

浆料名称	结构特点	纤维名称	结构特点
淀粉	羟基	棉纤维	羟基
氧化淀粉	羟基、羧基	醋酯纤维	酯基
褐藻酸钠	羟基、羧基	黏胶纤维	酯基、羟基
CMC	羟基、羧甲基	涤纶	酯基
完全醇解 PVA	羟基	锦纶	酰胺基
部分醇解 PVA	羟基、酯基	维纶	羟基
聚丙烯酸酯	酯基、羧基	腈纶	酯基、腈基
聚丙烯酰胺	酰胺基	羊毛	酰胺基
动物胶	酰胺基	蚕丝	酰胺基

从表中可以看出,在棉、麻、黏胶纱上浆时,可以采用淀粉类、完全醇解 PVA、CMC 等做主黏着剂,由于它们的大分子中都含有羟基,从而相互之间具有良好的相容性;羊毛、蚕丝、锦纶等纤维大分子中都含有酰胺基,可以使用含有相同基团的聚丙烯酰胺和动物胶做主黏着剂;醋酯纤维、涤纶等纤维大分子中均含有酯基,使用同样含有酯基的部分醇解 PVA、聚丙烯酸酯等具有很好的上浆效果。

当主黏着剂选定后,可以根据其性能的不足来选用相应的助剂。如使用淀粉浆时需加入适当的分解剂、柔软剂和防腐剂;使用酰胺类浆料时,由于浆料容易发生吸湿再黏现象,不能使用柔软剂和吸湿剂;使用 PVA 时,由于浆料容易起泡,必须使用消泡剂和吸湿剂,以改善浆料的缺陷等。

对混纺纱线的上浆可以采用多组分的混合浆料,以满足不同纤维的黏附力的要求,如对涤棉混纺纱可以采用分别对亲水性纤维(棉)和疏水性纤维(涤纶)具有良好亲和力的完全醇解 PVA、聚丙烯酸酯等。

（2）上浆纱线的结构。不同结构的纱线上浆目的有一定的差别，应根据不同的上浆要求来确定浆纱配方。如纱线较细、强度较小时，上浆主要的目的是为了增加纱线的强度，应以浸透增强为主，兼顾被覆。因此，上浆率比较高，黏着剂可选择上浆性能比较好的合成类浆料。强度较高、毛羽较多的纱线，应以被覆为主，兼顾浸透，宜选择以被覆为主的浆料，尽量使毛羽贴伏，表面平滑。对捻度较大的纱线，应选择流动性较好的浸透型浆料，以改善纱线的吸浆能力。

（3）织物的结构。不同的织物组织、织物的交织密度、织造条件会使纱线单位长度内受到各种力的作用有很大的差别，应根据织物的生产要求来确定浆纱的配方。一般情况下，经纬密度大的织物经纱上浆率要求高，交织次数多的织物上浆要求高，因此，在其他条件相同的情况下，平纹织物的上浆率最大，其次为斜纹织物，最后为缎纹织物。

2. 浆液的调制方法 浆液的调制是将各种黏着剂和助剂在水中溶解、分散，最后调煮成混合均匀的、稳定的，符合上浆要求的浆液。浆液调制是用专门的设备来调浆，调浆设备主要包括煮釜桶、浸渍桶、调和桶、供应桶、输浆泵以及计量和测试用具等。调浆的方法主要有定浓法和定积法两种。定积法通常用于合成黏着剂和变性类黏着剂的调制，即在一定量的体积水中投入规定质量的浆料，然后，加热搅拌，形成浆液的方法。定浓法一般用于淀粉浆的调制，通过以一定量的干浆料，加水调制成以比重表示的一定浓度溶液，然后加热煮浆的调浆方法，一般采用50℃定浓的方法。目前对淀粉浆也有采用既定浓又定积的调浆方法。

浆液调制时，应注意以下问题。

（1）应使用经检验合格的浆料。检验不合格或由于存放不当造成变质的浆料不得投用；对助剂的处理如油脂的乳化、烧碱定浓等也要严格要求；要严格按照配方要求的比例事先将上浆材料分组称量放置。

（2）做好调浆前的预处理。化学浆料在高温烧煮前要充分浸泡，使之先溶胀，有利于溶解；淀粉浆预先的浸泡会对均匀分散和黏度稳定很有利；对不溶于水的助剂，提前溶解于溶剂中，供浆料调浆时使用。

（3）对混合浆实行一步法调浆。调制 PVA 和淀粉混合浆时的步骤如下。

①在高速调浆桶中放入调浆所需的40%的水，开动搅拌器，边加水，边投入淀粉或变性淀粉，再徐徐倒入 PVA，待体积达到规定体积的75%~80%后停止加水。

②开蒸汽升温到60℃，投入柔软剂或乳化油、丙烯酸类浆料等，然后升温至63℃±1℃，保温溶胀15~30min 后，开蒸汽高温烧煮，待浆液均匀煮透，再加入防腐剂，定调浆体积(或浓度)、定黏度、定 pH 等待用。

（4）调浆必须做到"六定"，即定投料质量、定调浆体积(或浓度)、定温度、定黏度、定 pH、定时间。

二、浆液的主要质量指标

良好的浆液必须均匀、熟透、流动性好，必须充分消泡、清洁、无浆皮、沉淀、杂质和油污，剩浆回用时应保证合格处理。浆液的质量可以由一些指标来检验，由于各种浆料的调制方法不同,其性能指标也有一定的差异,但衡量浆液质量的主要指标主要有浆液的总固体量、淀粉浆的生浆浓度、浆液的黏度、浆液的pH、浆液的温度、浆液的黏着力以及淀粉浆的分解度等。质量良好的浆液是保证上浆合格的前提,因此,浆液的质量检验不仅在浆液调制的过程中要严格按照要求测试,而且在纱线上浆的过程中还需要定期测定,以保证上浆过程正在使用的浆液始终满足工艺要求,测试的各项指标见表3-16。

表3-16　浆液质量指标及测试方法

项目名称	测试方法	技术要求
浆液温度(℃)	常规测试,用温度计定期测试	根据工艺要求
浆液的pH	常规测试,pH试纸,酸碱滴定法	根据工艺要求
总固体量(%)	专题测试,烘干法	根据工艺要求
淀粉浆的分解度(%)	专题测试	根据工艺要求
淀粉的生浆浓度	专题测试	根据工艺要求
浆液黏度及黏度合格率(%)	常规测试,手提漏斗式黏度计,旋转式黏度计	根据工艺要求

三、浆液的测试及质量控制

1. 浆液的温度　浆液的温度是调浆和上浆时应当控制的重要工艺参数,特别是上浆过程中浆液的温度会影响浆液的流动性,使浆液的黏度变化。在相同含固量、相同浆料配方的情况下,若浆液温度变化,则黏度会发生较大的变化,会影响到上浆的均匀及上浆率的大小,可能造成许多浆纱疵点如浆斑、上浆不匀等。另外,不同的纤维对浆液温度的要求有一定的差异,如棉纤维表面有油脂和棉蜡等拒水物质,浆液的温度会影响棉纱的吸浆性能,一般应在95℃以上的高温下上浆,而羊毛和黏胶纤维则应在较低的温度下上浆(55~65℃为宜)等。

(1)浆液温度的测试。浆液温度的测试为常规的测试项目,应保证定期的测试,一般每台浆纱机每班至少保证测两次。用水银温度计来测,但所用的温度计必须经过校正,测试运转浆纱机的浆槽中浆液的温度时,必须将温度计插入规定的浆液深度和规定的位置,一般规定将刻度大于100℃温度计插入浆液下面约100mm处,测试部位为浸没辊附近(该处为纱线与浆液接触的位置),待温度上升至数据稳定后,记录温度值,在浸没辊两端各测一次取其平均值。在高性能的浆纱机上通常带有自动测定浆液温度的装置,有些还具有自动调节温度的功能,这时,只需要定期记录温度、检查温控装置,以保证温度稳定,符合工艺要求。

(2)影响浆液温度的因素。影响浆液温度的因素很多,但常见的主要原因为浆槽内蒸汽压力大小直接影响着浆液温度的高低,压力大,则浆液的温度高,压力小,则温度低;新浆液的不断补充也会影响浆液的温度,新浆液补充不均匀会造成温度分布不匀;浆槽从一面进汽,造成进汽端温度高而另一端温度低;浆槽内鱼鳞管排列不匀,鱼鳞管孔眼直径不一,造成孔眼大处蒸汽大,温度高,孔眼小处蒸汽不足,温度低。

2. 浆液的黏度　浆液的黏度是影响浆液对纱线的浸透和被覆情况的重要指标。浆液黏度大,则浆液的浸透性差而被覆性好;相反,黏度小的浆液具有好的浸透性但被覆性差。在整个上浆过程中,浆液黏度的稳定是稳定上浆质量的重要条件,在生产过程中及时的测试并调整浆液的黏度,是保证浆纱质量的常规测试指标。

(1)浆液黏度的测试。在实际生产过程中,需要定期的测试各品种的浆液黏度,通常用快捷的手提漏斗式黏度计来测,每个轮班每台浆纱机至少要测试两次;而用旋转式黏度计法每台至少试验一次。

①旋转式黏度计法。NDJ旋转式黏度计的测试原理见图3-2。黏度计由两个圆柱形筒组成,外筒为容器,内筒为两端无底的圆筒,浆液放入内外筒间,内筒由电动机带动旋转,感受到浆液的黏滞阻力,浆液黏度越大,阻力矩越大。在试验时可直接读出绝对黏度值。实验时,应先调节黏度计水浴温度与浆槽浆液温度一致,选择适当的测试浆液黏度的转动柱体,迅速从浆纱机的浆槽中取出浆液少许,倾于黏度计中,立即开启黏度计电钮,待转动柱体转动平稳时,读取示值,再乘以该转动柱体的倍数,即为该浆液在该温度下的黏度(mPa·s)。

②漏斗式黏度计法。漏斗式黏度计具有操作简便、实用性强的特点,已被工厂广泛采用。漏斗式的黏度计的结构如图3-3所示,其原理为:黏度是液体内摩擦阻力的表现,通过测定一定体积的浆液流出所需的时间来表示液体的黏度。左手握秒表,右手握黏度计,测试时,将手提漏斗浸入被测的浆液中,上下移动数次,观察其流出情况,并将漏斗放在一定深度的浆液中稍停,使漏斗温度与浆液温度相同,然后迅速地轻轻将漏斗提出液面约10cm,同时按动秒表(两动作要同步),待全部浆液从漏斗中流出(浆液开始滴点)为止,按停秒表,即为浆液自黏度计中流完的时间,连续测三次计算其平均值,即为浆液的黏度,同时要记录浆液的温度。手提漏斗法测水时的秒数为水值,水值为3.8s,每周至少要校正一次。表3-17为漏斗式黏度计的检测孔参考值。

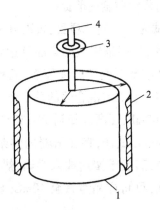

图3-2 旋转式黏度计原理

1—内圆筒 2—外圆筒 3—指针 4—弹簧

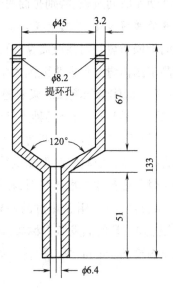

图3-3 漏斗式黏度计

表3-17　漏斗式黏度计的检测孔选择参考

检测孔号数	1	2	3	4
适应浆液浓度(%)	<4.5	4.5~6.5	6.5~8.5	>8.5

(2)影响浆液黏度的因素。

①浆料种类。不同种类的浆料,它们黏度的高低差异较大,化学浆料比淀粉浆黏度小,即使都是淀粉浆液,因生产原料的产地、类别的不同、加工方法的不同,浆液的黏度也有大的差异。

②浆液温度。浆液在不同的温度下,黏度值也不同。一般情况下,温度越高,黏度就越低;反之,温度低,则黏度就高。

③生浆浓度与生浆体积。同一种浆料,生浆的浓度越高,则黏度也越高。化学浆调浆时采用的是定积法,在同样的调浆成分的前提下,调浆的体积越小,黏度就越高;调浆成分中黏着剂占的比例越大,则浆液黏度越高。

3. 浆液的pH　浆液的pH对上浆性能及纱线的性能影响较大,如毛纱耐酸怕碱,给毛纱上浆浆液应为中性或微酸性,而棉纱耐碱怕酸,则其浆液宜为中性或微碱性,应根据不同的纱线来选择浆液的pH。

(1)浆液pH的测定。浆液的pH为常规的测试项目,应定期测试,在浆液调制时必须测试,同时在使用过程中,应每班每台车至少测两次。通常采用pH试纸,插入待测浆液中3~5mm,经0.5s后取出,与标准pH色板比较,确定pH。

(2)影响浆液pH的因素。

①生浆浸渍时间过长或未撇黄水,会造成生浆酸度过高。

②生浆酸度滴定不准确,碱用量过少会造成酸度高,若碱用量过多,则碱度过高。

③浆液使用时间过长,特别是淀粉浆使用时间过长会产生酸分,造成pH不符合要求。

4. 浆液的总固体量(又称含固率)　浆液的质量检验中,一般以总固体量来衡量各种黏着剂和助剂的干燥质量相对浆液质量的百分比。浆液的固体量直接决定了浆液的黏度和浓度,按工艺要求测定固体量并保证浆液固体量的稳定,是提高浆纱质量的前提。

(1)浆液总固体量的测试。浆液的总固体量的测试为专项测试项目,每次调浆时必须测试该项指标,另外每周应对每个品种进行专项试验1~2次,以保证浆液的含固量达到要求。测试时,可以采用烘干法和糖度计(折光仪)法,烘干法测量准确但耗用时间较多;而糖度计可以在调浆现场直接测试,简单快速,但测试数据有一定的误差,当测定混合浆的总固体量时必须进行修正。采用烘干法测定总固体量时,在浆槽内取浆液400mL,逐渐冷却到40~50℃备用(应严密加盖,以防水分蒸发)。用温热过的注射器抽取25~30mL试样,将注射器内的浆液准确推出20mL,注入已知重量的蒸发皿中称重,再放在水浴锅中,蒸发干涸后放入烘箱,烘至恒重,然后放在干燥皿内冷却15min,取出称重。如果没有水浴锅,可将样品量减至10mL,直接在烘箱内烘干。

计算公式为:

$$C = \frac{B - W}{A - W} \times 100\%$$

式中:C——浆液含固率;

　　A——蒸发皿和浆液质量,g;

　　B——蒸发皿和浆液干重,g;

　　W——蒸发皿干燥质量,g。

(2)影响浆液固体量的因素。

①发现总固体量不符合标准时,先检查试验操作是否有误,连续再做几次验证。

②浆液总固体量不符合标准,可能是调浆成分重量不准确,浆液浓度偏高或偏低;校正浓度时温度不符合工艺规定,调浆体积不符合要求等原因造成。

③蒸汽压力高低变化,蒸汽内带水过多过少,浆槽温度过高过低、车速等都会影响浆纱的带液量,从而影响浆槽中浆液固体量。

5.淀粉浆液的分解度　淀粉黏着剂经助剂分解后,其分解的程度可以用分解度来衡量。分解度决定了淀粉浆液的流动性能,从而影响浆液对经纱的被覆和浸透程度。淀粉的分解度为专项的测试项目,对各品种的淀粉浆液每周至少测试一次,而合成类和化学类浆料不作该指标。

(1)淀粉浆液的分解度的测试。用 30mL 的注射器吸取浆液至满,打出不要,然后吸取熟浆(20±0.1)mL,迅速注入已储有约 300mL、温度为 50~60℃ 的蒸馏水的 1000mL 容量瓶中,不断摇荡和搅拌,使浆液均匀分散,避免结皮或凝结成块,再加冷蒸馏水到容量瓶刻度,摇荡 5~10min。迅速用 100mL 注射器吸取冲淡的浆液至刻度,注入已知重量的蒸发皿中,烘干后称其干重;迅速而均匀地倾出容量瓶内稀释浆液试样于一只 500mL 玻璃量筒内,注到刻度为止,然后在量筒上加表面皿(避免灰尘及杂物落入),并置于无震荡及温度较低之处(防止浆液变质),静置 24h 后,以 100mL 注射器在量筒内液面下 2/3 高度处,吸取浆液 100mL,按上述方法烘干后称其干重(精确到 0.01g)。

$$分解度 = \frac{W_b}{W_a} \times 100\%$$

式中:W_a——稀释浆液试样静置 24h 前含固量,g;

　　W_b——稀释浆液试样静置 24h 后含固量,g。

(2)影响分解度的因素。

①由于其分解作用的不同,不同种类的分解剂,使淀粉浆的分解度有很大的差异。

②分解剂用量多少也是造成分解度高低的主要因素。用量过多,分解度就高;反之,用量过小,分解度就低。

③煮浆温度高,时间长,则分解度高;反之,煮浆温度低,时间短,分解度就低。

④浆液 pH 大小对分解度也有影响,碱性强,分解度偏高;反之,分解度偏低。

6.淀粉的生浆浓度　淀粉的生浆浓度间接地反映出无水淀粉与溶剂水的质量比。当浆液的波美(Baume)浓度为 $\alpha°Be$,对应的体积为 V 时,二者的关系为:

$$V = \frac{145}{145 - \alpha}$$

(1)淀粉的生浆浓度的测定。由于淀粉浆料的特征,需要对淀粉生浆的浓度进行测定,以保证浆液的质量。在调浆前必须测定生浆浓度,当调浆时,用波美比重计来测定,每桶生浆或混合生浆应检验一次。测定时,淀粉浆应在50℃时,这时的淀粉尚未糊化,不易沉淀,测定较为准确。用清洁干净的容器盛取搅拌均匀的溶液,迅速而轻缓地放入比重计,待稳定后立即读取浆液液面的刻度。轻轻将温度计在容器内绕一圈,读出温度。停止生浆桶的搅拌,待浆液液面略稳定后,再测量桶内浆液体积。根据"小麦淀粉浆无水干粉含量表"查得在一定温度、一定容积下,浆液比重相对应的无水干粉含量。

混合生浆浓度测定时,关闭搅拌器,迅速以准备好的干净容器盛取浆样,并立即以比重计进行测定,连续测定两次,以核对结果。

(2)淀粉的生浆浓度的影响因素。影响该指标的主要因素是无水淀粉的含量。另外,由于淀粉为高分子材料,极易发生沉降现象,因此测定的温度对数据的可靠性影响较大,50℃时测定淀粉的生浆浓度较准确,应严格掌握。

第三节　浆纱工序的质量控制

在保证浆料及浆液质量的前提下,浆纱生产过程的质量控制是保证并提高浆纱质量的又一关键环节。建立和完善良好的质量保证体系很必要,它包括浆纱的质量指标体系、质量管理及信息反馈体系、严格的测试手段等诸多方面。每个企业都有自己的一套管理方法和指标体系,但对于大多数企业来说,大部分指标体系是相同的。在此,主要列举在棉纺织企业中用的较多的浆纱质量指标及其具体测试方法。

一、浆纱的主要质量指标

浆纱的质量可以分为浆纱的质量和织轴卷绕的质量两部分。浆纱的"三大率"(即上浆率、回潮率和伸长率)及其合格率是衡量浆纱质量的基本的指标,也是上浆工序中最基本的质量指标。在企业中还有许多指标是需要控制的(表3-18),这些指标主要是根据上浆的工艺要求来制定的,如纱线的耐磨性、毛羽伏贴状况等。织轴的卷绕质量指标包含卷绕密度、好轴率、墨印长度等指标,在生产中,应根据产品的要求,合理选择部分指标,以保证浆纱半制品的质量,为织造工序提供良好的生产条件。

表3-18　常用的浆纱质量指标

序号	项目名称	技术要求	测试方法
1	上浆率及合格率(%)	上浆率≥10 时,合格率≥85±1;上浆率＜10 时,合格率≥85±0.8	常规测试,每个品种每台班至少一次,采用退浆法测定
2	回潮率及合格率(%)	≥85	常规测试,每个品种每台班至少一次

序号	项目名称	技术要求	测试方法
3	伸长率(%)	<1.5	常规测试,每缸了机后计算
4	浆纱疵点千匹开降率(%)		按标准在整理车间定等时统计
5	浆液的黏度合格率(%)	≥85	常规测试,YT821 型漏斗
6	毛羽降低率(%)	>75	专题测试,YG171A 纱线毛羽仪,BT-2 毛羽仪
7	增强率(%)	25~35	常规测试,YG021A-1 单纱强力仪,Y361-1 单纱强力仪
8	减伸率(%)	<30	每个品种每周测一次
9	浆膜完整率(%)	≥80	专项测试,每季度一次,切片实验
10	耐磨提高率(%)	>300	专项测试,每个品种每半月一次
11	好轴率(%)	≥60	按好轴标准现场实测
12	卷绕密度(g/cm³)	0.48~0.52	专题测试,每品种每季一次,翻改品种必做
13	织机断头率[根/(10万纬)]	喷气织机 15 片梭织机 10	常规测试
14	墨印长度(m)	工艺规定±0.8	常规测试,每品种每季一次,翻改品种必做

二、浆纱质量指标的测试和控制

(一)上浆率

上浆率是反映经纱上浆量的指标,是指浆纱上所黏附的浆料干重与原纱干重的比值。上浆率对浆纱的织造性能有重要的影响,定义的公式为:

$$S = \frac{G - G_0}{G_0} \times 100\%$$

式中:S——经纱上浆率;

G——浆纱的干重,g;

G_0——原纱的干重,g。

1. 上浆率的确定　在确定上浆率工艺时,按照经纱的特数、捻度、织物组织和经纬密度等来决定上浆率的大小。一般情况下,经纱特数越小,纱线本身的强度较小,上浆应以提高纱线强度为主,则上浆率应越大;经纱捻度越小,纱线的强度低,则上浆率应越大;由于在织造时,织物的组织循环内,经纱的交织次数越多的织物,密度越大的织物,织造难度越大。因此,平纹织物上浆率应大于斜纹织物的上浆率,而斜纹织物的上浆率应大于缎纹织物的上浆率,经纱密度大的织物的上浆率应大于经纱密度小的织物的上浆率。

2. 上浆率对织物的产量和质量的影响　上浆率过大时,虽然经纱强度和耐磨性有所增加,但经纱的弹性却减小,易造成织造过程中的脆断头,且上浆率增大以后,经纱变硬,对钢筘的磨损增大,织出的织物外观粗糙,还浪费了浆料,增加了生产成本。相反,如果上浆率过小,虽然经纱的弹性比较好,但经纱的强度和耐磨性却不够大,在织造过程中容易使纱线起毛,造成断头增多,严重的将会影响正常生产,造成大面积停台,给生产带来严重的损失。

3. 上浆率的测试方法 在实际生产中常用的上浆率测定方法有计算法和退浆法。计算法是将织轴称重,扣除空织轴本身的质量后,得到浆纱的质量,同时用回潮仪测得浆纱的回潮率,计算出浆纱的干重。然后,由织轴的绕纱长度、纱线特数、总经根数等计算出原纱的干重,从而计算出经纱的上浆率,这种方法具有速度快、方便的特点,但由于部分数据存在一定的误差,造成测定上浆率的数据不太准确。下面介绍上浆率常用的测试方法——退浆法。

退浆法的主要原理是将浆纱上的浆料采用水和化学试剂处理的方法退掉,然后烘干得到原纱的干重,与浆纱的干重相比较计算出上浆率。不同的浆料,所采用的退浆方法有一定的差别,常用的退浆方法有以下几种。

①硫酸退浆法。适用于淀粉浆及以淀粉为主体的混合浆的浆纱。具体方法为退浆试液可用稀硫酸,浓度为 21.9°Be,量取 12mL 硫酸加水至 800mL,试样超过或不足 10g 可按照上述比例计算酸与水的用量。将浆纱试样放入上述已煮沸的稀酸液中,煮沸 25~30min,中间加水保持原水量,然后将样纱用热水冲洗,直至纱上无淀粉对碘的反应为止(将稀碘液滴在纱上不是蓝色),若显蓝色应重复上述操作,再检验纱线上硫酸是否洗净(即使用溴化麝香草素兰呈绿色,或使用甲基橙液呈橘黄色)。

②氯胺 T 退浆法。适用于淀粉上浆的黏胶纤维纱线的退浆,也可用于 PVA、聚丙烯甲酯、聚丙烯酰胺混合浆的退浆。以每克纱线 30~40mL 的比例配制试液,将样纱放入试液中煮沸5min 后取出,以清水漂洗,用稀碘液检验淀粉是否退净,再用碘化钾检验氯胺 T 是否洗净,洗净后应呈黄色,未洗净应呈蓝色。

③清水退浆法。主要用于 PVA 上浆的经纱。以 1g 纱 50~80mL 水的配比,将试样用清水煮沸 30~40min,然后用温水漂洗 2~3min,再换水煮沸 10min。以碘硼酸溶液检验,如退净则显示黄色;如未退净,完全醇解 PVA 呈蓝绿色,部分醇解 PVA 呈绿转棕红色,碘硼酸溶液配制方法是用 4%浓度的硼酸 1.5mL 加入 0.01N 碘溶液 15mL,储于棕色瓶中。

④氢氧化钠退浆法。适用于聚丙烯酸酯上浆的纱线。将试样以 1g 纱 30~40mL 比例放入浓度为 2%的氢氧化钠溶液中,煮沸 10min 后取出,以清水漂洗样纱,洗净为止。

测试时,每次取样应在浆轴落轴时割取整幅浆纱和原纱各 20cm 左右,并迅速将浆纱和未上浆的原纱分别扎成束,束不能过紧,贴上标签置于专用的采样桶内,将之放入烘箱内,烘至恒重,移入干燥皿冷却 15min,取出分别称其干重;退浆时同样将一份未上浆的原纱作同样处理,上述洗净的浆纱和原纱试样放入烘箱中,烘至恒重,移入干燥器冷却 15min 后,取出分别称重。用退浆率来反映经纱的上浆率。退浆率的计算公式为:

$$J = \frac{W_0 - \dfrac{W_1}{1-\beta}}{\dfrac{W_1}{1-\beta}} \times 100\%$$

式中：J——退浆率；

　　W_0——浆纱试样退浆前干重，g；

　　W_1——浆纱试样退浆后干重，g；

　　β——毛羽损失率。

$$\beta = \frac{B - B_1}{B} \times 100\%$$

式中：β——毛羽损失率；

　　B——原纱试样煮前干重，g；

　　B_1——原纱试样煮后干重，g。

4. 影响上浆率的主要因素

（1）浆液的浓度和黏度。浆液具有准确而稳定的浓度，是保证上浆率稳定的前提。浆液的黏度不稳定，上浆率就不稳定。造成生产过程中黏度和浓度不稳定的原因有：用浆时间过长，会使浆液的浓度和黏度下降；浆槽的温度发生波动如管道分布不匀，蒸汽带水过多造成浆液黏度低，上浆率也偏低；剩浆的使用使浆液的浓度和黏度下降；调浆工调浆操作不良等。

（2）浸浆长度和浆纱速度。经纱的浸浆长度长，则上浆率大；浆纱机车速不稳定，造成上浆率波动，车速快，则上浆率偏高，若车速慢，则上浆率偏低。

（3）压浆条件。压浆力的大小对上浆率有明显的影响，压力大，被挤出的浆液多，上浆率偏低；压浆力小，则上浆率增大；压浆力不匀会造成上浆率的不匀；压浆辊重量、压浆辊包卷的弹性对上浆率也有影响，压浆辊重量越重，弹性愈差，则上浆率越低；压浆辊包卷弹性好，吸浆多，上浆率高。

（4）浆液温度。浆液温度也影响上浆率，温度高，则增强了浆液流动性，吸浆多，上浆率偏高，尤其是浆液温度不能忽高忽低，会造成上浆不匀，产生轻浆或浆斑疵点。

（5）其他原因。纱线捻度少，结构松散，吸浆多，上浆率偏高；停车时间过长，也易造成上浆率低；浆液起泡沫会造成轻浆等。

（二）回潮率

回潮率是浆纱含水量的质量指标，它反映浆纱烘干的程度。回潮率是指上浆经纱所含水分与浆纱干重比值的百分率。纱线的烘干程度不仅关系到浆纱的能量消耗，而且会影响浆膜的性能，从而影响纱线的物理力学性能，回潮率可以表示为：

$$G = \frac{W_1 - W_0}{W_0} \times 100\%$$

式中：G——回潮率；

　　W_1——浆纱（含水）的质量，g；

　　W_0——浆纱的干重，g。

1. 回潮率的确定　回潮率的大小应根据纱线原料、所用浆料种类和上浆率大小等情况来确定。一般毛纱的回潮率高，合纤纱则较低，棉纱的回潮率居中；上浆率越大，回潮率应适当提高，以防止纱线脆断头;若所用的浆料为吸湿再黏型,则应适当减小回潮率,防止再黏;另外,回潮率对浆膜的性能也有重要影响,适当的回潮率可以使浆膜柔软,同时可以减少静电产生。如纯棉纱的回潮率控制在7%~8%,黏胶纤维的回潮率在10%左右,涤/棉纱的回潮率控制在2%~4%,在南方的梅雨季节,回潮率应控制得低些。

2. 回潮率对织造质量的影响　回潮率过大时,经纱的弹性和耐磨性都将有所下降,纱线容易黏成一片,造成开口不清,增加断头及其他织疵;同时,经纱易发霉,且与织轴边盘接触的经纱容易产生锈迹。回潮过小,则浆膜发脆,落浆多,易造成断头,影响正常生产。

3. 回潮率的测试　回潮率的测试方法一般有电测法和烘干称重法两种。电测法是采用电子测湿仪安装在浆纱机上检测,以方便操作工人及时控制浆纱运行状态,控制回潮率的大小,具有测试迅速方便的特点,但测试数据随着仪器的灵敏程度的不同有一定的差异。为了准确地测定出浆纱的回潮率,在生产实际中常用烘干称重法来测定。具体测试方法为:在新开车浆两轴后,第二轴落轴时在机前取样,割取全幅纱20cm,用其中1~2根轻轻扎起,为保证数据的准确可靠,应迅速将试样置于专用的采样桶中,并加盖。将试样分品种称重后,放入烘箱,但不准中途入烘箱,烘箱温度为105~110℃,企业也可自定。将试样烘至恒重,再称其干重(恒重是指继续烘燥时,相隔10min两次重量差异不超过原重的0.5%,并以最后一次称重为准)。称干重时,应关闭电源,在10min内称完。将测试数据带入上面的公式,可计算出浆纱的回潮率。

4. 影响回潮率的因素　烘房的温度是影响浆纱回潮率的直接因素,烘房温度高则回潮率低,烘房内热空气或烘筒温度的不稳定,浆纱的回潮率就不稳定。浆纱速度也是重要的因素,在烘房温度不变的情况下,浆纱速度快,会使烘燥不足而回潮率变大;反之,则回潮率变小。烘房的排风量大时,有利于湿空气的排出,尤其对热风式烘燥的加速有利,故回潮率小,反之回潮率就大;但排风量过大会降低烘房温度,耗能多且不易烘燥,故排风量应适当。另外,上浆率也会对回潮率产生影响,上浆率大时,形成的浆膜会阻碍水分蒸发,回潮率偏高,反之回潮率偏低。上浆率不匀,则回潮率也不匀。造成浆纱横向回潮率不匀主要原因是压浆辊两端加压不一致,压浆辊和上浆辊接触不良,烘房内气流紊乱,流量不匀或有死角等,从而影响了浆纱回潮率的均匀。

(三)伸长率

浆纱的伸长率反映了上浆过程中纱线的拉伸情况。拉伸过大时,纱线的弹性会损失,断裂伸长下降,因此,伸长率是一项十分重要的浆纱质量指标。伸长率是上浆后经纱长度的增量与原纱长度的比值的百分率。可以表示为:

$$E = \frac{L - L_0}{L_0} \times 100\%$$

式中:E——上浆经纱的伸长率;

L_0——原经纱的长度,m;

L——浆纱长度,m。

1. 伸长率的确定　由于经纱的上浆过程中会受到一定的张力作用,尤其在热和湿态下上浆、烘干,纱线产生伸长是不可避免的,但应在上浆过程中将张力和伸长控制在一定的范围内。伸长率的大小与经纱原料和经纱号数等因素密切相关。通常毛纱比棉纱的伸长率要大些,特数小的经纱的伸长率比特数大的要大,单纱的伸长率应大于股线的伸长率。在一般情况下,纯棉纱的伸长率都是正值,而涤/棉、涤/腈等弹性较好的混纺纱线经过浆纱后会产生收缩,其伸长率小,经常会出现负值。原则上应最大限度地保持浆纱的弹性伸长。

2. 伸长率对织造的影响　伸长率过大时,会导致经纱强力和弹性下降,织物强力也会受到影响,且造成织造匹长不准;伸长率过小时,则纱线张力小,易使整幅经纱张力不匀,邻纱黏并,分纱困难,织造时造成匹长减小的现象。

3. 伸长率的测定方法　伸长率的测定方法主要有计算法和纱线测长仪等方法。通过测定浆纱的伸长率指标,可以了解上浆过程中经纱的张力情况,对浆纱工艺、浆纱设备的运转情况、操作状况等因素的控制具有一定的指导意义。

(1)计算法。在生产实际中,当浆纱了机后,通过计算原纱和浆纱的长度,测量原纱的回丝长度等,计算出浆纱的总伸长,计算公式为:

$$E = \frac{[nl + m(l_1 + l_2) + l_3] - (L - L_1)}{L - L_1} \times 100\%$$

式中:E—— 一缸浆纱的总伸长;

　　　n—— 一缸浆纱匹数;

　　　l——浆纱每匹长度,m;

　　　m——缸浆纱浆轴数,只;

　　　L——整经轴原纱长度,m;

　　　L_1——原纱回丝长度,m;

　　　l_1——每只浆轴的上轴纱长度,m;

　　　l_2——每只浆轴的落轴纱长度,m;

　　　l_3——浆纱了机时的浆回丝长度,m。

(2)测长仪法。用二只测长仪(一般为电子式),一只放在浆轴上,另一个放在最后一个整经轴上,同步启动和停止测长仪,然后读出所测长度,并计算浆纱的伸长率。

$$E = \frac{L_1 - L}{L} \times 100\%$$

式中:E——浆纱的伸长率;

　　　L——经轴测长仪读数,m;

　　　L_1——浆轴测长仪读数,m。

4. 浆纱伸长率的影响因素

(1)经轴制动力大小。经轴制动的目的是防止纱线松弛,但对纱线的伸长有重要的影响。制动力过大时,会造成经纱退绕时阻力较大,使纱线的伸长率增加,因此,经轴的制动力应尽可能小些。

（2）浸浆张力。纱线在浆槽中浸浆时应呈伸直而不伸长的状态,为此引纱辊和上浆辊的表面线速度要配合好。有两根上浆辊时,力求上浆辊的直径一致,不一致时,将直径大的一根装在靠近经轴侧,以有利于减少伸长。浆纱在高温湿态下易产生伸长,因此需加装积极式送纱装置,以保持经纱在浆槽内呈低张力状态。

（3）湿区张力。合理选择烘燥方法,缩短经纱在烘房内的穿纱长度,采用积极式的烘筒传动,对减小伸长有利。

（4）干区张力。为了顺利分纱,浆纱出烘房后应有足够的张力。张力过小,易分绞断头或因摩擦和堵塞伸缩筘而断头。在烘房和拖引辊间设置控制伸长的差微变速装置,对控制干区张力极为有利。

（5）卷绕张力。为了使织轴的卷绕紧密,应有足够的张力,在保证卷绕成形的前提下,适当采用小的卷绕张力,同时各只经轴、导纱辊、拖引辊、浸没辊、上浆辊、分绞棒、张力辊、测长辊都必须平行,通道光洁,回转灵活,以减少拖引时的阻力,减少伸长。

（四）浆纱增强率和减伸率

浆纱增强率和减伸率的大小对织造效率和产品质量有较大的影响。通过这两个指标的测试,可以看出上浆后纱线物理性能的变化,上浆后的纱线在强度方面是否满足工艺要求,可以作为改进生产工艺的重要依据。

1. 浆纱增强率 浆纱增强率是指上浆后纱线强度的增量与原纱强度的比值的百分率,可以表示为:

$$Z = \frac{P_j - P_s}{P_s} \times 100\%$$

式中:Z——浆纱增强率;

P_j——50 根浆纱平均断裂强度,cN/tex;

P_s——50 根原纱平均断裂强度,cN/tex。

2. 浆纱减伸率 浆纱减伸率是指上浆后的纱线的断裂伸长的减少量与原纱断裂伸长的比值的百分率,可以表示为:

$$\varepsilon = \frac{L_s - L_j}{L_s} \times 100\%$$

式中:ε——浆纱减伸率;

L_s——50 根原纱平均断裂伸长,mm;

L_j——50 根浆纱平均断裂伸长,mm。

3. 测试方法 测试时,原纱样本可在经轴了机时取样,而浆纱的样本在落轴时取样。取样长度一般约为70cm,取样后,应迅速将试样两端用夹板夹住,以避免退捻,造成测试误差。在单纱强力机上分别测定原纱和浆纱的断裂强度和断裂伸长,至少保证分别测定50个数据,将数据平均后代入上式计算即可。

4. 影响浆纱增强率和减伸率的因素　浆纱增强率与浆纱的上浆率、回潮率、所用黏着剂的类别及原纱的强力等都有关系。上浆率高，则增强率大；浆纱回潮率高，因浆膜弹性好而使增强率也相应提高。同样特数纱线上浆，使用黏着剂种类不同，则它们浆纱增强率也有差别。若用淀粉上浆，因浆膜厚，上浆率高，它的增强率比化学浆高，但浆纱减伸率则因淀粉浆膜硬脆而比化学浆低。减伸率与浆纱伸长率关系紧密，浆纱伸长率越大，浆纱平均断裂伸长越小，则减伸率也越大。

（五）浆纱的墨印长度

在浆纱的时候需要在织物每个匹长的两端打上印记，以方便落轴操作和织造产量的统计，这两个印记之间的长度就是浆纱墨印长度。浆纱墨印长度的准确与否对织物的匹长和联匹长度是否准确非常关键，如果不准确，或印记不全，会造成织物的长短码现象，给企业带来损失。

1. 浆纱墨印长度的测试　在实际生产中要定期的测定各个品种的浆纱墨印长度是否符合工艺要求。一般各品种每周至少测一次，如果翻改品种必须测定该指标。测试时，可以采用自制的简易木尺来测（图3-4），在木制测长尺上，两端各装上一根较细的圆木梗，顶端距离 $S = 0.5 - \pi d$ 米（d 是小圆木梗直径），在 S 段木尺长度内刻有公制刻度，当浆纱机正常运转时，在墨印处挑断一根浆纱，用手以小张力将该根浆纱绕在木尺的两个小圆木梗之间，到下一个墨印时，将纱摘断，记录两端墨印之间的长度。为了试验数据准确，可再测量两次，求平均值。测出浆纱墨印长度一般应在标准值±8cm 内。若发现长度不正确，应先查检测操作是否正确，在操作无误的条件下，检查测长轮是否调对或打印机构是否失灵，如码表齿轮啮合不正确、落轴

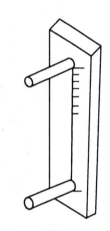

图3-4　简易木尺示意图

打印时墨印敲打不及时、打印机构不灵活等都会影响墨印长度准确。这种简易的测试方法具有操作方便、快捷的特点，在生产中非常实用。

2. 墨印长度对织物的影响　墨印长度是决定织物匹长的重要指标，过长过短均会造成长短码布，导致零布增加，造成不必要的浪费。因此，在生产中，定期地测试该指标，可以有效地预防长短码布的产生，减少企业不必要的损失。

（六）浆纱的耐磨性

浆纱的耐磨性是浆纱质量的综合指标。通过耐磨性实验不仅能了解浆膜的情况，还可以分析出浆液和纱线的黏附力等情况，是我们采取措施提高浆纱质量的依据。

1. 浆纱耐磨性的测试方法　浆纱耐磨性试验可以与浆纱增强率和减伸率测试时同时取样。纱线耐磨性测试的原理有多种，不同原理耐磨仪测定的数值有很大的差异，没有可比性。常见的耐磨仪型号有 DHJSD-1 型浆纱耐磨仪、Y731 型抱合力仪、LFY-20 型纱线耐磨仪、ZweigleG552 型纱线耐磨仪等。基本原理介绍如下。

（1）DHJSD-1 型浆纱耐磨仪。DHJSD-1 型浆纱耐磨仪原理如图3-5 所示。夹纱夹 1 上吊着对折的纱线 5，摩擦销钉 3 固定在支承板 2 上，两者按一定频率上下往复运动，纱线按一定规

律绕在销钉上,最下端吊挂一定重量的重锤4。测试时,纱线会受到摩擦、曲折、周期性拉伸负荷的综合作用。当纱线磨断时,重锤落下,接触安装在底板上的接近开关,计数器自动记下纱线断裂时所受到的负荷作用周期数(摩擦销钉的往复运动次数),即纱线的耐磨寿命。显然,DHJSD-1型浆纱耐磨仪测试的是纱线承载综合力学作用的能力,即纱与纱、纱与金属的摩擦、纱线的曲折、纱线的周期性伸长等。

(2)Y731型抱合力仪。Y731型抱合力仪是测定纱线耐磨性的最常用的仪器,其工作原理如图3-6所示。纱线一端系在挂钩1上,经反复Z字形往复卷绕,最后将另一端系在挂钩4上,纱线中间部分置于摩擦刀板2上下相嵌排列的两组金属摩擦片之间,连板3右侧吊挂一定重量的重锤。测试时,纱线在摩擦刀板的压力和重锤的共同作用下张紧,摩擦刀板2作左右往复运动,金属摩擦片对处于其间处于曲折状态下的纱线施加往复循环摩擦作用,直至纱线断裂,仪器自动记录摩擦次数。

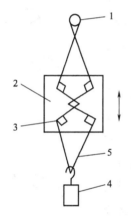

图3-5 HJSD-1型浆纱耐磨仪原理

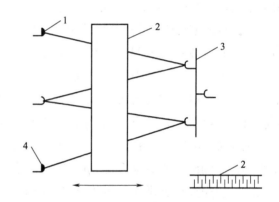

图3-6 Y731型抱合力仪测试原理

(3)ZweigleG552型纱线耐磨仪。ZweigleG552型纱线耐磨仪的测试原理如图3-7所示。纱线一端固定在挂钩上,另一端绕过一个张力棒1,横跨在包缠水磨砂纸的磨辊2上,再绕过张力棒3,端部吊挂一定重量的重锤。测试时,多根纱线平行排列,磨辊垂直于纱线做左右往复运动,并同时进行自转,砂纸对纱线施加摩擦作用。纱线磨断时,重锤落下,接触安装在

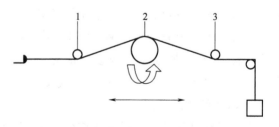

图3-7 ZweigleG552型纱线耐磨仪的测试原理

底板上的接近开关,计数器自动记下纱线断裂时磨辊的往复运动次数,即纱线的耐磨次数。

LFY-20型纱线耐磨仪的实验原理与ZweigleG522型纱线耐磨仪相似,但在纱线对磨棒的包围角等细微处存在一些差异。

2.浆纱耐磨性的指标 衡量浆纱的耐磨性指标主要有浆纱增磨率和浆纱的耐磨不匀率指标。具体的计算公式如下:

$$Y = \frac{\overline{X'} - \overline{X}}{\overline{X}} \times 100\%$$

$$Z = \frac{2n_1(\overline{X'} - \overline{X_1})}{n\overline{X'}} \times 100\%$$

式中:Y——浆纱增磨率;

$\overline{X}$——未上浆原纱平均耐磨次数(50 次平均),次;

$\overline{X'}$——浆纱平均耐磨次数(50 次平均),次;

Z——浆纱耐磨不匀率;

n_1——平均值以下的次数,次;

n——浆纱耐磨试验总次数,次;

$\overline{X_1}$——平均耐磨次数以下数据的平均值,次。

3. 影响浆纱耐磨性的因素

(1)试验装置与浆纱耐磨性有直接关系,即装置能否尽可能多地模拟纱线在织机上的各种受力情况,将直接影响试验结果。

(2)浆料的物理性能和黏着剂的性能,如浆料与纱线的黏着力好,所形成的浆膜强度好,则耐磨次数也高。

(3)纱线粗细对浆纱的耐磨性有重要的影响,一般粗特纱耐磨次数比细特纱的耐磨次数高。

(4)纱线结构如纱线的捻度、毛羽多少、是否采用精梳工艺等因素均会影响浆纱的耐磨性。捻度高,纤维抱合紧;精梳纱光滑、短绒少,耐磨次数高。

(5)浆纱工艺是影响浆纱耐磨性的重要因素。浆液温度高,压浆力大,可使浆液渗透到纤维内部,使纤维互相黏结,纱线的毛羽伏贴,表面光滑,可以增强纱线的耐磨性。

(七)浆轴卷绕密度

浆轴的卷绕密度不仅影响织物上机的织造张力,而且直接影响织轴的卷绕长度等,在生产中保证浆轴卷绕密度的稳定是非常重要的,否则将会造成织造疵点。

1. 浆轴卷绕密度的测试

(1)任意挑选 5~10 只空织轴,用卡尺测量每只织轴的空管直径 d,并将空织轴的重量称出。

(2)将选择的 5~10 只空织轴卷绕成满轴,用尺量出各浆轴盘片之间的宽度 W,并沿轴向用软尺在左、中、右三处测出满轴的周长,然后求出平均直径。

(3)每只浆轴经过称重,去除空轴的重量,得出浆轴卷绕浆纱重量(含湿)。

(4)测出每只浆轴的回潮率,可以求出浆轴的卷绕浆纱的干重 G。

2. 计算方法

(1)计算浆轴的卷绕体积。

$$V = \frac{\pi}{4}(D^2 - d^2)W$$

式中:V——织轴的卷绕体积,cm^3;

　　D——浆轴满卷直径,cm;

　　d——浆轴空管直径,cm;

　　W——浆轴盘片之间宽度,cm。

（2）计算织轴的卷绕密度。

$$\gamma = \frac{G}{V} \times 1000$$

式中:γ——浆轴的卷绕密度,g/cm^3;

　　G——浆轴卷绕浆纱的平均干重,kg;

　　V——浆轴的绕纱体积,cm^3。

3. 影响浆轴卷绕密度的因素　浆轴的卷绕密度随纱线特数和卷绕张力的变化而变化,一般粗特纱的卷绕密度比细特纱小些,其关系见表3-19。

表3-19　不同线密度纱线的浆轴卷绕密度范围

纱线线密度(tex)	96~32	31~20	19~12	11~6
卷绕密度(g/cm^3)	0.38~0.44	0.39~0.48	0.40~0.50	0.40~0.48

股线的卷绕密度比单纱高15%~25%,阔幅织机的卷绕密度低5%~10%,涤/棉纱卷绕密度要比同样特数的棉纱大10%~15%。卷绕密度和浆轴卷绕张力调节装置有关,如摩擦盘的加压越大,则卷绕密度越大;拖引辊包布多,则拖引辊直径大于上浆辊的直径,引起伸长增加,卷绕密度也将增大。

（八）浆液浸透和被覆比例

浆液在纱线的内部和外部的分布状况,即浆液的浸透和被覆的比例,是衡量浆纱质量的重要指标,合理地控制浆液浸透和被覆的比例关系是提高浆纱质量,同时又节约浆料的有效措施。

1. 测试的方法　浆纱机正常运转时,任选一只浆轴,落轴时剪取10~15cm长的一段纱,从中任意挑选几根纱作切片,可与试验回潮率和退浆同时取样。采用Y172型哈氏切片仪,制作浆纱的切片试样,用适当的着色剂着色后,使浆液浸透处的纱线部分显色,然后将试样放在显微镜下观察,或用投影的方法把浆纱的横截面图形描绘到纸质均匀的描图纸上(图3-8),通过切片试验观察浆液黏附在浆纱表面与渗透到纤

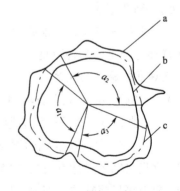

图3-8　浆纱截面投影图

a—浆纱截面周界　b—浆液未浸透部分面积周界

c—原纱截面周界

维空隙的分布情况,从而可以掌握浆纱质量的好坏,为改善上浆质量提供依据。

2. 计算浆液浸透率、被覆率和浆膜完整率指标　常用的计算浆液浸透率、被覆率和浆膜完

整率指标的方法有称重法和求积法两种。现称重法应用较为广泛,该方法是将已描绘在厚度均匀纸上的浆纱横截面,用剪刀小心沿浆纱外轮廓线剪下,用万分之一的电光天平称重,为浆纱总截面的质量,然后分别剪下原纱截面和未浸入浆液的截面,分别称其纸片质量,即为原纱和未浸入浆液部分的质量。

(1)浆液的浸透率。浆液的浸透率是指浆纱截面上浆液浸透部分的面积与原纱截面积的百分比,计算公式为:

$$\mu = \frac{S_1 - S_2}{S_1} \times 100\%$$

式中:μ——浆液浸透率;

S_1——原纱截面积;

S_2——浆液未浸透部分面积。

当用称重法测定时,可以用下面公式计算:

$$\mu = \frac{W_1 - W_2}{W_1} \times 100\%$$

式中:μ——浆液浸透率;

W_1——原纱截面纸片质量,g;

W_2——未浸入浆液部分面积纸片质量,g。

(2)浆液被覆率。浆液被覆率是指原纱外围浆液被覆部分的面积与原纱截面积的百分比,可以表示为:

$$\varphi = \frac{S - S_1}{S_1} \times 100\%$$

式中:φ——浆液的被覆率;

S——浆纱截面积;

S_1——原纱截面积。

用称重法测定时,可以由下式计算:

$$\varphi = \frac{W - W_1}{W_1} \times 100\%$$

式中:φ——浆液的被覆率;

W——浆纱截面积纸片质量,g;

W_1——原纱截面积纸片质量,g。

(3)浆膜完整率。浆膜完整率又称浆膜完整系数,是指浆膜包围原纱线的角度与360°之比。可以在浆纱截面图上用量角器测出浆膜的包围角的大小,表示为:

$$\delta = \frac{\sum \alpha}{360} \times 100\%$$

式中:δ——浆膜完整率;

α——浆膜所包围原纱的角度。

3. 影响浆膜完整度和浆液浸透比例的因素

(1)影响浆膜完整度的因素。纱线的排列密度较高时,纱和纱之间的间隙很小甚至纱线重叠,造成上浆时纱线上浆液附着的较少,浆液对纱线的包覆少,因此分绞后浆膜完整度差;浆液本身黏着性能好,能够与纱线间形成紧密的结合,分绞时,不会造成浆膜的撕裂和从纱线上脱落,则浆纱的浆膜完整度较好;纱线进入烘房时,分层进入烘房的纱线的浆膜要比并层进入烘房的纱线的浆膜完整度好;浆液分解度低、浓度高、压浆辊轻以及压浆辊弹性好时,则浆纱的浆膜完整度较好。

(2)影响浆液浸透和被覆比例的因素。浆液的黏度对浆纱的浸透和被覆比例有很大的影响。黏度较高的浆料被覆大而浸透小,黏度低的浆料浸透多而被覆少,因此,浸透和被覆是矛盾的统一体,合适的浸透和被覆的比例,是提高上浆质量的关键因素。相同的浆料配方时,浓度增大则浆液的黏度增大,流动性降低,因而,被覆增大,浸透减少;浆槽温度愈高,浆液流动性好,浸透好;车速快,浸浆时间短,浸透差;压浆辊重量重时,单位面积所受的压浆力大,浆液浸透好,包卷物弹性好,浆液浸透也好。

(九)浆轴好轴率

浆轴是浆纱工序最终的半制品,浆轴的质量将决定织造的质量。俗话说"好的浆纱是织造成功的一半""浆纱一分钟,织造一个班",都说明了浆纱的重要性。前面已经介绍了很多的关于浆纱质量的指标及其测定方法,除此以外,浆纱的半制品——浆轴的质量是考核浆纱车间工作质量的重要指标。在生产实际中,通常用浆轴的好轴率来考核。通过试验计算每个挡车工的好轴率,作为考核其产品质量的依据,以督促挡车工认真操作,提高浆轴质量。

1. 浆轴好轴率的计算

$$\text{浆轴好轴率} = \frac{\text{检查总轴数} - \text{疵轴数}}{\text{检查总轴数}} \times 100\%$$

2. 浆轴好轴率的测定 在生产中可按浆轴好轴率的标准在生产现场进行实查,检查周期由各品种浆轴了机时间而定,一般每台织机每周测一次。浆轴好轴的考核标准及造成浆轴疵点的原因见表3-20。该标准为某企业内定标准,仅做参考。

表3-20 浆轴好轴率考核标及造成疵点的原因

疵点名称	考核标准	造成原因
绞头	经密在39.3根/cm(100根/英寸)以下,满8根作疵轴;经密在39.3根/cm(100根/英寸)以上,10~15根作0.5只疵轴,满15根及以上作疵轴(废边纱不计)	(1)运转中任意搬头或处理疵点后搬头 (2)浆纱落轴割头时,夹板未夹牢或割纱刀口不锋利,夹板夹持力不好

疵点名称	考核标准	造成原因
边不良	织轴明显软硬边或嵌边作疵轴	(1)伸缩筘装置不正确或调幅不适当,与轴幅不齐 (2)浆轴盘片歪斜 (3)压浆轴太短,压力过轻,两端高低不一 (4)摩擦离合式无级变速器调速机构失灵
并头	单轴 2 根作 0.5 只疵轴,3 根及以上作疵轴	浆液浓度,黏度过大,造成浆重而引起并纱
倒断头	单轴满 2 根作疵轴,1 根作 0.5 只疵轴	(1)各种断头未能及时处理 (2)断头和回丝积聚在分纱杆上未及时处理 (3)浆槽内局部蒸汽太大,造成经纱起缕,不易分绞而崩断头
浆斑	浆斑作疵轴	(1)浆槽内部分蒸汽太大,浆液沸腾剧烈,溅到片纱上 (2)浆液内含有凝结块,上浆时被压浆辊压附在纱上 (3)了机时停车时间长或浆槽未妥善加以保温,表面凝皮 (4)煮浆管位置不适当,造成两压浆辊之间和压浆辊后面的凝结浆皮落下浆槽而被带上经纱 (5)打慢车或落轴停车时间长 (6)停车时,未将压浆辊及浸没辊抬起,造成横向条形浆斑 (7)湿绞棒不转动或起纱槽
错特(支)	纱线线密度搞错或纤维之间混杂,作事故处理	(1)操作不良,经轴吊错 (2)管理不当,经轴传票搞错
松头	织轴上有经纱下垂 2 根作疵轴	操作不良,盘头布上浆糊未贴好或浆糊过多

(十)浆纱疵点开降率

在整理车间对产品进行定等时,可以针对浆纱疵点对织物质量的影响进行专项分析。浆纱疵点开降率就是反映因浆纱疵点造成的降等织物的匹数占总降等织物匹数的百分率。该指标的测定可以通过整理车间定等统计数据分析而来,通过测定该指标,可以掌握因浆纱疵点而导致织物降等的情况,为浆纱工序提供质量反馈信息,为提高浆纱质量提供依据。

1. 浆纱疵点开降率的测试 按照产品的质量检验标准在整理车间定等统计降等的匹数,并记录其中因浆纱原因造成降等的匹数,每个品种每月统计一次。该指标还可以作为企业考核准备车间质量的依据,在生产实际中具有重要的意义。

2. 浆纱疵点开降率计算

$$浆纱疵点开降率 = \frac{因浆纱疵点降等的匹数}{该品种统计的总降等匹数} \times 100\%$$

3. 影响浆纱疵点开降率的因素 影响浆纱疵点开降率的因素就是各种浆纱疵点,即绞头、并头、倒断头,轻浆起毛、浆斑、油污渍、凹凸边、生头不良、漏印、流印等疵点,造成这些疵点的原因见表3-20。

绞头、并头、倒断头对织造的影响很大,会在织造时造成断经、吊经等织物疵点,严重的造成降等。浆斑、油污等浆纱疵点不仅会影响布面的清洁、美观和平整,严重时,浆斑处纱线严重黏结,造成大量的断头,严重的油污由于无法清洗干净,必须降等,给企业造成损失。浆轴的卷绕不良如生头不良、凹凸边、松紧边等主要发生在浆轴的两边,对织造的影响很大。布边是织疵最容易产生的部位,如果布边处纱线的卷绕不良,会造成布边不良疵点,造成降等,严重的还会造成无法织造,必须剪轴,甚至按照质量事故处理。浆纱是影响织造质量的重要工序,减少浆纱疵点,为织造提供质量良好的半制品是非常重要的。

(十一)浆纱的毛羽降低率

浆纱的一个重要的任务就是通过浆料伏贴纱线的毛羽。通过测定浆纱前后纱线毛羽的降低情况,可以掌握浆料对纱线的黏附性、被覆性以及毛羽伏贴实际情况,为进一步选择合理浆料,制订合理的工艺配方,改进浆纱工艺、设备和操作等方面提供依据。尤其当产品对上浆后纱线的毛羽伏贴有较高要求时,必须测定该指标。

1.浆纱毛羽降低率测定方法 浆纱毛羽降低率是评定经纱通过上浆后,纱线毛羽伏贴在纱干上的实际状况的主要指标。由于在织造时,造成相邻纱线纠缠的毛羽通常是3mm以上的长毛羽,因此,测定时主要测定3mm以上毛羽的伏贴或减少的数量。一般每个品种每半个月测试一次,若翻改品种时必须测试。取样时,可以和浆纱增强率和减伸率试验一起取样。采用YG171A型毛羽仪或用BT-2型纱线毛羽测试仪测试均可,其测试的基本原理是用光电检测的方法将纱线上毛羽引起光通量的微弱变化变成电信号,可以得到纱线毛羽的数据。一般用毛羽指数来表示,即10m长度的纱线内单侧长度达3mm毛羽的根数称为毛羽指数。浆纱毛羽的降低率定义为浆纱毛羽指数的降低数与原纱毛羽指数之比的百分率。

2.浆纱毛羽降低率计算

$$F = \frac{n_0 - n_1}{n_0} \times 100\%$$

式中:F——浆纱毛羽降低率;

n_0——原纱毛羽指数平均值,个/10m;

n_1——浆纱毛羽指数平均值,个/10m。

3.影响浆纱毛羽降低率的因素 影响浆纱毛羽降低率的主要因素是浆料的性能、浆液的浓度和黏度、上浆过程中烘房的结构、浆纱时的分纱情况等。一般被覆好的浆料可以使纱线的毛羽伏贴,浆纱的毛羽降低率较大;同样的浆料,黏度大、浓度高时,浆纱的毛羽降低程度较大;烘筒式结构的烘房将有利于浆纱毛羽的降低;在织造高密织物时,采用双浆槽,使纱线间的间隙较大,有利于纱线表面浆膜的完整,会对伏贴毛羽有利;在纱线进烘房前,适当的湿分绞有利于浆膜完整和毛羽的降低等。因此,毛羽降低率指标与浆纱配方、浆液性质、浆纱工艺和浆纱设备等因素均有密切的关系,该指标反映出上浆的综合质量。

（十二）好纡率

好纡率是衡量有梭织机上使用的纬纱卷装——纡子质量的重要指标。在有梭织机上，按照产品对纬纱的要求，纡子可以分为直接纬纱和间接纬纱。直接纬纱是细纱机上落下的纬纱直接供织造使用；而间接纬纱是将细纱下来的管纱经络筒加工后，在卷纬机上做成纡子，供织造使用。好纡率主要是考核卷纬工序制成纡子的质量。检查纡子的外观质量是否符合织造要求，然后按照对织物质量和织造效率的影响程度制订扣分标准，以促进操作工认真操作，提高纬纱质量。

1. 好纡率的测定　好纡率的测定可以根据好纡率的考核标准在生产现场进行实测（表3-21）。通常不同品种的纡子应保证每周至少检查一次，以保证纡子的质量满足织造的要求。抽样时，为了保证样品的随机性，可以在落纱时随机检查一次落纱，按照标准逐只进行检验；或在存放的纬纱中任意抽取一袋纱，检查每个纡子的外观质量；然后在织造车间随机检查织机的落梭箱中换下的纬纱管，查看纬纱生头的好坏以及备纱的卷绕是否符合工艺要求。因此，好纡率的检查包括纡子外在质量的检查，（如纡子外观、尺寸、卷绕成形等）；还要检查内在的质量，如备纱的长度、卷绕能否满足要求等。

2. 好纡率的检验标准

表3-21　好纡率疵点考核标准与检验方法

项目	疵点名称	考核标准	测试方法
纬纱外观	冒头纱	超过纬管顶端一格者作疵点	目测
	胖纱	直径超过31.5mm者作疵点	用标准卡板套
	瘦纱	直径小于29.5mm者	
	大屁股纱	上半部标准，下半部超过31.5mm者	目测、用标准卡板套
	高羊脚纱	羊脚位置位于纬管底部三格以上者	目测
	葫芦纱	成形不良，直径大小超过25mm以上者	用标准卡板套
	小纱	纬管顶端空四格以上者	目测
	长尾纱	落纱纱尾长度超过三只纬管长度者	目测
	油纬	纬纱表面沾染油污	目测
	扛肩胛纱	细纱上半部卷绕重叠成腰箍纱	目测
	毛屁股纱	羊脚位置低于纬管底部而卷绕在颈部者	目测
生头状况	生头不良	羊脚未按规定要求，羊脚纱重叠，回丝杂物附着	目测
	保险丝长	保险丝超过规定长度	用尺测量

三、提高浆纱质量的有关技术问题

通过对浆料质量、浆液质量和上浆质量的研究和探讨可以看出，提高浆纱质量的关键问题主要有以下几方面：对浆纱工序中使用原材料的质量控制；做好浆纱工艺方面设计的工作，使上浆工艺符合纱线织造的要求;严格浆纱过程的工艺和操作管理,使浆纱半制品的质量能够满足要求;做好浆纱设备的正常维护和保养,使现有的浆纱和调浆设备运转良好,以保证织轴的质量。

在日常生产过程中,以上面的这些方面工作质量的保证是提高浆纱质量的必要条件,也是企业生产管理的重要内容。在此,下面讨论除正常的生产过程控制以外对提高浆纱质量的有效方法和技术保证措施。

(一)浆纱质量的在线检测和自动控制系统的应用

现代的浆纱机应用现代的电子技术和各类结构新颖的自动控制装置,把上浆工艺参数自动地控制在一定的范围内。这种高技术的浆纱机在浆纱工程中的广泛应用,为提高浆纱质量,提高浆纱机的生产率,减轻劳动强度提供了有利的条件。

浆纱的自动控制的项目有浆纱张力、浆槽液面高度、浆液温度、压浆辊的压浆力、烘房温度、浆纱回潮率等,这些指标对上浆的质量有重要的影响,并且这些指标在生产过程中波动较大,给生产控制带来较大的困难。

1.浆液液面高度的自动控制　随着上浆的进行,纱线不断将浆液带走,会造成浆槽内液面高度下降,影响上浆率的稳定。保持液面高度的稳定,可以使纱线在上浆过程中的浸浆长度稳定,对稳定上浆率有重要的作用。浆槽内液面的自动检测和调节,可以采用溢流孔或溢流板自动调节,也可以用探测系统通过伺服电动机控制输浆阀门的开放和关闭,始终保持液面高度的稳定。

2.浆液温度的自动控制　浆液温度与浆液黏度有密切的关系,浆液温度的波动会造成浆液黏度的波动,直接影响上浆率的稳定。在上浆过程中应始终保持浆槽中浆液温度的恒定,由浆槽蒸汽加热浆液实现温度调节,同时随时由自动控制系统根据温度的变化来控制并保证温度的恒定。

3.压浆辊压力的自动控制　在上浆过程中,压浆辊压力的大小是决定纱线的上浆率、浆液浸透和被覆比例的重要因素之一。在生产中,需要经常停车或开慢车,以便处理断头操作,车速的变化,会造成纱线在压浆辊中受到的压力变化。一般车速高时,压浆辊对纱线的压榨时间短,浆液的浸透小而被覆大;相反,车速低时,则浸透大而被覆少。压浆辊可以根据车速的变化通过自动控制系统自动调节压浆辊的压浆力。在 Sucker 浆纱机上,该系统由电路系统、气路系统及压浆辊组成(图 3-9),采用速度传感器采集车速信号,经电路对检测信号进行处理、放大后,输出与速度成正比的电流控制信号给气路系统的 I/P 转换器,气路压力输出到压浆辊轴端的气缸,从而实现系统随车速的变化无级调节压浆力。此外,系统中还设置了气压反馈环节,气压传感器将实际的气压值输入电路,与车速转化气压值的电压信号相比较,进行误差控制,提高系统的精度。

4.烘筒及热风温度的自动控制　烘筒及热风温度的自动控制原理与浆液温度的自动控制相同。对烘筒温度的检测一般以凝结水温度、蒸汽温度、蒸汽压力或烘筒表面的温度作为测量对象。当感应的温度和蒸汽压力值与预设定值产生差异时,执行部件开启,以改变烘筒内蒸汽输入量,控制散热器的散热量,使热风温度维持在一定的范围内。

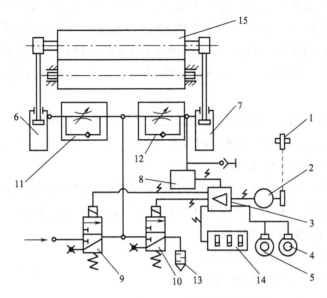

图 3-9 压浆辊压力自动控制系统

1—测速辊 2—测速发电机 3—控制器 4、5—调节器 6、7—气缸 8—压力传感器
9、10—电磁阀 11、12—单向节流阀 13—消声器 14—数码管 15—压浆辊

5. 浆纱回潮率的自动控制 回潮率是衡量上浆质量的重要指标,为了在生产的过程中实现对该指标的在线检测和控制,在高速浆纱机上设置回潮率的自动检测和控制装置。检测部分可以采用电阻法、电容法、微波法、红外线法等快速检测系统,其中电阻法因结构简单,作用可靠而广泛的应用;回潮率的自动控制系统常用以下两种方法。

(1)以调节浆纱速度来控制回潮。这种控制方法在我国引进的高速浆纱机上应用较多,通过检测装置检测浆纱的湿度,当检测到的实际回潮率大于工艺要求时,自动降低浆纱机的速度,使纱线在烘房内停留时间较长,而降低浆纱的回潮率;反之,则提高浆纱机的速度,该方法具有调节迅速方便的特点。

(2)以调节烘燥温度来控制浆纱回潮率。该方法是将回潮率的变化信息,通过电子控制系统并改变烘筒加热器的温度。当回潮率大于工艺设定值时,升高烘燥温度;反之则降低烘燥的温度。这种调节烘燥温度的方法不如调节浆纱机速度的方法及时迅速。

6. 浆纱上浆率的自动控制 影响上浆率的因素很多,如浆液浓度、黏度、温度、浆纱速度、压浆压力等,在生产过程中,一般以这些因素作为检测和控制的对象,通过固定或调整这些影响因素来实现上浆率的稳定。目前在浆纱机上,采用以下几种检测原理直接对浆纱上浆率进行在线检测。

利用 β 射线在线检测原纱和浆纱的绝对干燥质量,然后计算并显示浆纱上浆率。

应用微波测湿原理,对浆纱的压出回潮率 W_i 和原纱回潮率 W_j 进行连续测定,仪器根据以下公式计算上浆率 S:

$$\frac{S}{D} = S + W_i(1 + S) - W_j$$

计算并显示出上浆率 S,公式中的 D 为浆液的总固体率,由人工定期检测并输入上浆率测定仪。因此,仪器测出的上浆率并不能真正地反映出上浆率连续变化的过程。

还可以根据单位时间内(对应一定量的经纱)浆液的耗用量以及定期测得的浆液的总固体率,对浆纱上浆率进行测算。这种测试方法周期较长,只是反映上浆率在一定时期的平均值。

在浆纱机上,对浆纱上浆率的控制主要通过控制压浆辊的压力来实现,也可以改变浆槽中浆液的浓度和温度的方法。但浆液浓度和温度的调整过程比较滞后,为了加速调整,可以使用小型的浆槽,尽量减少浆槽中浆液的量。

7. 计算机在浆纱机上的应用 新型浆纱机的自动控制正向计算机控制的方向发展,通过计算机可以对浆纱机的运行状况、工艺参数进行在线监测和实时控制,常见的控制方法如下。

(1)浆纱速度的控制、调节和显示。

(2)浆纱回潮率的自动控制、调节和显示。

(3)压浆力的设定、显示和自动控制。

(4)浆纱压出回潮率的检测和显示。

(5)浆液温度的检测和自动控制。

(6)浆液浓度的检测和自动控制。

(7)浆液黏度的检测和自动控制。

(8)烘筒温度的设定和自动控制。

(9)湿区浆纱张力的设定和显示。

(10)织轴卷绕张力的设定和显示。

(11)浆纱干区张力的设定和显示。

(12)织轴压辊压力的设定和显示。

(13)织轴直径的显示。

(14)蜡液温度的设定、显示和自动控制。

(15)浆纱总伸长的设定、显示和自动控制。

(16)浆纱墨印长度的设定、显示和打印。

(17)织轴满卷长度的设定、显示和自停。

(18)浆轴落轴数的记录和显示。

(19)浆纱开始、停机、慢速和正常运行的实时记录、显示和打印。

(20)浆纱产量的记录、统计和打印。

(21)上浆率的检测和显示。

(二) 各种上浆方法的应用

传统的上浆方法都是采用将纱线引入浆液中上浆,然后烘干。这种方法会消耗大量的热能,且浆纱的速度受到烘干效率的限制。目前有几种上浆方式,可以解决能量消耗和环境污染等问题。

1. 溶剂上浆 采用能溶于某些有机溶剂的浆料代替传统的浆液进行上浆。常用的有机溶剂有全氯乙烯、三氯乙烯等。有机溶剂的沸点低,比热小,烘燥时比水容易,耗能少。但有机溶剂存在易挥发,上浆装置和烘房必须密闭,且溶剂回收设备费用高,浆料价格贵等缺点。

2. 热熔上浆　热熔上浆是在整经机头与筒子架之间加装一根回转的罗拉,上有沟槽。经纱按照排列次序经过一个相应的沟槽。聚合物固体浆料以一定的压力压在沟槽罗拉上,罗拉加热到120~150℃使浆料熔化,充满于沟槽底部。纱线经过沟槽底部时,浆料就涂于经纱表面,如图3-10所示。这种上浆比传统的浆纱工艺节约能源约80%,适合长丝上浆,可增加丝的集束性,具有减摩、防静电等作用,且热熔浆料易回收,退浆容易,对染整尚未发现有不利的影响。

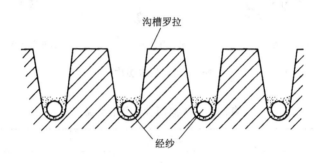

图3-10　热熔上浆沟槽结构

3. 泡沫上浆　泡沫上浆是采用易形成泡沫的较浓浆液,将空气导入该浆液,加以机械搅拌而形成泡沫,把这种泡沫浆上到经纱上的上浆方法称为泡沫上浆。这种上浆方法可以节约能源,但要求形成的泡沫在施加到经纱上以前要稳定,加到纱上后能迅速破灭。

泡沫浆料一般由气体、水、浆料、发泡剂和添加剂等组成。发泡浆料很多,低黏度级的PVA、丙烯酸浆料、液态聚酯及上述浆料的混合浆都是易发泡的浆料。泡沫上浆的工艺流程如图3-11所示。

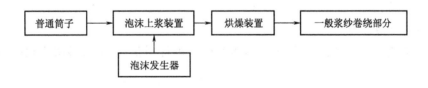

图3-11　泡沫上浆的工艺流程

(三) 高压上浆和预湿上浆工艺的应用

1. 高压上浆工艺及应用　所谓高压上浆,是指在浆纱烘干前用高压力的压浆辊压去多余的浆料和水分。采用高压力上浆不仅提高了浆纱机的生产效率,节省了能源和浆料,而且上浆的质量也得到明显的提高。

据文献研究报告,对14.5tex的棉纱采用低压(50N/cm)、高压(250N/cm)和未上浆三种条件下纱线的显微照片进行分析(图3-12)。可以看出,高压上浆后,浆纱的圆整度、浆液在纱线中的浸透程度变好,浆膜的厚度减小等,上浆效果明显优于低压上浆,表3-22、表3-23为实测的纱线直径和圆度、浆膜厚度的情况。

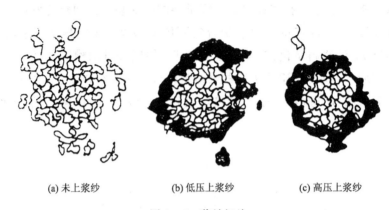

(a) 未上浆纱　　　　　　(b) 低压上浆纱　　　　　　(c) 高压上浆纱

图3-12　浆纱切片

表3-22　浆膜厚度和浸透情况

项目	低压上浆	高压上浆
浆膜厚度(mm)	0.014	0.008
浸透深度(mm)	0.008	0.020

表3-23　纱线直径和圆度

项目	未上浆纱	上浆纱线			
		低压上浆		高压上浆	
		纱线表面	浆膜表面	纱线表面	浆膜表面
圆度系数	0.742	0.719	0.635	0.764	0.723
直径(mm)	0.185	0.153	0.180	0.141	0.157

(1)高压上浆的目的。

①使浆纱具有较低的湿加重率,从而降低烘燥时的能量消耗,为浆纱机实现高速化创造了有利的条件。

②通过高压浆力,可以加强浆液的浸透和黏附性能,使浆膜完整,纱线中的纤维结构紧密,毛羽伏贴,提高了浆纱的可织造性能。

(2)为了在高压浆力下能保证织物上浆率,必须在高压上浆时提高浆液的含固量,即高压上浆需要配合高浓度的浆液。由于浓度的增加会导致浆液黏度的增加,过高的黏度不利于浆液的浸透,且在挤压时,还容易造成打滑或剩余物增多,并容易造成浆纱的黏、并、绞头,因此,浆液的黏度不宜过大。在工艺配置上要求采用"二高一低"(高压浆力、高浓度、低黏度)的上浆工艺,概括为:高浓度、低黏度;先轻压、后重压、高压力、增浸透;湿分绞、分层烘、保浆膜、减毛羽;

低回潮、匀速度；分段控、调张力、小伸长、紧卷绕。

①高浓度、低黏度是高压上浆的先决条件。高压造成的低吸浆率或者说低压出加重率必须配合高浓度，才能保证一定的上浆率，而高浓度的浆液又必须是低黏度的才能有利于浆纱质量的提高。

②先轻压、后重压、高压力、增浸透是指在高压上浆的第一道压浆辊进行预压，用轻压力，排出纱线中的空气，为高压压浆做准备。第二道压浆辊采用高压力，由无级调压装置保证浆纱质量，增加浆液的浸透比例。

③湿分绞、分层烘、保浆膜、减毛羽是在浆纱机上配备完善的湿分绞装置、较理想的烘筒分层预烘和采用防粘连技术材料，使烘干时，浆膜的完整程度高，毛羽降低幅度大，纱线的质量好。

④低回潮、匀速度是保证浆纱质量满足织造要求的必要条件，多烘筒、高效的烘燥可以保证低的浆纱回潮率指标，回潮率的自动控制及反馈可以保证上浆过程中的匀速度。

⑤分段控、调张力、小伸长、紧卷绕将有利于上浆质量的稳定，分段控制浆纱张力和湿态下低张力，可以有效地控制上浆过程纱线的伸长率，而车头良好的卷绕和加压，为浆轴的良好的成形和大卷装创造了条件。

因此，高压上浆在工艺合理的情况下，对提高浆纱的质量和提高浆纱的速度有着重要的意义。

2. 预湿上浆工艺及应用 所谓预湿上浆是指在纱线进入浆槽之前，对纱线进行湿处理，以提高纱线的润湿性能，达到提高上浆纱线质量的目的。国外关于预湿上浆的研究开始于 20 世纪 40 年代，但一直对该工艺看法不一。直到 20 世纪 90 年代，随着预湿上浆装置在长丝上浆装置和短纤纱上浆机上的使用，取得了一定的成果后，大家才开始认识到了预湿上浆的重要性和优越性。现在德国的 Sucker Muller、Benninger、Karl Meyer，美国 West point 等浆纱机制造商均开始生产带有预湿上浆装置的浆纱机。国内很多企业也在研究预湿上浆的机理，研究预湿上浆工艺对提高浆纱质量的作用。

随着浆纱机速度的提高，纱线在经过浆槽的极短时间内很难保证浆液对纱线的浸透和被覆均良好。另外，棉纤维表面有棉蜡、油脂等物质会阻止浆液进入纱线的内部，难以达到浸透良好的目的。经预湿后的纱线，可增加其与浆液的亲和程度，从而使浆液的浸透作用得到增强。尽管目前预湿上浆的机理有待于进一步研究，但其可增加浸透是不容忽视的。

预湿上浆对纱线具有两个方面作用：一是通过热水对纱线进行润湿，并利用高压排出纱线中的空气，以有利于纱线的吸浆和浸透；二是通过热水（90℃以上）和适量助剂，确保棉蜡及纺丝油剂等的乳化，改善纱线表面性质，有利于浆液的黏着和被覆。

预湿上浆装置目前的主要形式为：单浸单压式预湿、双浸双压式预湿和预湿上浆联合机构。单浸单压式预湿是在经轴与浆槽之间加装预湿槽，预湿槽内设置一根浸没辊和一对轧压辊，以压去多余的水分并使纱线表面的毛羽伏贴；双浸双压式预湿装置的预湿槽分为两个独立的浸渍区，每个浸渍区各配置一根浸没辊和一对轧压辊，可以优化预湿作用，延长浸渍相对时间；预湿上浆联合机构也称浸喷双压式预湿，由经纱输入区、预湿区和上浆装置三部分组成，预湿区配置一根浸没辊与一对轧压辊，一次喷淋与一对轧压辊组成。该机构先由浸没辊对经纱进行水浴、洗涤,第一对轧压辊将纱线中的空气挤出,然后利用喷淋管中的热水对经纱实施喷淋,使纱线充分润湿,最后通过第二次高压轧压压出多余水分。

图 3-13 为德国 Karl Meyer 公司生产的 MPDPW 预湿上浆机预湿装置,预湿槽采用双浸双压式,第一个压辊压力为 12kN,第二个压力辊压力为 100kN,属于高压力,可以使得经过预湿的纱线水分排出,以减小预湿水分对浆槽内浆液黏度稳定的影响;同时预湿槽距离浆槽很近,可以使经热水预湿的纱线在很短时间内进入浆槽,以减少纱线温度对浆液温度的影响。从图 3-14 可以看出,该预湿装置还具有升降系统。当停车时,预湿水槽下降,使纱线离开水面;开车时,升降系统控制水槽上升,使纱线浸入水中进行预湿。这样可以使纱线预湿状态稳定,有利于预湿质量的稳定和上浆均匀。

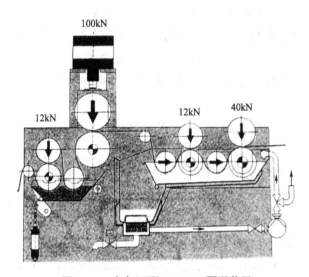

图 3-13　卡尔迈耶 MPDPW 预湿装置

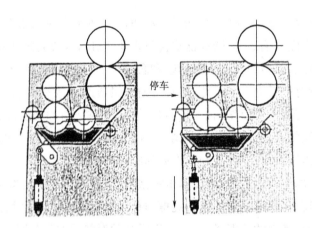

图 3-14　卡尔·迈耶 MPDPW 预湿装置——停车时预湿槽位置状态

图 3-15 为日本津田驹 S 形预湿上浆装置,预湿槽采用单浸双压,第二压力辊最大压力达

100kN,上浆装置采用单浸双压,适应 19.4tex(30 英支)以上的粗特纱的上浆。图 3-16 为日本津田驹 W 形预湿上浆装置,预湿槽与 S 形相同,但上浆槽采用双浸三压,增加了对浆纱的压浆,因此 W 形对不适于预湿上浆的纱线种类、细特纱及高密织物也可进行上浆,属于多功能浆纱系统。如将预湿槽中的水放掉,则构成带喂纱装置轧点和双压浆方式的上浆系统。

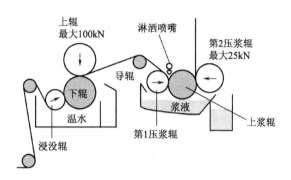

图 3-15　津田驹 S 形预湿槽

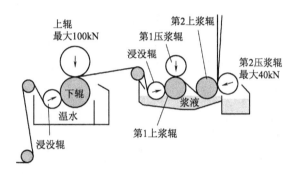

图 3-16　适应广泛的津田驹 W 形预湿槽

经研究表明,预湿上浆后的浆纱强力比未经预湿处理的经纱强力增加 15%~20%;经纱表面十分光洁,浆膜完整;预湿处理后的纱线毛羽减少 50%;浆纱的耐磨能力提高 60%~140%;节约浆料 20%~40%,大大降低了上浆成本;织造的断头率明显降低,织造效率提高 4%~5%。存在主要问题为:浆槽浆液因湿纱线的浸入造成的黏度稳定问题;同时湿经纱浸入还会使得浆液温度下降,影响上浆的稳定性。综合考虑,预湿上浆工艺在浆纱中具有良好的应用前景。

☞ 思考题

1.常用主浆料有哪些? 常用的助剂有哪些?

2.氧化淀粉与原淀粉有何不同? 如何检测?

3.PVA 浆料检测的主要指标有哪些?

4.浆纱配方制定的依据是什么?

5.浆液质量检测的指标有哪些? 如何控制浆液质量,以满足工艺要求?

6. 应从哪些方面采取措施来提高上浆质量?

7. 有一 T/C 混纺府绸,其经密 536×386 根/10cm,幅宽 180cm,请制订上浆工艺条件,并分析原因。

第四章 织造工序的质量控制

第一节 织造工序的质量控制

一、织造工序的质量控制指标

在织机上,经纬纱相互交织形成织物,此过程称为织造。织机分为有梭织机和无梭织机两大类。织机工作性能、设备状态、织造工艺参数的设置与配合直接影响织物的质量和织造效率,因此加强对织造设备的维修保养和设计合理的织造工艺参数是保证织物质量的关键。织造工艺参数分为固定工艺参数和可变工艺参数。固定工艺参数不因织物品种的变化而变化,随着织物品种的变化而做相应调整的参数称为可变工艺参数,又称为上机工艺参数,上机工艺参数的内容与织机类型有关。

生产中,应根据织物的品种确定合理的上机工艺参数,这样才能使织机的各机构协调配合,为加工合格的产品、提高织机的织造效率提供良好的生产条件。织物加工时主要控制的质量指标见表4-1,企业可以根据自己的生产情况进行某些指标的测试。

表4-1 织造工序主要控制的质量指标

序号	项目名称	技术要求	测试方法
1	织机断头率	企业根据织机类型确定,有梭织机测量每台每小时的断头次数;无梭织机测量10万纬的断头次数	常规测试
2	织机停台率(%)	根据织机的类型确定	常规测试
3	布机开口清晰度(%)	根据生产品种确定	专题测试,织造现场进行测试
4	织物在机布幅(cm)	根据织物品种确定	专题测试,织造现场进行测试
5	织轴好轴率(%)	≥60	常规测试,按好轴标准现场实测

二、织造工序质量指标的测试与结果分析

(一)织机断头率试验

织机断头率和织造效率反映的是企业加工某种织物的生产水平,是常规的测试项目之一,应定期测试。织机断头率是指在织机上测定经纱和纬纱的断头次数,来反映织造车间的生产状况,通过对造成断经、断纬的原因分析,可以反映原纱、半制品的质量和机械水平及工艺上存在的问题,为组织生产、制订工艺、提高质量提供依据。如果加工某种织物时,经纬纱断头多,停台

多,产量就低,织物质量也差,同时织机的效率随之降低。影响有梭织机效率的主要原因是"二停三关"。所谓"二停"是指经向停台(经纱断头停台)、纬向停台(纬纱断头停台);"三关",即空纬管关车、换梭关车和无故关车。对于无梭织机,"二停"是影响织机断头率和织造效率的最重要的因素。

1.试验目的 通过试验,可以掌握生产的状况,了解目前造成织机断头的主要原因,为提高织机效率和产品的质量创造条件。

2.试验周期 每月每台织机至少轮测一次。

3.测试方法

(1)根据产品特点确定测定的机台数量,一般选择一个台位,每次测定台数等于挡车工看台数,有梭织机一般为16~24台,无梭织机一般为6~8台。测定区按轮测周期进行确定。每次测试时间为1h,应在轮班接班后0.5h和交接班前0.5h之间,因为这段时间织机的运转较正常,能够反映出生产的实际情况。

(2)发现断经时,应在记录断头的同时记录织机机号、浆纱机号、班别和穿筘班别;发现断纬,将织机车号记录下来,以便分析原因。

(3)测定时,如遇有的机台连续停台时间达5min及以上的情况,计算织机断头时应扣除停台时间;如连续停台时间达10min及以上时,应另外换临近机台顶替。对于无梭织机,可根据织机的指示灯判断是经停还是纬停。有梭织机要进行查看,判断断头原因并及时记录,根据断头原因分析的结果,可计算各工序导致的台时断头和断头百分比。测试结果记录在自制表格(表4-2)中。

(4)纬纱断头和经纱断头造成停台、造成织疵以被发现停台处理为准,非断头原因造成的停台不计算在断头率中,单台、单根连续断头有多少次,应计算多少根断头,一种原因造成一种断头算一根,数种原因在同时一处造成的多根断头,按原因种类数记录。由于断经造成的轧梭,按断经记录。

(5)试验前后记录靠近试验区的温度和湿度。

表4-2 有梭织机断头原因分析表

日期	品种	机号	无故停车	坏车	断经							断纬				
					梭刺	轧梭	坏轴	综丝不良	钢筘不良	经缩	其他	梭刺	装梭不良	空管	换梭不良	其他

4.试验结果计算 有梭织机以布机台时断头根数表示织造断头率,即一台布机在1h内平均的经断和纬断根数,经纬纱断头率的计算公式:

$$经(纬)纱断头率[根/(台·h)] = \frac{经(纬)纱断头数 \times 60}{测定台数 \times (60 - 停台时间)}$$

在无梭织机上,织机断头率以十万纬断头次数表示,其经纬断头数和织造效率可以在织机操作屏幕上抄录下来,结果填入自制的表格(表4-3)中。

表4-3　无梭织机停车次数及效率统计表

日期	品种	机号	监控时间（h）	开车时间（h）	效率（%）	停车时间（min）			10万纬断头次数（次/10万纬）			每小时断头次数[次/（台·h）]			停车总次数（次）		
						经	纬	共	经	纬	共	经	纬	共	经	纬	共

5.断头原因分析　织机断头包括经纱断头和纬纱断头,但从根本上来看,断头产生的原因有相同的因素,主要包括纺部生产的纱线质量、织造前准备的半制品质量、织造工序本身的工艺及设备等。通过测定断头率和分析断头产生的原因,可以掌握生产的状况,了解目前造成断头的主要原因,为提高织造效率和产品的最终质量创造条件。

（1）经纱断头原因分析。表4-4~表4-6分析了影响经纱断头的纺纱、准备和织造的主要原因。

表4-4　经纱断头纺部原因分析

断头名称	断头原因
棉结杂质	纱上附着棉结杂质、破籽
弱捻	纱的捻度小,纱线松、烂
粗、细节纱	竹节纱、条干不匀、粗节、细节
羽毛纱	纱粗发毛,捻度少,表面纤维滑移断头
股线并合不良	股线松紧、藤捻纱、藤枝纱
并捻脱结	并捻接头松,纱尾短
错股	股线中并和根数有多有少
化纤硬块丝	化纤硬丝带断邻纱

表4-5　经纱断头准备原因分析

断头名称	断头原因
结头不良	结头大、结头纱尾长、回丝带入结头、接头附近纱身扭结
脱结	结尾短或结头未结紧而脱结
飞花附入	浆飞花、活络飞花
回丝附入	纱上有回丝附着
并头	浆纱分纱不良,2根或2根以上粘并在一起
倒断头	浆轴退绕时,中途出现多头或少头
绞头	浆纱混乱交叉
脆断头	浆纱粗硬,在不规则部位断头,断头尾端纤维整齐
小辫子	扭结的纱线经振动而松弛或张力过小
浆斑	浆块黏附,浆纱受到阻碍断裂
浆纱起毛	上浆过少、脱浆、浆液变质、上浆不当等

断头名称	断头原因
综丝不良	综眼磨灭或凹口变形,断综丝
钢筘不良	筘片磨损有纱痕,筘齿不匀
经停片不良	穿纱圆孔磨损起快口
其他	其他原因及准备加工的无名断头

表4-6　经纱断头织造原因分析

断头名称	断头原因
飞花附入	在布机间附入飞花,飞花不僵硬
回丝附入	在布机间附入回丝,与浆纱不粘连
结头不良	结头不牢松脱,结头太大带断邻纱,车面回丝等处理不净
引纬器不良	引纬器挂断经纱
吊综不良	吊综左右不平、前后倾斜,使开口不清,或张力过小、过大
边撑不良	控制布边作用不良
断边	边纱穿错、边纱起球、边撑装置规格不当、边纱装置不良等
机械原因	机械不正常及故障断经
其他	其他原因及布机无名断经

(2)纬纱断头原因分析。表4-7和表4-8为造成纬纱断头的主要原因,包括纺部和准备原因和织造原因分析。

表4-7　纬纱断头纺部和准备原因分析

断头名称	断头原因
棉结杂质	参照纺部断经原因
弱捻	参照纺部断经原因
粗、细节纱	参照纺部断经原因
脱纬	卷绕过松,纱圈脱出
成形不良	纡子成形不良(有梭织造)或筒子成形不良(无梭织造)
生头不良	生头不好,纱线缠绕不易拉出(有梭),或无法接备用纱(无梭)
结头不良	络筒时产生的结头大、结头纱尾长、回丝带入结头、接头附近纱身扭结
脱结	络筒时产生的结头纱尾短或结头未结紧而脱结
飞花附入	(在纺纱或卷尾或络筒时)飞花附入
回丝附入	(在纺纱或卷尾或络筒时)飞花附入
纬管不好	纬管(有梭织造)或筒子(无梭织造)损坏
经纱毛羽	经纱毛羽在开口时相互纠缠,致使开口不清而阻断纬纱(喷气织机)
表面断纬	在加工或运输过程中碰断
其他	其他原因及纺部、准备无名断纬

表4-8 纬纱断头织造原因分析

断头名称	断头原因
引纬器不良	引纬器不良挂断纬纱(有梭织造)
引纬工艺设置不当	如喷气引纬的喷嘴压力过高,在高速气流引纬地冲击下吹断纬纱
引纬装置调节不当	储纬器上储纬量小,储纬器卷绕张力和退绕张力调节不当
纬纱剪刀调节不当	纬纱剪刀的位置、作用力度和时间调节不当
操作不当	如摆梭不好,纱尾缠结,纱头没引入嵌槽;纬纱器的穿纱顺序混乱
机械原因	纬纱通道上有部件快口、木件毛刺、机件不光、擦断、碰断
其他	其他原因及织造无名纬断

(二)织机停台率试验

织机停台率是织造车间常规的测试项目之一。织造停台包括计划停台(大小平车、检修、揩车、加油)、上轴、落布、坏车、坏布、空纬、断头停台(包括经向断头停台、纬向断头停台)等。其中,断头发生的频率最高,其他情况在动态的生产过程中变化不大,基本趋于稳定。因此,织机断头是影响织造效率的最主要因素之一。

1. 试验目的 通过试验,可以调查分析织机停台的原因,及时了解车间停台分布状态,找出影响生产效率的关键,作为改进织造工艺参数的依据,从而不断提高生产效率。

2. 试验周期 有梭织机每月抽查5次及以上织机停台数;无梭织机每月每台织机查5天及以上的停台。

3. 测试方法 对有梭织机,按以下方法进行测试

(1)在接班1h后,从车间一角顺开车档开始巡回,以左右两台为标准,调查时巡回速度要均匀,查看所有织机的停车。若是因为平车原因而停台,则从总台数中扣除。

(2)分品种记录织机停台数和原因,通常在表4-9中划"正"字。

(3)试验前后记录车间的温度和湿度。

表4-9 有梭织机停台原因分析表

工区	调查次数	经向停台	纬向停台	其他停车										合计
				保全	检修	揩车	加油	上轴	坏车	坏布	空纬	落布	其他	
	1													
	2													
	3													
合计														

4. 计算方法 对有梭织机,分品种计算某品种的停台率,同时,可以预测当时织造该织物的大致织造效率。对于无梭织机,可以从每台车的电子屏幕上抄写经纬纱停台数和织机效率,见表4-3。测定次数越多,其结果越接近于实际织造效率。织机停台率和织机织造效率计算方法:

$$织机停台率 = \frac{织机共停台数 - 计划停台数}{每品种所开机台数 - 计划停台数} \times 100\%$$

$$织机织造效率 = 1 - 织机总停台率$$

(三)布机开口清晰度试验

开口清晰度试验为专题检查项目,多在织造工艺优选或调整时进行测试。

1. 试验目的 通过试验,可以检测浆纱质量的好坏和布机的工作状况,同时也可以考核织造工艺参数是否合理,作为确定最佳工艺参数的依据。

2. 检查方法 在织机运转时,蹲于织机的一侧观察综丝至综丝后10cm之间整幅经纱在开口时有无粘连现象。按经纱粘连程度,梭口可以分为三类。

(1)开口清晰。开口时整幅经纱无粘连现象(一个循环开口偶尔1~2根不算)。

(2)开口较清晰。开口时整幅经纱有10根以内,且粘连长度在10cm以内。

(3)开口不清晰。开口时整幅经纱有粘连现象在10根以上。

3. 试验周期 各企业根据实际情况进行选择。

4. 考核指标 以开口清晰台数占调查总台数的百分率表示。

(四)织物在机布幅试验

1. 试验目的 织物在机布幅是专题测试项目,通过试验,可以确定织物在机布幅是否合理,找出影响在机布幅大小的原因,以便准确控制。织物在机布幅直接影响棉布的幅宽及匹长,所以要严格控制,稳定棉布匹长,保证棉布幅宽符合国家标准。

2. 测试周期 各品种每月测试1次,每次测试80台织机,若超过80台应循环测试,不足80台全部测试。

3. 试验方法

(1)在正常生产的机台上,选择卷绕平整的布幅处进行测量,分品种测量各台织机上的在机布幅。对无梭织机、布边卷绕不齐的有梭织机,应按着尺子从布的左边测到右边,并记录数据。

(2)试验前后记录车间的温度和湿度。

4. 测试结果计算 用下式计算织机上织物在机布幅及其合格率指标,计算结果保留两位小数点。

$$平均在机布幅(cm) = \frac{测量在机布幅总和(cm)}{实测织机台数}$$

$$在机布幅合格率 = \frac{在机布幅合格的机台数}{检查织机的总台数} \times 100\%$$

(五)织轴好轴率及百轴疵点试验

1. 试验目的 织轴好轴率是常规测试项目之一。织轴好轴率是指浆轴在经过穿经后得到的织轴的好轴数占总织轴数量的百分比,综合反映了织轴的卷绕质量。该指标主要考核穿经工序的工作质量,通过在织机上检查织轴织造时的质量情况,考核每个穿经工的工作质量。在考核的同时应结合前面浆轴的好轴率考核标准,以区分穿经工和浆纱工的职责,分别考核各自的工作质量,以保证准备工序的每个员工认真操作,以提高织轴的质量。

2.试验周期　不同品种、不同长度织轴的试验周期也不相同,按完成一个织轴的加工时间为一个检测周期。在该织轴上轴2~3天时,检查该品种的织轴疵点。若了机周期小于15天,开机后一次查完;若了机周期大于15天(有梭织机开台60台以上),开机后可分两次以上查完。

3.试验方法　由专人负责织轴好轴率及百轴疵点的现场检查工作,每天按织轴顺序检查上机的织轴和机上织造织轴的工作情况。检查时,先查看浆纱轴票,记录浆轴的挡车工责任号。

好轴率考核标准见表4-10。应严格按照标进行检查,遇到问题,应及时记录责任人、班号、机号和产生原因等信息,以便考核落实,并根据疵轴的具体情况,对疵轴进行适当的处理,以保证生产的正常进行。

表4-10　好轴率考核标准与造成疵点成因

疵点名称	考核标准	造成原因
漏头	单轴上出现漏头、叠筘、漏综丝、漏停经片,有一处作疵轴	操作不良
倒断头	单轴满2根作疵轴;1根作0.5只疵轴	(1)各种断头未能及时处理 (2)断头和回丝积聚在分纱杆上,未及时处理 (3)浆槽内局部蒸汽压力太大,造成经纱起缲,不易分绞而崩断头
并头	单轴2根作0.5只疵轴;3根以上作疵轴	(1)浆液浓度、黏度过大,造成浆重而引起并纱 (2)分绞处理不当
轻浆	停经片处结花衣、棉条,布面明显起棉球	(1)浆液浓度过低,或浆液浓度、黏度与压浆力调节不当 (2)浆槽内产生大量泡沫 (3)处理疵点或落轴停车时间过长等
多头	A轴或B轴全轴满6根作疵轴	(1)操作不良,漏穿或穿错,检查后发现借边纱或拉掉穿错的经纱 (2)浆轴内有并头,倒断头未能及时发现
浆斑	影响织物组织的浆斑,布面手感粗糙,作疵轴	(1)浆槽内蒸汽太大,浆液沸腾剧烈,溅到纱片上 (2)浆液内含有凝结块,上浆时被压浆辊压附在纱上 (3)了机时停车时间长或浆槽未妥善加以保温,表面凝皮 (4)煮浆管位置不适当,造成两压浆辊之间和压浆辊后面的凝结皮落入浆槽被带上浆纱 (5)打慢车或落轴停车时间长 (6)停车时,未将压浆辊及浸没辊抬起,造成横向条形浆斑 (7)湿分绞棒不转动或起纱槽等

疵点名称	考核标准	造成原因
绞头	(1)凡经密在 394 根/10cm 以下,一处绞头满 8 根作疵轴;经密在 394 根/10cm 及以上,10～15 根作 0.5 只疵轴,15 根以上作疵轴 (2)分散性绞头 3 根及以上,各轴全轴满 6 处作疵轴	(1)浆轴夹板夹持效果不好,浆轴内有并绞头 (2)手工穿经因分纱机构的分纱针移动距离超过经纱排列密度,造成一次分纱根数较多 (3)分纱针的锋口深度不符合要求 (4)结经机分纱造成绞头比手工多。梳理经纱不齐,造成经纱在夹纱槽内有叠纱,夹紧两片经纱在装经纱时过于歪斜,造成取纱钳剔去多根纱线
边不良	织轴明显软硬边,影响织造,作疵轴	(1)伸缩筘装置不正确或调幅不适当,与轴幅不齐 (2)织轴盘片歪斜 (3)摩擦离合式无级变速器调速机构失灵
表面疵点	(1)油污(穿接经时产生),深油渍作疵轴 (2)挂断、扎断轴、全轴满 6 根以上作疵轴 (3)经片绞乱满 4 根,全轴有一处作疵轴	操作不良
错筘	用错筘号,造成损失和影响后工序质量作疵轴	修筘工将筘放错,而穿经工在使用未及时进行检查
松经	织轴上有经纱下垂 2 根作疵轴	操作不良,盘头布上糨糊未贴好或糨糊过多

由于织轴坏轴有浆纱原因,也有穿结经和织机操作原因,因此,实际生产中,除参考好轴率标准外,对疵轴的判定标准随企业不同而存在差异,实际生产中常执行企业内定的"疵轴及其责任划分标准"。如某企业规定,在上机检查时,先检查上机织轴的结经疵点,该疵点责任归织造车间。

4.计算方法

$$织轴好轴率 = \frac{共查织轴数 - 坏轴数}{共查织轴数} \times 100\%$$

$$百轴疵点处数(处 / 百轴) = \frac{疵点数}{共查织轴数} \times 100$$

第二节　常见织疵和预防工作

由于原纱质量、半制品质量、设备和操作等原因,会造成各种各样的布面外观疵点,影响织物品质等级。本节仅对常见织疵及预防工作做一简要介绍。

一、布边和布边疵点

良好的布边是保证织物质量的重要组成部分。有梭织机采用梭子在梭口两侧来回穿行引纬。可以形成完整光洁的布边。无梭织机采用筒子纱单侧供纬,因而必须另设专门机构处理布边。常见的无梭布边形成主要有折入边、纱罗边、绳状绞边、热熔边、辅经(辅纬)边、针织钩边等,其布边设计和布边疵点也有其各自特点。

(一)无梭布边的设计

1. 折入边　将两侧或单侧的纬纱头端折入织物形成折入边,如图4-1所示。折入边在片梭织机、喷气织机和剑杆织机应用很普遍。

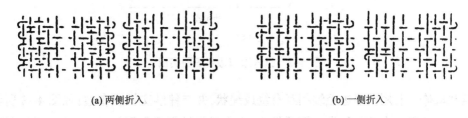

(a) 两侧折入　　　　　　　　　　　(b) 一侧折入

图4-1　折入边

折入边的特点是可以织出与有梭织机相似的光边,纬纱回丝率较低,而且布边的经纱可以与布身相同。然而,折入边会增加布边处的纬纱密度,会使布边厚度增加,可能导致布边变硬,染整时产生布边与布身的色差和服装剪裁时发生困难,为防止布边增厚问题,可以采取下列措施。

(1)降低边经密度。布边宽度内边经根数的减少,与所织织物原料和经密有关。一般来说,边经根数减少最多不超过原来根数的1/3。但应注意,当边经改稀时,为保证布边张力,最外侧筘齿内所穿入的根数应保持不变。

(2)减少边经特数。使之小于布身特数,可以在一定程度上降低布边厚度。

(3)选用适宜的布边组织。使边组织的交织点少于地组织交织点,布边变薄变软。

设计折入边时,首先要确定边组织根数,边组织根数可参考下式并根据生产经验确定。

$$折入边边纱根数 = \frac{0.37\sqrt{Tt}}{p_j}$$

式中:Tt——边经纱线密度,tex;

p_j——经密,根/10cm。

折入边布边组织设计实例如图 4-2 所示。

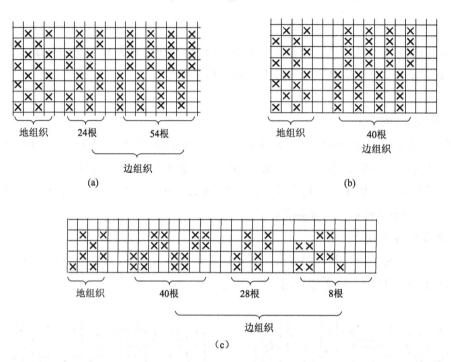

图 4-2　折入边布边组织图实例

2. 绳状绞边　使用两根边经纱相互盘绕成绳状,并与纬纱交织成布边,如图 4-3 所示。构成绳状边所用的经纱由单独的供纱筒子供给,工作时供纱筒子做回转运动,绞边经纱获得较大的捻度,增加了两根边经纱之间的抱合力。边经纱多使用涤纶长丝,较大的强力与弹性使得边经纱紧握纬纱,防止纬纱脱离。采用绳状边时,布边厚度基本与身相同,织物染色后无色差,绳状边的成边机构复杂,主要应用于喷气织机、喷水织机。

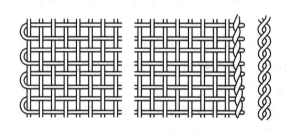

图 4-3　绳状边

绞边纱常用原料见表 4-11。由于绞边机构在织造过程中要给绞边经纱加捻,每织一纬给左右两边经纱各加半个 S 捻和 Z 捻。因此,采用短纤纱做绞经纱时,传动侧往往采用 Z 捻的股线,或采用号数小于地经纱、捻度很小的股线和长丝通用两边,染色时虽有色差但不影响服用性能。在采用绞边时,边组织根数和组织设计与有梭织机类似。

3. 纱罗边　一组或几组绞经纱和地经纱在布边处相绞,同时与纬纱交织,形成纱罗边,如图4-4所示。图4-4(a)为双梭纱罗,一般用4根或8根绞边经纱交织,交织点主要为平纹组织。这种布边厚度较厚,牢度较小。图4-4(b)为单梭纱罗边,布边牢度较好。由于布边纬纱受绞经纱作用,一根向上翻,一根向下翻,印染时容易产生色差。图4-4(c)为三经纱罗边,用三根绞边经纱交织,其中两根一直在纬纱下边,另一根一直浮在纬纱上面,而始终处于其他两根绞经纱下面,这种布边使纬纱头全部向上翻,布边较厚。纱罗边组织设计实例如图4-5所示。

表4-11　常用绞边纱的选择

织物	可选用的绞罗纱		
	长丝(旦)	短纤丝(tex)	
		供纬侧	传动侧
人造短纤维及棉纱布条格平布、牛津布	涤纶变形丝50、75	14.5	7.5×2
$\frac{2}{2}$斜纹	涤纶变形丝50、75	JC 10	JC 5×2
缎纹	涤纶变形丝50、75	JC 10	JC 5×2
羽绒布(缎纹、平纹)	涤纶变形丝30	JC 10	JC 5×2
细平布	涤纶变形丝30、50	JC 10	JC 5×2
府绸(高密)	涤纶变形丝30、50	JC 10	JC 5×2
府绸(中、低密)	涤变形丝75	J 10	J 6×2
上等细布	涤变形丝75	J 10	J 6×2
醋酯纤维细布	混纤丝(涤/醋酯)55旦		
铜氨纤维细布	铜氨丝50旦(上浆丝)		
黏胶纤维细布	铜氨丝或黏胶丝50旦		
锦纶布	锦纶单丝30旦		
涤纶丝布	涤变形丝50旦、75旦		

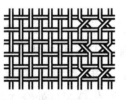　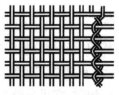　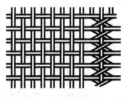

(a) 双梭纱罗　　　(b) 单梭纱罗　　　(c) 三梭纱罗

图4-4　纱罗边

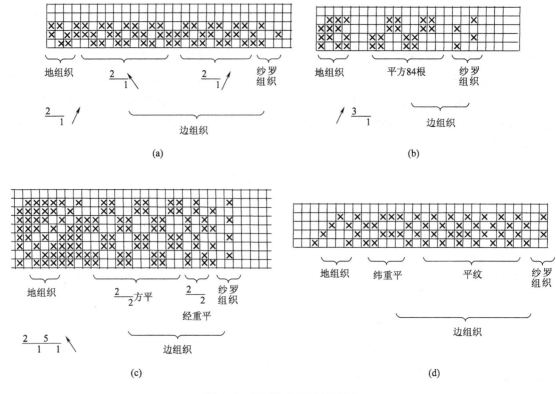

图4-5 纱罗边组织设计实例

(二)布边常见疵点及预防

布边常见疵点主要有边不良、边撑疵、烂边、毛边等。

1.边不良 边不良包括锯齿边、荷叶边、边纬缩、犬牙边、边穿错、布边不平整等疵点。造成边不良的原因,主要是织造过程边经纱张力和纬纱张力配合不当产生的。造成边经纱张力变化和纬纱张力变化的原因很多,如有梭织机上纬纱退绕气圈控制不良,梭管配套不良,纬纱退绕不畅,综框高低左右不平齐,开口引纬时间配合不良,浆纱绞头、多头少头处理不当等。因此,应从以下方面做好预防工作。

(1)准备车间应做好经轴、织轴的日常保养检查;整经做好片纱张力控制,适当增加边纱张力;浆纱应分纱清晰,排列整齐,防止绞头、并头、多头、少头产生,保证织轴的卷绕密度和纤子的卷绕密度;严格统一穿筘操作。

(2)织布车间应加强上轴、吊综质量的检查,合理配置开口和引纬工艺时间;喷气织机应适当增大延伸喷嘴的气压和喷射时间;有梭织机应做好梭管配套工作,保持梭子通道的光滑顺畅。

2.边撑疵 织物位于边撑部位的经纱或纬纱被轧断1~2根,称为边撑疵(图4-6)。边撑是织造过程重要的握持部件,在经纬纱交织时,它可握持织物,保持织口处经纱宽度大约等于穿筘幅宽,保护经纱,保护钢筘。边撑使用不当就容易造成边撑疵,如刺辊选择不当、边撑盒安装过高或过低、边撑盒配套不良等,应从以下方面做好预防工作。

(1)合理选择边撑。粗而不密的织物宜选择粗、长、密度小的刺针;织制细而密的织物时,宜采用细、短和密度大的刺针。

（2）边撑应配套良好。刺辊、刺环、领圈转动灵活，刺针尖无毛刺，作用良好，并安装正确。

（3）加强挡车、上轴、落布管理和加强车间温湿度管理。

3. 烂边　有梭织造的烂边，是织造过程纬纱因张力过大而中断，中断区域在边纱内地经产生的烂边俗称大烂边，中断区域在边经纱内称为小烂边（图4-7）。消除烂边疵点应着重做好以下工作。

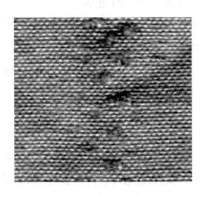

图4-6　边撑疵

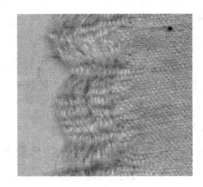

图4-7　烂边

（1）做好梭管配套工作和清洁工作，使纬纱退解顺畅。

（2）提高纬纱质量，减少棉结杂质，清除有害疵点。

（3）合理选择边纱根数，确保边撑安装正确、作用良好。

（4）做好吊综工作，上下层经纱位置正确，张力一致，综框平齐。

4. 无梭织造时的松边、豁边和烂边　无梭织造采用绳状绞边或纱罗边时，若绞经纱和纬纱交织松散，边部经纱向外滑移，就会造成松边疵点；若绞边纱滑脱称为豁边，或绞经纱未与纬纱交织脱出毛边之外，则称为烂边。此类疵点含义和有梭织机有所不同。

造成松边的原因，一方面，是由于绞经纱既要交换上下位置，又要交换左右位置，因而它在织物经向占据的距离大于同号普通经纱。当织物纬密达到一定程度时，纬纱间的间隙满足不了这种要求，造成布边上下卷曲或松弛。另一方面，经纬纱交织时，织物内的纬纱由于和经纱屈曲交织而产生伸长，使纬纱张力较大，而织物外的边部纬纱张力较小，这样以绞经为界，布内外的纬纱间存在张力差；若绞经对边部纬纱的抱合力小于这种张力差时，就会产生滑移，由于经纬纱交织时存在摩擦力，这种滑移只能在布边的一定范围内进行，滑移的结果使布边经纬纱交织时互相作用力减弱，布边经纱屈曲减少，产生松边。

松边会造成边部十几根经纱张力下降，以致浮不起停经片而造成经向停台，甚至无法开清梭口和引纬织造。若勉强能够织造，造成织物边部长于中部，且失去边撑的握持后，松边、卷边就明显暴露出来。

由于绞边经纱张力大小不适宜，纱罗装置工作失调，剑杆织机接纬剑纬纱头握持不良或释放过早，边纱清洁不良，开口不清等原因，会造成绞经纱与纬纱没有交织而形成烂边或豁边。防止松边、烂边、豁边的产生,应注意做好以下工作。

(1)合理选择绳状绞边绞经纱特数。一般绞经特数应为普通经纱一半。织物纬密越大,绞经纱特数应越小。

(2)喷气织机应合理选择绞经及其相邻两根边经纱的张力、绞经开口时间、布边穿法、夹纱器位置等工艺参数。剑杆织机应合理调整开口时间和进出剑时间配合,废边纱综平时间、接纬剑释放纬纱时间等工艺参数。

(3)定期检查,保持剑头夹持器夹持可靠,保持纱罗边装置工作正常。

5.毛边 毛边疵点是指在有梭织机上,梭子将纱尾带入织口,在布边外形成毛须。无梭织机采用绞边时,若纬纱长度不一、剪刀作用不良等原因,也会出现毛边疵点。有梭织机上毛边是很难完全杜绝的常见疵点,应认真做边剪配套工作,并保证安装正确,还可采 N_{22} 毛刷、C_9 毛刷、梭库皮筋、J_{32} 下垫皮等技术措施,以有效减少毛边的产生。

二、纬缩疵点

纬缩是纬纱扭接织入布内或起圈呈现于布面上的一种密集性疵点,是织造过程常见的一类主要疵点(图4-8)。预防纬缩产生,不同引纬方式的织机侧重点不同,主要应做好以下几个方面的工作。

(1)提高原纱质量,减少棉结杂质、竹节、毛茸等纱疵,做好纬纱给湿定捻工作。

(2)喷气织机应保证梭口清晰,使开口引纬时间等参数配合良好。合理调整主喷压力、喷射时间,储纬器释放纬纱时间和勾纱时间,辅助喷嘴分组喷射压力和时间,剪纱时间等工艺参数。主喷始喷时,异型筘筘槽应处于梭口中央,储纬器释放时间不能早于主喷始喷时间;辅助喷嘴分组时,右侧喷嘴间隔应小于左、中部;右侧两组的喷气压力高于左、中部,并应保证右侧延伸喷嘴足够的气压。

(3)剑杆织机应做好经位置线的调整工作。由于剑杆织机梭口高度较小,因此不适宜后梁太高;织造高密织物时,可考虑采用小双层梭口。剑杆织机的开口时间一般应晚于有梭织机,废边纱开口时间应早于地组织10°左右,认真调整进出剑时间;接纬剑释放纬纱时间应在废边纱综平之后,剪纱时间不能太早。

(4)有梭织机应认真做好吊综上轴工作,以及引纬部件、引纬通道的检修保养工作。

图4-8 扭结纬缩

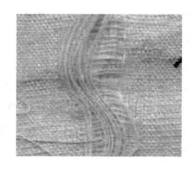

图4-9 跳花

三、跳花、跳纱和星跳疵点

由于受到各种因素的影响,织物在织造过程中,处于梭口部位的经纱,由于开口不清晰,有少数经纱或纬纱脱离组织,呈现一根或数根经、纬纱线不规则地浮在织物表面。根据疵点形态和轻重程度,可划分为跳花、跳纱和星形跳花(简称星跳)三种(图4-9、图4-10)。"三跳"是织物常见疵点之一,特别是在细特、高密织物上容易产生。其产生原因与原纱、半制品质量、织机开口与引纬工艺参数的配合、上轴吊综质量、织机机械状态等因素有关,预防"三跳"疵点的产生,主要应做好以下几方面工作。

(1)提高原纱及半制品质量。应提高原纱断裂强力不匀率和条干不匀率,减少棉结杂质、竹节等疵点,控制毛羽,特别是3mm及以上的长毛羽;络筒工序尽量采用捻接,减少飞花卷入;整经工序应在提高片纱张力均匀方面采取措施;浆液配方要合理,被覆和浸透比例适当,分纱清晰,提高毛羽降低率和纱线耐磨次数。

(2)织造工序应使上机经位置线合理。高密织物宜采用错开综平时间或综平位置,采用"小双层"梭口等措施,使梭口清晰。同时使开口和引纬工艺时间配合良好,剑杆织机的梭口高度小,剑头在梭口停留时间长,开口和引纬的配合更为重要。严格上轴吊综操作检查,并做好运转操作中的预防工作。

四、断经和断边疵点

织造时,经纱断头是形成断经疵点的根本原因。造成经纱断头的原因很多,如原纱质量、半制品质量(特别是浆纱质量不良)、综筘保养不良、织机工艺参数不合理等。断经疵点如图4-11所示。断边是发生在边部的断经,除上述原因外,还有边撑位置不正、握持作用不良、织轴轴幅与布幅相差过大、钢筘不光滑等特殊原因。而断经自停装置失效是产生断经疵点的直接原因。预防断经疵点,重点要做好以下工作。

图4-10　跳纱

图4-11　断经

(1)预防为主。树立"用好原料、纺好纱、织好布"的思想,切实提高原纱质量。

(2)络整工艺参数合理,严格控制整经断头率。保证经轴卷装密度,张力和排列均匀,提高浆纱好轴率,加强综筘保养,保持综丝、钢筘良好状态,边纱穿法正确。

(3)保持断经自停装置和边撑装置作用可靠,根据不同产品采用适当的上机张力。剑杆引剑时间和动程正确,剑头、剑带、导剑钩等机械状态良好。

五、脱纬、双(缺)纬和断纬疵点

织物表面有三根及以上的纬纱同处于同一梭口内称为脱纬。平纹织物组织,如果缺一纬或半纬,使两根纬纱合并在一起,称为双纬;对于斜纹织物则称为百脚(图4-12)。双(缺)纬和断纬是有梭织机最常见的疵点,且在片梭、喷气、剑杆织机上也为常见疵点。图4-13为多根断纬并在一起形成的多头双纬。要预防此类疵点的发生,根本办法是降低织造时纬向停台次数,具体应从以下几个方面入手。

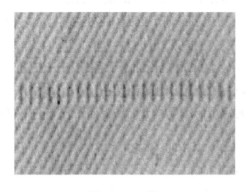

图4-12　百脚　　　　　　　　　　　　图4-13　多头双纬

(1)提高纬纱质量。降低纬纱强力 CV 值和条干 CV 值,减少纬纱上的有害疵点。

(2)良好纬纱卷装。有梭织机纡子应成形良好,并应适当增大纡子卷绕密度,保证备纱长度准确;无梭织机应保证筒子纬纱成形良好,减少退绕张力波动。并且要做好纬纱给湿和定捻。

(3)有梭织机应做好梭管配套工作,并保持梭箱部分、诱导部分、投梭部分、边撑部分等良好的状态。

(4)喷气织机织造除提高纬纱质量外,应保证纬纱探头作用良好。规范值车操作,对于边断纬,适当提高后梁高度,减少织口移动,适当降低入纬侧的打纬线,取消异型筘边部的平筘齿均有良好的效果。

(5)片梭织机由于引纬加速较大,在纬纱特数小时,应特别注意提高纬纱强力,减少断纬发生。

(6)剑杆织机探纬器作用时间应正确,剑头纬纱夹夹口作用良好;尽量采用跟踪交接方式,保证纬纱交换可靠;剪纱时间应保证接纬剑已牢固握持纬纱头端之后;接纬剑释放纬纱时间应在右侧边纱综平之后夹住纬纱,右侧纱尾露出 10～15mm 时,同时选纬指递纬时间应在下一引纬周期开始前完成。

六、经缩疵点

部分经纱在织造中意外松弛,织入布内使经向屈曲波很高,成为经缩疵点(图4-14)。预防经缩疵点,首先,应减少经纱的扭结,纺部应减少小辫子纱的产生,络整工序应加强工艺和操作管理,消除纱线扭结产生,同时纺部应采取措施,减少纱线毛羽,提高纱线的光洁度;其次,整经、浆纱工序要提高经轴、织轴的片纱张力和排列均匀性,防止并头、绞头、倒断头产生;最后,提高织机挡车工、帮拆工和上轴工操作水平,挡车工巡回时,加强前后梭口的检查,发现经纱粘搭立即排除,吊综应松紧一致,分纱均匀。

图 4-14　经缩

七、筘路和穿错疵点

织物经向经纱排列明显呈长条状不匀时,由钢筘引起的疵点称为筘路。由于每筘穿入数错误造成的疵点称为穿错(图 4-15)。在印染加工后,筘路和穿错疵点会形成轻重不同的经档。预防措施主要是加强钢筘保养和维修工作,保持钢筘良好的状态,同时应认真执行穿经操作法,加强检查,消灭穿错。

八、稀密路疵点

布面上出现局部纬密不正常称为稀密路(图 4-16)。稀密路疵点在布面上十分明显,经印染加工后形成染色横档,严重影响成品质量。稀密路疵点主要是织机关停后再开车造成运转中的打纬机构、送经卷取机构、换梭诱导机构等不正常;另外,织造过程中织口位置的移动、经纱张力的变化及打纬力变化也是产生稀密路疵点的主要原因。针对其产生原因,应加强织机保养工作,保证打纬机构间隙正常,保证换梭装置、诱导装置、卷取机构、送经机构工作可靠,吊综良好,并提高上轴、挡车操作水平。为有效降低稀密路的发生,先进织机采用了以下措施。

图 4-15　穿错

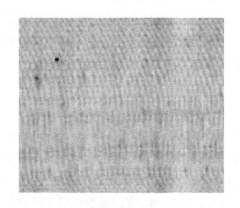

图 4-16　稀弄

(1)定位开关车,减少主轴制动角。断纬停车时不空纬,采用中央纬纱叉探纬,在主轴240°~250°时发出停车信号,主轴制动角为 50°~60°,使织机在综平前后停车,织口中不缺纬纱。处理停台后,主轴仍到后心启动织机,以增加第一纬打纬时筘座的惯性力。采用这一措施时,由于制动力矩增大,对织机传动系统的刚度和强度要求较高,织机停车时振动较大。

(2)采用织物加压辊。织机正常工作时,加压辊通幅压在布面上;在织机断纬停车而织口缺一根纬纱时,处理完断头后,将加压辊抬起,使织口定量后移,防止开车产生稀密路,加压辊过一段时间后逐渐复位。

(3)采用电子护经,梭子应在确定时间到达确定位置。一旦梭子飞行异常,立即发动关车,这样可以防止由于轧梭产生的稀密路。

(4)变动后梁位置。为了防止断纬停车时由于织口中缺一纬引起的开车稀路,在开车瞬间,后梁向机后移动,以增加经纱张力,使织口后移。织机进入正常状态后,后梁逐渐自动复位,可以采用气动、液压或机械方式驱动后梁。

(5)使用电子送经装置、送经和卷取联动。在开车瞬间根据停车时间、织物规格要求,织轴与卷布辊及相关传动装置同步转动,调整织口位置,保证织口位置的准确。织口的位移方向和大小可以通过实验确定。

(6)利用电磁刹车与启动。电磁式刹车装置动作灵敏度远远超过机械式刹车装置,刹车角可以控制在50°之内,在停车时,织口位置没有变动。织机启动采用电磁吸合的方式,使织机能迅速达到全速运转状态。

(7)提高打纬机构的加工精度,减小连杆连接处的间隙,减少由于连杆间隙引起的钢筘打纬动程的变化。

(8)使用固定钢筘。使用游筘时,由于钢筘的松动会引起打纬力的差异,容易产生稀密路疵点,应尽量用固定钢筘。

(9)在织机上加装织口定位装置。比较简单的是在织机织口一侧固定一个标准线,挡车工在调整织口时作为依据。也可以使用传感器感应织口前后位置,为挡车工提供必要的数据,使织口位置调整得又快又准确。

(10)在主电动机与主轴之间增设高速轴,改善织机的启动、制动性能,使开车、关车迅速。

实践证明,稀密路疵点的预防必须结合企业工艺和设备具体情况,从半制品质量、机械、工艺、操作等方面进行综合治理,尽量减少其发生,以提高产品的档次。

九、段织和云织疵点

段织和云织是织物纬密出现一段稀一段密或片段稀密不匀,像云斑状的织疵。段织和云织是同一性质的织疵,只是程度上有所不同。段织和云织疵点主要是由于送经机构、卷取机构工作不正常造成的。纬纱给湿定捻的织物,由于纬纱干、湿不匀造成的干湿间隔纬向横档,称为湿纱云织。预防云织产生,应加强织机保养维修工作,保证卷取和送经机构工作正常。同时,上轴应分纱均匀,纬纱给湿应避免外湿内干、干湿不均。

十、油污疵点

油污疵点有油经、油纬、油污渍和散油几种情况(图4-17、图4-18),产生原因错综复杂,主要是管理工作不到位。因此,预防油污疵点必须从加强现场管理入手,加强对各工种的责任教育,人人把关。应完善纺部和织部各工序油疵责任划分和管理,做好半制品、管装容器的储存、运输流转管理,杜绝半制品及筒、管落地,加强对扫车、加油、上轴、落布、保全保养等工种的责任教育和管理,严格执行各工种操作法,保持工作现场文明生产,建立各工种油污疵点责任制度。

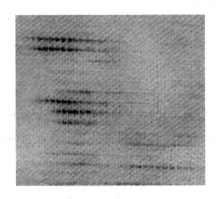

图4-17 浆纱油污

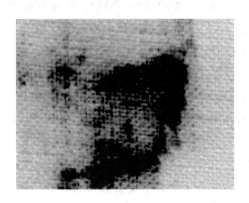

图4-18 油污

第三节 提高织造质量的有关技术问题

一、各种无梭织机的特点和品种适应性分析

近年来,我国企业的无梭织机使用比例增长很快,需求量很大。如何根据企业生产的产品要求选择合适的无梭织机,这对发挥织机效能,获得更高的投资产出比,并保证产品质量非常重要。下面对几种无梭引纬的织机进行简单的比较。

(一)片梭织机的特点和品种适应性

1. 片梭织机的特点 片梭织机采用积极式引纬方式,对纬纱有良好的控制夹持能力,引纬速度高,产品质量好,设备故障少,生产效率高;片梭体积小,质量轻,引纬速度高;可以采用较小的开口高度和打纬动程;采用共轭凸轮打纬机构,筘座分离,可最大限度延长引纬时间,有利于阔幅织造;纬纱张力可调节,布面质量好;产品适应面广,回丝少,日常生产费用低,一次性设备投资大。

2. 片梭织机的品种适应性

(1)能适应各种天然和化学纤维的引纬。

(2)能适应各种幅宽织物的织造。

(3)能配合多臂机构或提花开口机构加工高附加值的装饰织物和高档毛织物。

(4)不适宜强度很低的纱线作纬纱。

(二)剑杆织机的特点和品种适应性

1. 剑杆织机的特点 剑杆织机是依靠剑杆往复运动积极引纬,引纬质量可靠;机构简单,噪声低;适用于多种开口机构和多色纬纱,幅宽达5.4m;适用于中小批量生产;剑带在梭口中停留时间长(200°~24°),适应阔幅产品的织造;三大运动配合要求严格,进出口调节范围小,幅宽变化小;维护要求高,剑带易磨损。

2. 剑杆织机的品种适应性 剑杆引纬属积极式引纬,且在交接过程中纱线所受张力较小,其产品适应性如下。

(1)能适应不同原料、不同粗细、不同截面形状的纬纱。

(2)能适应天然长丝和人造长丝的织造。

(3)能适应多色纬纱织造。

(4)能适应双层、双重织物的生产。

(三) 喷气织机的特点和品种适应性

1. 喷气织机的特点 喷气织机采用喷射的气流引纬,具有引纬产量高、质量好、成本低的特点,十分适宜于面大量广的单色或原色织物的生产,但对经纱的原纱准备和半制品的质量要求高。

2. 喷气织机的品种适应性

(1)适宜于细薄和厚重各类织物加工,可选4~6色。原料主要以短纤纱或化纤长丝为主,织造高支高密单色织物优势明显。

(2)能适应玻璃纤维和一些高性能特种纤维工业用织物的生产。

(3)对某些纱线如花式纱线等引纬缺乏控制能力,易产生引纬疵点。

(四)喷水织机的特点和品种适应性

1. 喷水织机的特点 喷水织机以喷射流动的水作为引纬介质,在几种无梭引纬织机中,喷水引纬速度最大;但品种适应性最差,只能用于疏水性纤维产品的织造;喷水引纬耗用水量较大,生产废水会污染环境,要进行污水净化处理。

2. 喷水织机品种适应性

(1)适用于大批量、高速度、低成本织物的加工。

(2)适用于疏水性纤维的织物加工。

(3)喷水引纬可配多臂开口装置,进行混纬或双色纬织造,织制纬纱 S 捻、Z 捻轮流交替的合纤长丝绸类或乔其纱类织物。

(4)喷水引纬为消极引纬方式,梭口是否清晰是影响引纬质量的重要因素。

二、各种无梭织机的比较

下面从入纬率、织机效率、回丝率、纬纱细度范围、织物组织适应性等方面对无梭织机进行对比分析,供企业选择参考。

(一)入纬率

入纬率是衡量织机生产能力的重要指标,其含义是织机每分钟能够引入的纬纱长度。入纬率已经将织机的转速和幅宽对产量的影响均考虑在内,所以入纬率越大,织机的单位产量越高。

由于水的集束性好,喷水织机的入纬率最高可达 3000m/min,转速可达 850r/min,居各种无梭织机首位。喷气织机转速一般在 700~800r/min,最高达 1300r/min,入纬率达可达 2500m/min。片梭织机转速一般在 200~500r/min,入纬率达可达 1600m/min。剑杆织机转速一般为 680r/min,最高达 1300r/min,入纬率达可达 1300m/min。

(二)织机效率

与织机生产效率提高的相关因素有纱线的品质、经纬纱准备的半制品质量、织机工艺参数的选择、车间环境条件、织机运转监控、机器自动化程度、人员的技术素质等。使用无梭织机时,只有降低纱线断头率,减少停台,才能发挥织机的效率。

在正常管理的情况下,一般平均生产效率为:片梭织机 92%,喷水织机 91%,剑杆织机 89%,喷气织机 88%。

(三)纬纱的回丝率

无梭织机均采用机外侧筒子供纬方式,因此纬纱的回丝率均大于有梭织机。由于每种织机的引纬方式和成边机构的不同,纬纱的回丝率有很大的差异,具体如下。

(1)片梭织机每侧纬纱头长度 1.2~1.5cm,纱头勾入,形成光边,纬纱全部被利用,所以回丝率较低,为 0.1%~0.3%。

(2)剑杆织机两侧需剪去 6~8cm 纬纱,故回丝率较高,为 2.5%~3%。

(3)喷气织机有废边,需剪去纱头 3~4cm,回丝率为 1%~1.5%。

(四)纬纱的细度范围

片梭织机、剑杆织机是夹持纬纱飞行,对纬纱的适应性强;片梭织机使用纬纱的线密度在 4~2000tex,弱捻和粗特纱容易产生大量断头;剑杆织机使用纬纱的线密度在 2~2000tex,适应性好于片梭织机;喷气织机使用纬纱的线密度在 16~100tex,多采用短纤维做纬纱,特数低,易断头,特数高,气流牵引力不足;喷水织机使用纬纱的线密度在 6~1700tex。

(五)织物组织及幅宽范围

片梭织机的幅宽最大可达 5m,组织结构适应范围可根据织机的配置不同而不同,多用 2 色纬纱。剑杆织机的幅宽最大可达 4.5m,实际生产中用 3.5m 以下的较多,组织结构适应范围最广,具有优良的选色机构,可以采用 16 种不同的纬纱。喷气织机和喷水织机的幅宽最大可达 4m,组织结构适应范围可根据织机的配置不同而不同,可以采用 6 种不同的纬纱。

(六)织机的选用

(1)小批量、多品种、组织复杂时,使用剑杆织机比较适宜。

(2)片梭织机对产品的适应性强,但造价高,对质量要求高、特宽、特种装饰织物比较适宜。

(3)大批量、高效率、简单组织的织物使用喷气织机适宜。

(4)疏水性长丝织物、大批量生产用喷水织机最好。

(5)牛仔布使用剑杆织机、片梭织机时效果好。

(6)真丝绸织物使用片梭织机、剑杆织机。

(7)仿真丝织物使用片梭织机、喷水织机和剑杆织机均可。

(8)花式纱线、多色纬、毛巾类织物、特种织物推荐剑杆织机。

三、织机相关技术的发展对提高织物质量的影响

随着织造技术的不断发展，织机的运转性能有了质的变化，这对提高织造质量具有重要的意义。近年来几种无梭织机在技术上相互融合，取长补短，为纺织产品的开发、生产和质量提供了有力的保证，主要技术特征如下。

（一）以人为本，方便用户的织造专家系统

津田驹公司推出的织造导航系统（Weave Navigation System），用户无须任何织造技术人员的帮助，只要输入一些项目，通过自动导航就可以顺利完成高品质的织造；还有很多织机上均有不同程度的专家系统和人机友好界面，方便用户使用。

（二）降低振动，织机速度快速提升

通过对机架改进（机架构造的优化）、打纬机构的轻量化等，使得织机的速度进一步提高，同时降低振动，减少动力和机物料的消耗。

（三）产品的加工能力提升，品种适应范围增大

喷气织机的织造品种限制较大，在向高速、高效发展的同时，纬纱的选色范围可以增大到 8 种，可以与剑杆织机相媲美。喷水织机也在色织领域得到应用。可以看出，每种无梭织机都在想办法拓展其在无梭织机市场的占有率。

（四）高性能的电子多臂和电子提花广泛应用

高性能的电子多臂机构和电子提花机构由专门企业生产，可以与任何织机搭配使用；企业可以根据产品的要求选择使用，电子提花机构的最大独立提升纹针数可以达到 12000 根，反映出织机提花技术有了重大突破。

（五）电子卷取、电子送经、电子绞边、电子剪纬等广泛应用

由伺服电动机驱动的电子装置如电子卷取、电子送经、电子绞边、电子剪纬等在织机上广泛应用，使产品变化纬密、变转速织造、控制上机张力等工作变得轻松方便；还可以控制绞边张力，适应各种不同纬纱的剪断等，获得良好的织物布边，提高织物的质量。

☞ 思考题

1. 企业常见的控制织造质量的指标有哪些？

2. 织机断头率和停台率如何测定？测定时应注意哪些问题？

3. 为什么布边边部容易产生疵点？布边上常见的疵点有哪些？

4. 什么是"三跳"疵点？产生的主要原因是什么？

5. 如何预防断纬疵点的发生？

6. 稀密路疵点产生的原因是什么？可采取哪些措施预防或减少该类疵点发生的概率？

第五章　织物品质的等级标准和检验

　　企业所生产的织物都要进行质量检验,评定品质等级,做到优质优价。织物品质等级的划分是根据制订的织物技术条件要求,确定评定织物的技术标准、检验方法,并根据该方法和标准的规定进行检验。织物原料不同、使用环境不同、加工工艺不同时,执行的标准文件也不同。棉本色布和精梳涤棉混纺本色布是机织物中生产规模最大、产量最高、使用广泛的两大类产品。本章对目前使用的棉本色布标准(GB/T 406—2008)和精梳涤棉混纺本色布标准(GB/T 5325—2009)做简要介绍,并以在毛纺织中占有较大比重的精纺毛织物坯布外观疵点检验、精梳毛织品成品质量标准(FZ/T 24002—2006)及检验为代表做简要介绍,以方便读者了解。

第一节　棉本色布和精梳涤棉混纺
本色布标准和检验

一、棉本色布标准和检验

　　棉本色布 GB/T 406—2008 标准是在原 GB/T 406—1993 标准的基础上,根据美国范友生公司《梭织物的范友生疵点分等规定》、国外采购商的要求及市场需求修订的,扩大了标准的适用范围。GB/T 406—2008 与原 GB/T 406—1993 相比,主要变化有:取消了三等品评等;棉结杂质疵点格率、棉结疵点格率规定更加严格;布面疵点总评分由分/m 改为分/m²,并取消幅宽分类;外观疵点评分由十分制改为四分制;横档疵点不分明显与不明显;标准适用于有梭织机、无梭织机生产的棉本色布,不适用于提花、割绒及其他特种织物。

(一)分等规定

　　棉本色布以织物组织、幅宽、密度、断裂强力、棉结杂质疵点格率、棉结疵点格率、布面疵点等七项指标作为评等依据。其品等分为优等品、一等品、二等品,低于二等品的为等外品。

　　1.分等规定　分等规定见表 5-1~表 5-3。

表 5-1　棉本色布分等规定(1)

项目	标准	允许偏差		
		优等品	一等品	二等品
织物组织	按设计规定	符合设计要求	符合设计要求	不符合设计要求
幅宽(cm)	按产品规格	+1.2%	+1.5%	+2.0%
		−1.0%	−1.0%	−1.5%

项目		标准	允许偏差		
			优等品	一等品	二等品
密度（根/10cm）	经纱	按产品规格	−1.2%	−1.5%	超过−1.5%
	纬纱		−1.0%	−1.0%	超过−1.0%
断裂强力(N)	经向	按断裂强力标准计算公式计算	−6.0%	−8.0%	超过−8.0%
	纬向		−6.0%	−8.0%	超过−8.0%

注　1. 当幅宽偏差超过 1.0%时,经密偏差为−2.0%。

　　2. 幅宽过狭、过宽的布,另行成包。

表 5-2　棉本色布分等规定(2)

织物分类		织物总紧度(%)	棉结杂质疵点格率(%)不大于		棉结疵点格率(%)不大于	
			优等品	一等品	优等品	一等品
精梳织物		70 以下	14	16	3	8
		70~85 及以下	15	18	4	10
		85~95 及以下	16	20	4	11
		95 及以上	18	22	6	12
半精梳织物			24	30	6	15
非精梳织物	细织物	65 以下	22	30	6	15
		65~75 及以下	25	35	6	18
		75 以上	28	38	7	20
	中粗织物	70 以下	28	38	7	20
		70~80 以下	30	42	8	21
		80 及以上	32	45	9	23
	粗织物	70 以下	32	45	9	23
		70~80 以下	36	50	10	25
		80 及以上	40	52	10	27
	全线或半线织物	90 以下	28	36	6	19
		90 及以上	30	40	7	20

注　1. 棉结杂质疵点格率、棉结疵点格率超过表 5-2 规定降到二等为止。

　　2. 棉本色布按经、纬纱平均特数分类。特细织物:10tex 以下(60 英支以上);细织物:10~20tex(60~29 英支);中粗织物:21~30tex(28~19 英支);粗织物:31tex 及以上(18 英支及以下)。

$$经、纬纱平均线密度(tex)=\frac{经纱线密度 + 纬纱线密度}{2}$$

表 5-3　棉本色布分等规定——布面疵点评分限度(3)　　　　平均分/m²

优　　等	一　　等	二　　等
0.2	0.3	0.6

棉本色布的评等以匹为单位,织物组织、幅宽、布面疵点按匹评等;密度、断裂强力、棉结杂质疵点格率、棉结疵点格率按批评等,以其中最低的一项品等作为该匹布的等级。规定中分等依据的七项指标,包括织物物理指标、棉结杂质、棉结检验和布面疵点几方面。

(1)织物组织。按设计要求,不符合即为二等品。例如,纱卡要求斜纹向左,如踏盘方向不对,斜纹向右了,就要降为二等品。

(2)幅宽。优等品幅宽要求比一等品高,一等品要求比二等品高,并规定幅宽过狭、过阔的布另行成包。

(3)密度。按照表 5-1 中的规定,经密指标中优等品要求比一等品高,一等品要求比二等品高。

(4)优等品和一等品既要考核棉结杂质疵点格率,又要考核棉结疵点格率。

(5)断裂强力。采用条样法在织物强力机上进行试验,以 5cm×20cm 布条的断裂强力表示,优等品、一等品、二等品分别有强力范围值,可按照表 5-1 评定。

(6)布面疵点总评分的计算公式如下(计算结果保留至一位小数,四舍五入成整数)。

$$每匹布允许总评分(分/匹) = 每平方米允许评分(分/m²) × 匹长(m) × 幅宽(m)$$

(7)有下列情况要降低品等。

①一匹布中所有疵点评分加合累计超过允许总评分为降等品。

②每百米内有超过 3 个不可修织的评 4 分的疵点。

③1m 内严重疵点评 4 分为降等品。

2. 分批规定

(1)分批规定。以同一品种整理车间的一班或一昼夜三班的生产入库数量为一批。以一昼夜三班为一批的,如逢单班时,则进入邻近一批计算;二班生产的,则以二班为一批。如一昼夜三班入库数量不满 300 匹时,可累计满 300 匹,但一周累计仍不满 300 匹时,则必须以每周为一批(品种翻改时不受此限)。分批时点一经确定,不得在取样后加以变更。

(2)检验周期。物理指标、棉结杂质每批检验一次。质量稳定时,也可延长检验周期,但每周至少检验一次。如遇原料及工艺变动较大或物理指标、棉结杂质降等时,应立即进行逐批检验,直至连续三批不降等后,方得恢复原定检验周期。

(二)棉本色布疵点的检验和评分

1. 棉布疵点的检验　检验时布面上的照明光度为(400±100)lx。评分以布的正面为准,平纹织物和山形斜纹织物,以交班印一面为正面,斜纹织物中纱织物以左斜(↖)为正面,线织物以右斜(↗)为正面。检验时,应将布平放在工作台上,检验人员站在工作台一旁,以能清楚看出的为明显疵点。

2.棉本色布疵点的评分 棉布疵点的评分标准见表5-4。

表5-4 棉本色布疵点评分标准

疵点分类		评分数			
		1	2	3	4
经向明显疵点		8cm 及以下	8~16cm	16~50cm	50~100cm
纬向明显疵点		8cm 及以下	8~16cm	16~50cm	50cm 以上
横档		—	—	半幅及以下	半幅以上
严重疵点	根数评分	—	—	3 根	4 根及以上
	长度评分	—	—	1cm 以下	1cm 及以上

注 1.不影响后道质量的横档疵点评分,由供需双方协定。

2.严重疵点在根数和长度评分矛盾时,从严评分。

3.1m 内累计评分最多评4分。

3.布面疵点的量计

(1)疵点长度以经向或纬向最大长度量计。

(2)经向明显疵点和严重疵点,长度超过1m 的,其超过部分应按表5-4再行评分。

(3)在一条内断续发生的疵点,在经(纬)向8cm 内有两个及以上的,则应按连续长度评分。

(4)共断或并断(包括正反面)是包括隔开1根或2根好纱,隔开3根及以上好纱的不作共断或并列。斜纹、缎纹织物以隔开一个完全组织及以内作共断或并断处理。

4.布面疵点的评分起点和规定

(1)有两种疵点混合在一起,以严重一项评分。

(2)边组织及距边1cm 的疵点(包括边组织)不评分,但毛边、拖纱、猫耳朵、凹边、烂边、豁边、深油锈疵、评4分的破洞、跳花要评分。如疵点延伸在距边1cm 以外时,应加合评分,边组织有特殊要求的则按要求评分。对于无梭织物布边绞边毛须长度规定为0.3~0.8cm。

(3)布面拖纱长1cm 以上每根评2分,布边拖纱长2cm 以上的每根评1分(一进一出作一根计)。

(4)粗0.3cm 以下的杂物,每个评1分;0.3cm 及以上杂物和金属杂物(包括瓷器)评4分(测量杂物粗度)。

5.对疵点的处理

(1)0.5cm 以上的豁边,1cm 及以上的破洞、烂边、稀弄、不对接轧梭,2cm 以上的跳花六大疵点,必须在织布厂剪去。

(2)金属杂物织入,必须在织布厂挑除。

(3)凡在织布厂能修好的疵点必须修好后出厂。

6.加工坯中疵点的评分

(1)水渍、污渍、不影响组织的浆斑不评分。

(2)漂白坯中的筘路、筘穿错、密路、拆痕、云织减半评分。

（3）印花坯中的星跳、密路、条干不匀、双经减半评分，筘路、筘穿错、长条影、浅油疵、单根双纬、云织、轻微针路、煤灰纱、花经、花纬不评分。

（4）杂色坯中不洗油的浅色油疵和油花纱不评分。

（5）深色坯中的油疵、油花纱、煤灰纱、不褪色色疵不洗不评分。

（6）加工坯距布头 5cm 内的疵点不评分。但 0.5cm 以上的豁边，1cm 的破洞、烂边、稀弄，不对接轧梭，2cm 以上的跳花等六大疵点必须剪去。

（三）疵点的具体内容和评分标准

布面疵点共分四类，即经向明显疵点、纬向明显疵点、横档和严重疵点。

1. 经向明显疵点　竹节、粗节、纱线特数用错、综穿错、筘路、筘穿错、多股经、双经、并线松紧、松经、紧经、吊经、经缩波纹、断经、断疵、沉纱、星跳、跳纱、棉球、结头、边撑疵、拖纱、修正不良、错纤维、油渍、油经、锈经、锈渍、不褪色色经、不褪色色渍、水渍、污渍、浆斑、布开花、油花纱、猫耳朵、凹边、烂边、花经、长条影、针路、磨痕。

2. 纬向明显疵点　错纬（包括粗、细、紧、松）、条干不匀、脱纬、双纬、纬缩、毛边、云织、杂物织入、花纬、油纬、锈纬、不褪色色纬、煤灰纱、百脚（包括线状及锯状）。

3. 横档　拆痕、稀纬、密路。

4. 严重疵点　破洞、豁边、跳花、稀弄、经缩浪纹（三楞起算）、并列 3 根吊经、松经（包括隔开 1~2 根好纱的）、不对接轧梭、1cm 的烂边、金属杂物织入、影响组织的浆斑、霉斑、损伤布底的修正不良、经向 5cm 内整幅中满 10 个结头或边撑疵。

经向疵点和纬向疵点中，有些疵点是这两类共同性的，如竹节、跳纱等，在分类中只列入经向疵点一类，如在纬向出现时，应按纬向疵点评分。如在布面上出现上述未包括的疵点，按相似疵点评分。

二、精梳涤棉混纺本色布标准和检验

目前，精梳涤棉混纺本色布采用 GB/T 5325—2009 标准替代了 GB/T 5325—1997。现介绍该类织物的标准和检验方法。

新标准 GB/T 5325—2009 与旧标准 GB/T 5325—1997 相比，变化主要有：增加纤维含量偏差的考核；取消了三等品评等；棉结疵点格率规定更加严格；布面疵点总评分由分/m 改为分/m²，并取消幅宽分类；外观疵点评分由十分制改为四分制；横档疵点不分明显与不明显；取消划条量计。

该标准适用于有梭织机、无梭织机生产的涤纶混用比在 50% 及以上的精梳涤棉混纺本色布，不包括提花织物。

（一）分等规定

1. 分等规定　精梳涤棉本色布要求分为内在质量和外在质量两个方面。内在质量以织物组织、纤维含量偏差、幅宽、密度、断裂强力、棉结疵点格率等六项指标作为评等依据。外观质量由布面疵点一项作为评等依据。其品等分为优等品、一等品、二等品，低于二等品为等外品。分等规定见表 5-5~表 5-7。

表 5-5　精梳涤棉混纺本色布分等规定——内在质量

项目		标准	允许偏差		
			优等品	一等品	二等品
织物组织		按设计规定	符合设计要求	符合设计要求	不符合设计要求
纤维含量偏差(%)		按产品规格	±1.5		不符合一等品要求
幅宽(cm)		按产品规格	+1.2%	+1.5%	+2.0%
			-1.0%	-1.0%	-1.5%
密度 (根/10cm)	经纱	按产品规格	-1.2%	-1.5%	超过-1.5%
	纬纱		-1.0%	-1.0%	超过-1.0%
断裂强力 (N)	经向	按断裂强力标准 计算公式计算	-6.0%	-8.0%	超过-8.0%
	纬向		-6.0%	-8.0%	超过-8.0%

注　1. 当幅宽偏差超过1.0%时,经密偏差为-2.0%。

　　2. 幅宽过狭、过宽的布,另行成包。

表 5-6　精梳涤棉混纺本色布分等规定——棉结疵点格率规定

涤纶含量(%)	织物紧度80及以下(%)			织物紧度80及以上(%)		
	优等品	一等品	二等品	优等品	一等品	二等品
60及以上	3	6	超过一等品 允许范围	4	8	超过一等品 允许范围
50~60以下	4	8		5	10	

注　棉结疵点格率超过表5-7规定降到二等品为止。

表 5-7　精梳涤棉混纺本色布分等规定——布面疵点评分限度

优等(分/m²)	一等(分/m²)	二等(分/m²)
0.2	0.3	0.6

从以上分等规定中可看出,精梳涤/棉布和棉布相比较,因经过精梳加工,所以少一项棉结杂质疵点格率指标。织物组织、幅宽、布面疵点同样按匹评等,密度、断裂强力、纤维含量偏差、棉结疵点格率按批评等,并以七项中最低一项的品等作为该匹布的等级。

(1)织物组织。必须符合设计要求,不符合设计要求降二等。

(2)幅宽。优等品幅宽要求比一等品高,一等品要求比二等品高,并规定幅宽过狭、过阔的布另行成包。

(3)密度。按照表 5-5 中的规定,经密的优等品要求比一等品高,一等品要求比二等品高。

(4)断裂强力。采用用条样法在织物强力机上进行试验,以 5cm×20cm 布条的断裂强力表示,优等品、一等品、二等品分别有强力范围值,可按照表 5-5 评定。

(5)棉结疵点格率的检验。将随机取得的样布正面朝上放在如图 5-1 的工作台上,采用日光灯照明,照度为(400±100)lx,将 15cm×15cm 的玻璃板(玻璃板下面刻有 225 个 1cm² 的方格)

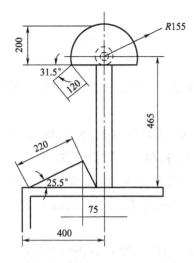

图 5-1　棉结杂质疵点格率检验
工作台

置于每匹不同折幅、不同经向检验四处,在玻璃板上清点棉结、杂质所占的格数,按下式计算疵点格率。

$$棉结杂质疵点格率 = \frac{棉结杂质疵点总格数}{匹数 \times 4 \times 225} \times 100\%$$

$$棉结疵点格率 = \frac{棉结疵点总格数}{匹数 \times 4 \times 225} \times 100\%$$

(6)布面疵点的评分计算为:

$$每匹布允许总评分(分/匹) = 每平方米允许评分(分/m^2) \times 匹长(m) \times 幅宽(m)$$

有下列情况要降等。

①一匹布中所有疵点评分加合累计超过允许总评分为降等品。

②1m 内严重疵点评 4 分为降等品。

2. 分批规定　分批规定、检验周期与棉本色布标准规定相同。

(二) 涤/棉本色布布面疵点的检验和评分

1. 布面疵点的检验　布面疵点的检验照明光度为(400±100)lx;评分以布的正面为准,平纹织物和山形斜纹织物以交班印一面为正面,斜纹织物中纱织物以左斜(↖)为正面,线织物以右斜(↗)为正面,破损性疵点考核严重一面。

2. 布面疵点的评分　布面疵点的评分标准见表 5-8。

表 5-8　精梳涤/棉本色布布面疵点评分表

疵点分类		评分数			
		1	2	3	4
经向明显疵点		8cm 及以下	8~16cm	16~24cm	24~100cm
纬向明显疵点		8cm 及以下	8~16cm	16~24cm	24cm 以上
横档		—	—	半幅及以下	半幅以上
严重疵点	根数评分	—	—	3 根	4 根及以上
	长度评分	—	—	1cm 以下	1cm 及以上

注　1. 不影响后道质量的横档疵点评分,由供需双方协定。

　　2. 严重疵点在根数和长度评分矛盾时,从严评分。

　　3. 1m 内累计评分最多评 4 分。

3. 对疵点处理的规定

(1)0.5cm 以上的豁边,1cm 及以上的破洞、烂边、稀弄,不对接轧梭,2cm 以上的跳花等六大疵点,必须在织布厂剪去。

(2)金属杂物织入,必须在织布厂挑除。

(3)凡在织布厂能修好的疵点必须修好后出厂。

(三)疵点的具体内容和检验

1. 疵点的具体内容　疵点的具体内容和棉本色布一样,涤棉布疵点共分四类,即经向明显疵点、纬向明显疵点、横档和严重疵点。

(1)经向明显疵点。如竹节、粗经、错线密度、综穿错、筘路、筘穿错、多股经、双经、并线松紧、松经、紧经、吊经、经缩波纹、断经、断疵、沉纱、跳纱、星跳、棉球、结头、边撑疵、拖纱、修正不良、错纤维、油经、油花纱、油渍、锈经、锈渍、不褪色色经、不褪色色渍、水渍、污渍、浆斑、布开花、针路、磨痕、木辊皱、荷叶边、猫耳朵、烂边、凹边、煤灰纱、花经、绞边不良、方眼、长条影、极光、针路。

(2)纬向明显疵点。如错纬(包括粗、细、紧、松)、条干不匀、脱纬、双纬、百脚(包括线状及锯状)、纬缩、毛边、云织、杂物织入、花纬、油纬、锈纬、不褪色色纬、煤灰纱、开车经缩。

(3)横档。如拆痕、稀纬、密路。

(4)严重疵点。如破洞、豁边、跳花、稀弄、经缩浪纹(三棱起算)、并列3根的吊经、松经(包括隔开1~2根好纱的)、不对接轧梭、1cm及以上的烂边、金属杂物织入、影响组织的浆斑、霉斑、损伤布底的修正不良、经向8cm整幅中满10个结头或边撑疵。

在经向和纬向的明显疵点中,有些是经纬向共性的,如竹节、跳纱、经缩等,这些疵点在纬向出现时,应按纬向明显疵点评分。检验时,如布面出现上述分类中未列出的疵点,按照相似疵点评分。

2. 疵点的量计　在疵点量计时,应遵循以下几点规定。

(1)如图5-2所示,疵点长度以经向或纬向最大长度量计。

(2)经向明显疵点和严重疵点,长度超过1m的,其超过部分应按表5-8进行评分。

(3)断续发生的疵点,在经(纬)向8cm内有两个及以上的,则应按连续长度评分。如图5-3所示,4个竹节断续发生在经向宽1.2cm,长3cm内,按两条连续长度评2分。

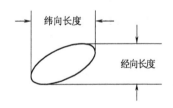

图5-2　疵点长度的量计示意图

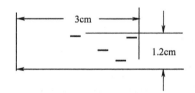

图5-3　断续疵点的量计

(4)共断或并断(包括正反面)是包括隔开1根或2根好纱,隔开3根及以上好纱的不作共断或并列。(斜纹、缎纹织物)以隔开一个完全组织及以内作共断或并断处理。如图5-4中,平纹织物隔3根不作共断或并列量计隔2根,作共断量计。

图 5-4 共断量计示意图

3. 布面疵点的评分起点和规定

(1)有两种疵点混合在一起,以严重一项评分。

(2)边组织及距边 1cm 的疵点(包括边组织)不评分,但毛边、拖纱、猫耳朵、凹边、烂边、豁边、深油锈疵、评 4 分的破洞、跳花要评分。如疵点延伸在距边 1cm 以外时,应加合评分,边组织有特殊要求的则按要求评分。对于无梭织造布边绞边毛须长度规定为 0.3~0.8cm。

(3)布面拖纱长 1cm 以上每根评 2 分,布边拖纱长 2cm 以上的每根评 1 分(一进一出作一根计)。

(4)粗 0.3cm 以下的杂物,每个评 1 分;0.3cm 及以上杂物和金属杂物(包括瓷器)评 4 分(测量杂物粗度)。

4. 加工坯中疵点的评分

(1)水渍、污渍、不影响组织的浆斑不评分。

(2)漂白坯中的筘路、筘穿错、密路、拆痕、云织减半评分。

(3)印花坯中的星跳、密路、条干不匀减半评分,双经、筘路、筘穿错、长条影、浅油疵、单根双纬、云织、轻微针路、煤灰纱、花经、花纬、不明显错纬不评分。

(4)杂色坯不洗油的浅色油疵和油花纱不评分。

(5)深色坯中的油疵、油花纱、煤灰纱、不褪色色疵不洗不评分。

(6)加工坯距布头 5cm 内的疵点不评分。但稀弄、0.5cm 以上的豁边、1cm 的破洞或烂边、不对接轧梭、2cm 以上的跳花等六大疵点必须剪去。

5. 假开剪和拼件的规定

(1)假开剪的疵点应是评为 4 分或 3 分不可修的疵点,假开剪后各段布应是一等品。

(2)凡用户允许假开剪或拼件的,可实行假开剪或拼件。假开剪或拼件,二联匹不允许超过两处、三联匹及以上不允许超过三处。

(3)假开剪和拼件率合计不允许超过 20%,其中拼件率不得超过 10%。另有要求时,按双方协议执行。

(4)假开剪布应作明显标记,并应另行成包,包内附假开剪段长记录单,外包注明"假开剪"字样。

三、本色布布面疵点检验方法

国家标准化管理委员会对本色布布面疵点的检验方法作了规定,目前执行的是 GB/T

17759—2009《本色布布面疵点检验方法》。企业可以根据用户的要求采用不同的疵点评分办法,该标准适用于工业用、衣着用、装饰用的机织生产的本色布布面疵点的检验。

(一)疵点评价方法

常用的疵点评价方法有评分法、标疵法、计点法等几种。其中评分法又可以分为4分值评分、10分制评分、11分制评分等方法。企业可以根据用户对产品的要求选择合适的评价方法,并采用相关标准评定和检验布面疵点。

(二)疵点评定的检验条件规定

1. 检验条件 光照度(400±100)lx,可采用下灯光或上灯光;光源与布面距离1.0~1.2m;检验人员视线应正视布面,眼睛与布面距离55~60cm;验布机速度不大于20m/min(包括手推台板)。

2. 操作规定

(1)检验以布面正面为准,选择单层或双层方式,以最能显示疵点的程度为准。

(2)检验时,应将布平放在工作台上,检验人员站在工作台旁,以能清楚看到疵点为准。

(3)每个可见疵点按产品标准规定的评分法、标疵法或计点法检验。

(4)对布面疵点上所有疵点的长度测量时,均用检测合格的钢卷尺。

(三)疵点检验方法介绍

GB/T 17759—2009《本色布布面疵点检验方法》中对疵点的检验方法有评分法、标疵法、计点法。下面介绍各种检验方法。

1. 评分法

(1)4分制检验法。表5-9为4分制检验法所用的评分表。可根据疵点类型和疵点长度对疵点进行评分,并根据每匹分值确定每匹织物的布面疵点评定等级。

表5-9 4分制评分表

疵点分类		评分数			
		1	2	3	4
经向明显疵点		8cm及以下	8~16cm	16~24cm	24~100cm
纬向明显疵点		8cm及以下	8~16cm	16~24cm	24cm以上
横档		—	—	半幅及以下	半幅以上
严重疵点	根数评分	—	—	3根	4根及以上
	长度评分	—	—	1cm以下	1cm及以上

注 1.1m内累计评分最多为4分。

　2.1m内严重疵点评4分为降等品。

　3.严重疵点在根数和长度评分矛盾时,从严评分。

(2)10分制检验法。表5-10为10分制评分表。可根据疵点类型和疵点程度对疵点进行评分,并根据每匹分值确定每匹织物的布面疵点评定等级。

表 5-10　10 分制评分表

疵点分类		评分数			
		1	3	5	10
经向明显疵点		5cm 及以下	5～20cm	20～50cm	50～100cm
纬向明显疵点		5cm 及以下	5～20cm	20cm 以上～半幅	半幅以上
横档	不明显	半幅及以下	半幅以上	—	—
	明显	—	—	半幅及以下	半幅以上
严重疵点	根数评分	—	—	3～4 根	5 根及以上
	长度评分	—	—	1cm 以下	1cm 及以上

注　1. 1m 中累计评分数最大值为 10 分。

2. 横档计算条时,半幅以上作为一条。

3. 严重疵点在根数和长度评分矛盾时,从严评分。

(3)11 分制检验法。11 分制评分方法见表 5-11。其评定方法同 10 分制检验法。

表 5-11　11 分制评分表

疵点名称		评分数			
		1	3	6	11
经向疵点	错纤维、断经、沉纱、综穿错	单根,1～5cm;并列 2 根,1cm 及以内;高密织物,10～30cm;卡其织物,10～30cm	并列 2 根断经,沉纱 1cm 及以上的,每 1cm	—	—
	粗经、吊经纱、紧经纱、并线松紧、松经	粗经、并线松紧每长 5～10cm;吊经纱、紧经纱、松经 1～5cm;0.5cm 内,0.5～1cm 以内的松经,每 3 个	—	—	—
	双经、筘路、筘穿错、针路、花经	每 100cm,高密织物每 2 根按 1 条计	—	—	—
	经缩	经缩波纹、方眼每 1cm,纬向一直条波纹 1 楞	经缩波纹 1cm 以内;纬向一直条浪纹 2 楞	1cm 及以上,经缩波纹每 1cm;纬向一直条波纹	—
纬向疵点	拆痕	—	1～12cm 以下起毛或布面揩浆抹水	—	起毛或布面揩浆抹水,每条
	双纬、脱纬	分散双纬,每条	经向 10cm 内满 2 条双纬,每条 6～12cm 以下脱纬,每条	3～4 根脱纬	5 根及以上脱纬

续表

疵点名称		评分数			
		1	3	6	11
纬向疵点	密路、稀纬	分散开车稀密路,每条	—	经向1cm内少2根,每条;经向1cm内少3根,纬向长1~12cm以下;经向0.5cm内,纬密多25%~35%以下,密路每条	0.5cm内满4条开车稀密路;经向1cm内少3根及以上的稀纬,每条;经向5cm以上的密路,每条;经向0.5cm内,纬密多35%及以上,每条
	条干不匀、云织	—	—	—	叠起来看得出,经向1cm及以内
	错纬	—	轻微的每3梭至2cm;明显的3梭以内,每梭	—	—
	花纬	—	—	叠起来看得出,1m内有1~2条交界线,每条	—
	百脚	横贡织物,每条	纬向1~12cm以内,每条	线状的百脚,每条	锯状的百脚,每条
破损性疵点	破洞、豁边、跳花	—	—	断(跳)3~4根1cm以内	断(跳)3~4根1cm以上,断跳5根及以上
	烂边、猫耳朵	经向长0.3cm以内,0.5m内,每6个	经向长0.3~0.5cm以内,烂边每个	凸出布边0.3cm的猫耳朵,经向长1cm及以上	经向长0.5cm及以上,每个
	修整不良、霉斑	—	布面被刮毛,长1~10cm;布面不平,经纬交叉不匀;每长1~5cm	—	损伤布底,每处;霉斑,每处
密集性疵点	毛边	从边开始6cm以内的脱纬,12cm以内的双纬,经向10cm内,每3梭纬纱并列露出边外成须状,经向0.5cm内满6根,每2根	—	—	—
	结头	经向0.5cm内,分散结头,每3个	—	—	经向0.5m内,满20个;经向10cm内,满10个
	纬缩、边撑疵、棉球	经向0.5cm内,每3个边撑疵,经向10cm内,满6个,每个	—	纬纱起圈经向一直条,每长0.5cm及以内满4个	经向0.5m内纬缩,棉球满20个

疵点名称		评分数			
		1	3	6	11
密集性疵点	竹节	经向 0.5m 内,满 3 节,每节	—	—	—
	星条、跳纱	1cm 以下经、纬向跳纱,0.5cm 内每 6 梭,经向 10cm 内满 6 梭,每梭;1cm 及以上纬向跳纱,每梭;1cm 内一直条并列经、纬向跳纱,每个	—	经向 10cm 内满 15 个	—
	断疵、布面拖纱	每个	—	—	—
	杂物织入	粗 0.1~0.2cm,每个	粗 0.2~0.3cm,每个	—	粗 0.3cm 以上每个,金属杂物织入,每个
油污疵点	浆斑、油经、流印、油纬、油花、油渍、布开花、锈经、煤灰纱、锈纬、不褪色锈渍、污渍、色渍、水渍	浅色的油纱,每长 1~10cm;深色的油纱,每长 0.5~5cm;浅色的油渍,0.5~2.0cm;经向 0.5m 内不到评分起点的油锈疵、褪色的色疵,每 3 个;污渍、水渍、流印,每长 2cm	深色的油、锈、浆色,0.3~1.0cm	—	—

注　1.0.5m 内累计评分数最大值为 11 分。

　　2.纬向疵点长 12cm 及以上作为一条。

2.标疵法

(1)疵点标疵范围。疵点标疵范围见表 5-12。

表 5-12　疵点标疵范围

序号	疵点名称和程度	标疵个数
1	5 根以上的破洞、豁边、跳花,1cm 及以上的经缩浪纹,影响组织的浆斑、霉斑,损伤布底的修正不良	1
2	经向 20cm 及以内 0.3cm×3cm 及以上的块状疵点	1
3	经向 20cm 以以内 0.3cm×3cm 以下的疵点满 10 个	1
4	经向 20cm 以及序号 1、2 疵点 4 个及以内	1

注　1.0.5cm 的豁边,1cm 的破洞、烂边、稀弄,不对接轧梭、2cm 以上的跳花等六大疵点不能标疵,应开剪,金属杂物织入应剔除。

　　2.标疵位置都应在疵点存在的相应部位的布边上。

（2）标疵定等规定。标疵数在一等品允许范围内为一等品,超过为降等品;幅宽狭于规定要求的为降等品。

（3）标疵放布规定。疵点经向长度不足 5cm 的不放布;疵点经向长度超过 5~20cm 的放布 15cm。

3.计点法　在织物经纬向上所用的疵点都按照它们的长度计点,计点规定见表 5-13。

表 5-13　计点法规定

疵点点数	1 点	2 点	3 点	4 点
疵点长度	3cm 以内	3~20cm 以内	20~50cm 以内	50cm 及以上
距布边 12cm 以内	—	100cm	—	—
破洞	—	—	—	1.5cm 以下

（1）疵点标记方法。4 点的疵点用红色;2 点和 3 点的疵点用绿色;1 点的疵点只记点数。注意标记颜色应用易于洗掉的染料。

（2）相关规定。

①一等品内不允许有红色标记。

②用计点法来评定布匹的等级时,应该规定一个约定匹长中允许存在的点数和疵点的标记数。如幅宽 150cm,每匹布每 100m 中:一等品少于 55 个点和 22 个记号,二等品少于等于 85 个点和 35 个记号。

③距布边 12cm 以内的经向疵点每米计 2 个点,不作标记。

第二节　精梳毛织品成品的标准和检验

目前中华人民共和国的行业标准采用 FZ/T 24002—2006《精梳毛织品》替代了 FZ/T 24002—1993《精梳毛织品》和 FZ/T 24002—1998《精梳高支轻薄型毛织品》标准。FZ/T 24002—2006 标准主要适用于鉴定各类机织服用精梳纯毛、毛混纺(羊毛及其他动物纤维含量 30%以上)及交织品的品质和交货检验。在标准中对精梳毛织品的技术要求、试验方法、包装标志及检验规则作了详细的规定,在此对该标准作介绍,供企业技术和管理人员参考。

FZ/T 24002—2006《精梳毛织品》标准与原标准相比,主要变化有:将原 FZ/T 24002—1993《精梳毛织品》、FZ/T 24002—1998《精梳高支轻薄型毛织品》两个标准进行合并;取消了原来一等品、二等品、三等品的规定,修订为优等品、一等品、二等品;将平方米重量不足改为平方米重量允差;缩水率指标不再区分毛、涤纶,与其他产品统一考核;对纤维含量考核作了系列规定;提高了面料起球考核、色牢度各项考核、面料色差考核的要求;增加了一等品汽蒸收缩、落水变形、耐干洗色牢度、脱缝程度、安全性等的考核;取消了对含油脂率的考核。

通过这些变化,对织品的优等品要求相当于国际先进水平,一等品相当于国际一般水平。

一、精梳毛织品的有关技术要求

精梳毛织品的技术要求主要分为安全性要求、实物质量、内在质量和外观质量四个方面。精梳毛织品安全性应符合国家强制性标准要求；实物质量包括呢面、手感和光泽三项；内在质量包括幅宽不足、平方米重量允差、尺寸变化率、纤维含量、起球、断裂强力、撕破强力和染色牢度等项指标，外观质量则包括局部性疵点和散布性疵点两类。

1. 精梳毛织品实物质量的评定 实物质量是指织品的呢面、手感和光泽。评定前，应根据用户的要求确定样品。凡正式投产的不同规格产品，应分别建立优等品和一等品封样，检验时逐匹比照封样评等。符合优等品封样者为优等品；符合或基本符合一等品封样者为一等品；明显差于一等品封样者为二等品；严重差于一等品封样者为等外品。

2. 精梳毛织品的物理性能的评定 表5-14为精梳毛织品的物理性能指标，主要包括幅宽偏差、平方米重量允差、静态尺寸变化率、纤维含量、起球、断裂强力、汽蒸收缩变化率、落水变形、撕破强力、脱缝程度等物理性能指标。在一定的测试条件下测定织物的各项物理性能指标，并根据试验结果与技术条件规定相比较，按照表5-14评定产品各指标的等级，以其中最低项的品等作为该批产品的等级。

表5-14 精梳毛织品的物理性能指标

项目		单位	最高或最低	允许公差及考核指标			备注
				优等品	一等品	二等品	
幅宽偏差		cm	最高	2	2	5	
平方米重量允差		%		-4.0~+4.0	-5.0~+7.0	-14.0~+10.0	
静态尺寸变化率		%	最高	-2.5	-3.0	-4.0	
纤维含量	毛混产品中羊毛含量的允差	%		-3.0~+3.0			
起球	绒面织品		最低	3~4	3	3	
	光面织品			4	3~4	3~4	
断裂强力		N	最低	147	147	147	7.3tex×2×7.3tex×2（80/2英支×80/2英支）及单纬纱低于等于14.6tex（高于40英支）
		N	最低	196.0	196.0	196.0	其他
撕破强力		N	最低	15.0	10.0	10.0	一般精梳毛织品
		N	最低	12.0	10.0	10.0	8.3tex×2×8.3tex×2（70/2英支×70/2英支）及单纬纱低于等于16.6tex（高于35英支）
汽蒸收缩变化率		%		-1.0~1.5	-1.0~1.5	—	

续表

项　目	单位	最高或最低	允许公差及考核指标			备　注
			优等品	一等品	二等品	
落水变形	级	最低	4	3	3	
脱缝程度	mm	最高	6.0	6.0	8.0	

注　1.纯毛产品羊毛纤维含量的有关规定见标准。

2.成品中功能性纤维和羊绒等的含量低于10%时,其含量的减少应不高于标注含量的30%。

3.双层织物联结线的纤维含量不考核。

4.嵌条线含量低于5%及以下时不考核。

5.休闲类服装面料的脱缝程度为10mm。

3.精梳毛织品染色牢度的评定　精梳毛织品染色牢度的评定项目主要有耐光色牢度、耐水色牢度、耐汗渍色牢度、耐熨烫色牢度、耐摩擦色牢度、耐洗色牢度、耐干洗牢度等多项指标。通过相关色牢度的测试,确定织物各项指标的等级,以确定织物的最终色牢度等级。表5-15为精梳毛织品染色牢度的评等依据。

表5-15　精梳毛织品染色牢度评定依据

项目		单位	最高或最低	考核级别			备注
				优等品	一等品	二等品	
耐光色牢度	浅色	级	最低	4	3	2	≤1/12标准深度
	深色			4	4	3	>1/12标准深度
耐水色牢度	色泽变化	级	最低	4	3~4	3	
	毛布沾色			3~4	3	3	
	其他贴衬沾色			3~4	3	3	
耐洗色牢度	色泽变化	级	最低	4	3~4	3~4	
	毛布沾色			4	4	3	
	其他贴衬沾色			4	3~4	3	
耐汗渍色牢度	色泽变化(酸性)	级	最低	4	3~4	3	
	毛布沾色(酸性)			4	4	3	
	其他贴衬沾色(酸性)			4	3~4	3	
	色泽变化(碱性)			4	3~4	3	
	毛布沾色(碱性)			4	4	3	
	其他贴衬沾色(碱性)			4	3~4	3	
耐熨烫色牢度	色泽变化	级	最低	4	4	3~4	
	棉布沾色			4	3~4	3	

项目		单位	最高或最低	考核级别			备注
				优等品	一等品	二等品	
耐摩擦色牢度	干摩擦	级	最低	4	3~4	3	
	湿摩擦			3~4	3	2~3	
耐干洗色牢度	色泽变化	级	最低	4	4	3~4	
	溶剂变化			4	4	3~4	
降等办法		优等品、一等品只允许有一个项目低半级;有一个项目低一级者或有两个项目低半级者降为二等品;凡低于二等品者降为三等品					

注 1."只可干洗"产品可不考核耐洗色牢度和湿摩擦色牢度。

2."小心手洗"和"可机洗"类产品可不考核耐干洗色牢度。

4."可机洗"类产品水洗尺寸变化评定 "可机洗"类产品水洗尺寸变化率考核指标见表5-16。

表5-16 "可机洗"类产品水洗尺寸变化率要求

项目		优等品、一等品、二等品	
		西服、裤子、服装外套、大衣、连衣裙、上衣、裙子	衬衣、晚装
松弛尺寸变化率(%) ≥	宽度	-3	-3
	长度	-3	-3
	洗涤程序	1×7A	1×7A
总尺寸变化率(%) ≥	宽度	-3	-3
	长度	-3	-3
	边沿	-1	-1
	洗涤程序	3×5A	3×5A

5.精梳毛织品外观疵点的评等 外观疵点按其对服用的影响程度与出现状态不同,分为局部性外观疵点与散布性外观疵点两种,分别予以结辫和评等。局部性外观疵点基本上不开剪,但大于2cm的破洞、严重的磨损和破损性轧梭、严重影响服用的纬档、大于10cm的严重斑疵、净长5m的连续性疵点和1m内结辫5只者,应在工厂内剪除;平均净长2m结辫1只时,按散布性外观疵点规定降等,表5-17为精梳毛织品外观疵点结辫评等规定。

(1)局部性外观疵点,按其规定范围结辫,每辫放尺10cm。在经向10cm范围内不论疵点多少仅结辫一只。

(2)散布性外观疵点,刺毛痕、边撑痕、剪毛痕、折痕、磨白纱、经档、纬档、厚段、薄段、斑疵、缺纱、稀缝、小跳花、严重小弓纱和边深浅中有两项及以上最低品等同时为二等品时,则降为等外品。

(3)降等品结辫有关规定。

①二等品中除薄段、纬档、轧梭痕、边撑痕、刺毛痕、剪毛痕、蛛网、斑疵、破洞、吊经条、补洞痕、缺纱、死折痕、严重的厚段、严重稀缝、严重织稀、严重纬停弓纱和磨损按规定范围结辫外，其余疵点不结辫。

②等外品中除破洞、严重的薄段、蛛网、补洞痕和轧梭痕按规定范围结辫，其余疵点不结辫。

（4）精梳毛织品外观疵点评等应注意的问题。

①自边缘起1.5cm及以内的疵点（有边线的指边线内缘深入布面0.5cm以内的边上疵点）在鉴别品等时不予考核。但边上破洞、破边、边上刺毛、边上磨损、漂白织物的针锈及边字疵点都应考核。若疵点长度延伸到边内时，应连边内部分一起量计。

②严重小跳花和不到结辫起点的小缺纱、小弓纱（包括纬停弓纱）、小辫子纱、小粗节、稀缝、接头洞和0.5cm以内的小斑疵明显影响外观者，在经向20cm范围内综合达4只，结辫1只。小缺纱、小弓纱、接头洞严重散布全匹应降为等外品。

③外观疵点中，若遇超出上述规定的特殊情况，可按其对服用的影响程度，参考类似疵点的结辫评等规定酌情处理。

④散布性外观疵点中，特别严重影响服用性能者，按质论价。

⑤优等品不得有1cm及以上的破洞、蛛网、轧梭，不得有严重纬档。

表5-17　外观疵点结辫、评等规定

疵点名称		疵点程度	局部性结辫	散布性降等	备注
经向	粗纱、细纱、双纱、松纱、紧纱、错纱、呢面局部狭窄	明显10~100cm	1		
		大于100cm，每100cm	1		
		明显散布全匹		二等品	
		严重散布全匹		等外品	
	油纱、污纱、异色纱、磨白纱、边撑痕、剪毛痕	明显5~50cm	1		
		大于50cm，每50cm	1		
		散布全匹		二等品	
		明显散布全匹		等外品	
	缺经、死折痕	明显经向5~20cm	1		
		大于20cm，每20cm	1		
		明显散布全匹		等外品	
	经档（包括绞经档）、折痕（包括横折痕）、条痕水印（水花）、经向换纱印、边深浅、呢匹两端深浅	明显经向40~100cm	1		边深浅色差4级为二等品，3~4级及以下为等外品
		大于100cm，每100cm	1		
		明显散布全匹		二等品	
		严重散布全匹		等外品	

续表

疵点名称		疵点程度	局部性结辫	散布性降等	备注
经向	条花、色花	明显经向 20~100cm	1		
		大于 100cm,每 100cm	1		
		明显散布全匹		二等品	
		严重散布全匹		等外品	
	刺毛痕	明显经向 20cm 及以内	1		
		大于 20cm,每 20cm	1		
		明显散布全匹		等外品	
	边上破洞、破边	2~100cm	1		不到结辫起点的边上破洞、破边 1cm 以内累计超过 5cm 者仍结辫 1 只
		大于 100cm,每 100cm	1		
		明显散布全匹		二等品	
		严重散布全匹		等外品	
	刺毛边、边上磨损、边字发毛、边字残缺、边字严重沾色、漂白织品的边上针锈、自边缘深入 1.5cm 以上的针眼、针锈、荷叶边、边上稀密	明显 0~100cm	1		
		大于 100cm,每 100cm	1		
		散布全匹		二等品	
纬向	粗纱、细纱、双纱、松纱、紧纱、错纱、换纱印	明显 10cm 到全幅	1		
		明显散布全匹		二等品	
		严重散布全匹		等外品	
	缺纱、油纱、污纱、异色纱、小辫子、稀缝	明显 5cm 到全幅	1		
		散布全匹		二等品	
		明显散布全匹		等外品	
经纬向	厚段、纬影、严重搭头印、严重电压印、条干不匀	明显经向 20cm 以内	1		
		大于 20cm,每 20cm	1		
		明显散布全匹		二等品	
		严重散布全匹		等外品	
	薄段、纬档、织纹错误、蛛网、织稀、斑疵、补洞痕、轧梭痕、大肚纱、吊经条	明显经向 10cm 以内	1		大肚纱 1cm 为起点;0.5cm 以内的小斑疵另有规定
		大于 10cm,每 10cm	1		
		明显散布全匹		等外品	
	破洞、严重磨损	2cm 以内(包括 2cm)	1		
		散布全匹		等外品	
	毛粒、小粗节、草屑、死毛、小跳花、稀隙	明显散布全匹		二等品	
		严重散布全匹		等外品	

续表

疵点名称		疵点程度		局部性结辫	散布性降等	备注
经纬向	呢面歪斜	素色织物4cm起,格子织物3cm起,40~100cm		1		优等品格子织物2cm起;素色织物3cm起
		大于100cm,每100cm		1		
		素色织物	4~6cm 散布全匹		二等品	
			大于6cm 散布全匹		等外品	
		格子织物	3~5cm 散布全匹		二等品	
			大于5cm 散布全匹		等外品	

二、精梳毛织品的分等规定

精梳毛织品的品等以匹为单位。按实物质量、内在质量和外观质量三项检验结果评定,并以其中最低项定等,分为优、一等品、二等品,低于二等者为等外品。三项中最低品等有两项及以上同时降为二等品的,则直接将为等外品。

对织品的匹长有一定的要求,即每匹净长不短于12m;净长17m及以上的可由二段组成,但最短的一段不短于6m;拼匹时,应保证两段织品应品等相同,色泽一致。

三、精梳毛织品试样的采集方法

在同一品种、原料、织纹组织和工艺生产的总匹数中,按表5-18规定随机取出相应的匹数。凡采样在两匹以上者,各项物理性能的试验结果,用算术平均法计算平均数,作为该批的评等依据。

表5-18　精梳毛织品试样采集的数量

一批或一次交货的匹数	批量样品的采样匹数
9 匹及以下	1
10~49 匹	2
50~300 匹	3
300 匹以上	1%

(1)采样位置。试样必须在距大匹两端5m以上部位(或5m以上开匹处)裁取。裁取时不可歪斜,不得有分等规定中所列举的严重表面疵点。

(2)采样大小。每份试样,裁取全幅试样0.2m全幅。

(3)采样要求。

①色牢度试样以同一原料、品种、同一加工过程、染色工艺处方及色号为批。或按每一品种每一万米抽一次(包括全部色号),不到一万米也抽一次。每份试样裁取0.2m全幅。

②每份试样应加注标签,并记录厂名、品名、品号、匹号、色号、批号、试样长度、采样日期、采

样者等信息。

（4）物理指标复试的有关规定。

①原则上不复试，但有下列情况之一者，可进行复试：3匹平均数合格，其中有2匹单匹计分不合格；或3匹平均不合格，其中有2匹单匹计分合格，可复试一次。

②复试结果仍然出现上述结果时，确定都不合格。

四、精梳毛织品的物理性能测试方法

1. 平方米重量试验

（1）试验方法。用剪刀、钢尺、0.001g感量天平等工具即可进行该项试验。按照采样要求裁取织品样品，精纺织品可拉齐边纱后修正布边；将试样平铺在台上，在试样中心和两边测量实际长度和宽度各三次，精确到0.1cm。然后将试样放入烘箱内烘干，测试该织物的绝对干燥重量。

（2）计算方法。$1m^2$ 精梳毛织品在公定回潮率时的重量可以由下式计算。

$$G_0 = \frac{g(100 + W_0)}{L \times b}$$

式中：G_0——织物 $1m^2$ 公定回潮率时的重量，g/m^2；

　　g——试样绝对干燥重量，g；

　　L——试样长度，cm；

　　b——试样宽度，cm；

　　W_0——试样公定回潮率。

混纺织物的公定回潮率 W_0 的计算方法有两种。

①用干燥重量的混纺比例来计算公定回潮率：

$$W_0 = \frac{AW_a + BW_b + \cdots + NW_n}{100} \times 100\%$$

式中：　　W_0——混纺织物的公定回潮率；

　A、B、$\cdots$、N——混纺原料的干重混纺比例；

W_a、W_b、$\cdots$、W_n——混用原料的公定回潮率。

②用公定重量的混纺比例计算公定回潮率：

$$W_0 = \frac{\dfrac{AW_a}{1 + \dfrac{W_a}{100}} + \dfrac{BW_b}{1 + \dfrac{W_b}{100}} + \cdots + \dfrac{NW_n}{1 + \dfrac{W_n}{100}}}{\dfrac{A}{1 + \dfrac{W_a}{100}} + \dfrac{B}{1 + \dfrac{W_b}{100}} + \cdots + \dfrac{N}{1 + \dfrac{W_n}{100}}}$$

式中：　　W_0——混纺织物的公定回潮率；

　　A、B、…、N——混用原料的公定重量混纺比例；

W_a、W_b、…、W_n——混用原料的公定回潮率。

2. 落水变形试验方法　测试精纺织品的落水变形主要的仪器和工具有温度计、量杯、浸渍盆、灯光评级箱、合成洗剂、五级制标样套等。试验时，裁取 25cm×25cm 的试样两块；配制浸渍溶液即每 1000mL 水加 4g 合成洗剂，浴比 1:30；将试样放放温度为 (25±2)℃ 的溶液内，浸渍 10min(一次试验同时浸入试样最多 6 块)。然后，用双手执其两角，逐块提出液面；将试样置于温度为 20~30℃ 之清水中，用手执其两角，在水中上下摆动，经、纬向各反复操作五次；逐块提出液面，再在清水中过清一次，操作前同；试样在滴水状态下，用夹子夹住试样经向两角、悬挂在绳子上使其在阴处自然晾干，晾干到与原重相差上 2% 时，平置恒温恒湿室内暴露 6h 以上；使用熨斗熨烫样品时，不要让熨斗在样品上来回熨烫，将熨斗直接压在面料上即可，熨斗温度为 (150±2)℃。最后，将试样在 (20±2)℃，相对湿度 65%±3% 的环境下，平衡 4h 后，对照落水变形标准样照进行评级。

五、精梳毛织品检验的条件

1. 检验设备条件

(1)车速为 14~18m/min。

(2)大滚筒轴心至地面的距离为 210cm。

(3)斜面板长度为 150cm。

(4)斜面板磨砂玻璃宽度为 40cm。

(5)磨砂玻璃内装日光灯，采用 40W×(2~4)管。

2. 检验织品外观疵点　应将织品正面放在与垂直线成 15° 的检验机台面上。在北光下，检验者在检验机的前方进行检验，织品应穿过检验机的下导辊，以保证检验幅面和角度。在检验机上应逐匹量计幅宽，每匹不得少于三处，每台检验机定员三人，正式检验员二人。

3. 检验光线　如因检验光线影响外观疵点的程度而发生争议时，以白昼正常北光下，在检验机前方检验为准。

4. 实物质量、外观疵点的抽验　按同品种交货匹数的 4% 进行抽验，但不少于 3 匹。批量在 300 匹以上时，每增加 50 匹，加抽 1 批(不足 50 匹的按 50 匹计)。抽验数量中，如发现实物质量、散布性外观疵点有 30% 等级不符，外观质量评定为不合格；局部性外观疵点百米漏辫超过 2 只时，每个漏辫放尺 20cm。

5. 物理性能、染色牢度试验　物理性能、染色牢度试验是工厂的保证条件。如对方需要试验结果，工厂应提供。如认为需要试验时，可按本标准方法进行采样试验，试验消耗费用由责任方负担。

六、精梳毛织品的包装要求

1. 包装　包装方法和使用材料，以坚固和适于运输为原则；每匹织品应正面向里对折成双幅或平幅,卷在纸板或纸管上,加放防蛀剂,用防潮材料或牛皮纸包好,纸外用绳扎紧;每匹一包;每包用布包装,缝头处加盖布,刷唛头;因长途运输而采用木箱时,木板厚度不得低于1.5cm,木箱必须干燥,箱内应衬防潮材料。

2.标志 每匹织品应在反面里端加盖厂名梢印(形式可由工厂自定)。外端加注织品的匹号、长度、等级标志。拼段组成时,拼段处加熨骑缝印。

织品因局部性疵点结辫时,应在疵点左边结线上标,并在右布边对准线标用不褪色笔作一箭头(图5-5)。如疵点范围大于放尺范围时,则在右边针对疵点上下端用不褪色笔画两个相对的箭头(图5-5)。每包应吊硬纸标牌(图5-6)。织品出厂时每包包外应刷制造厂名、品名、品号、净长、等级、色号、色号、净重等内容,并应注记企业商标。

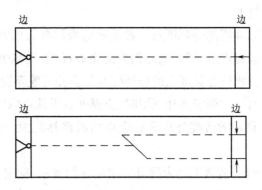

图5-5 疵点的特殊标注

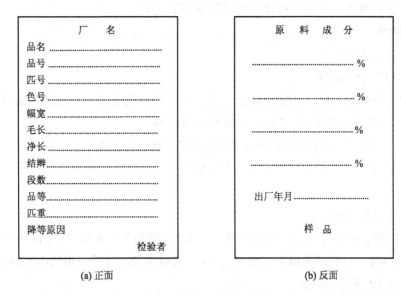

| (a) 正面 | (b) 反面 |

图5-6 织物每包吊牌内容

第三节　精纺毛织品坯布布面疵点检验和修补

毛织品、丝织品、色织品、家用纺织品等须经过染整工序加工,其制成品按照各自的标准进行检验和评定等级。为保证成品的质量,在织造完成后应对染整前的坯布进行初步的检验,对检验发现的布面外观,可修疵点均应进行修补,使修织合格的坯布进入后道工序的加工。本节以精纺毛织品坯布检验为例,介绍这方面有关工作。

一、坯布检验和修补范围

坯布的检验只检验坯布表面的外观疵点。各企业应根据各自的设备状况、原料类别、产品种类、工艺条件、技术水平和管理水平等,制订相应的企业标准;明确划分可修疵点和不可修疵点,确定可修疵点的范围,并制订各类疵点的修补标准及修补复验等管理办法。

1. 确定修补范围的原则　在确定修补范围时,应遵循以下几点原则。

(1)布面上看得见、摸得着的各类外观可修疵点均属修补范围。通过修补能挽救的,不得流入下道工序。

(2)应按照提高坯布质量,前道工序为后道工序服务的要求,确定修补范围。包括结头、小粗结、条干不匀、大毛粒、异色纤维、草刺、油纱、各种织疵都应划入修补范围。

(3)在确定修补范围时,应从企业实际出发,遵循效益优先原则,尽量降低修补工时。

2. 可修疵点的确定　常见的可修疵点主要有以下几类。

(1)缺经缺纬。

①缺纬原则上都要修补。

②小的缺经应全部修补。

③长的缺经应根据不同产品确定修补标准。一般平纹类经向 5 根以内长缺经、花纹类 3m 以内的长缺经、通匹单根缺经、牙签呢反面缺经都应修补。

(2)跳花。2 根以上、4 根以下的小跳花应修补(包括龙头跳花)。

(3)错经、错纬。可参考缺经、缺纬的原则确定。

(4)弓纱。

①散布性小弓纱应修补。

②长弓纱应根据产品不同划定修织标准,一般产品经向并列 6 根以下的长弓纱都应修补。

(5)吊经、吊纬。并列两根以下的吊纬,并列 4 根以下的吊经及单根通匹吊经都应修补。

(6)条干、粗纱、多股、少股。

①多股、少股应修补。

②条干与原纱相差±0.5 倍以上应修补。

③纬向并列 3 根以下的粗纱、经向长粗纱都应修补。

(7)油纱、色纱。原则上都应予以修补。

(8)松紧捻纱。除并列三根以上形成档子的原则上都应进行修补。

(9)破洞、蛛网。根据产品织物组织复杂程度划定修补范围,平纹类产品经纬15根以内全部应修补,花纹类、驼贡丝锦类经纬10根以内,缎背华达呢7根以内都应修补。

(10)双纱。应全部予以修补。

(11)弓纱窝。应根据组织松紧不同划定修补标准。

(12)稀密弄。本着尽量挽救的原则,确定修补范围。

(13)结头。结头应全部予以修补。

(14)匹头、匹尾。修补范围,应和正区一样对待,不得放松。

二、坯布外观疵点的复验和退修

呢坯外观疵点修补必须按质量标准要求进行。例如,不能缺修、修吊,毛边纱一律剪掉,不能补吊和补跳花,搭头要求平整,换纱不能换成吊经和紧捻纱,挑弓纱要错开位置并搭头,两色产品、花纹产品等不按组织搭头等是修补时必须遵循的基本要求。

检验和修补后的坯布,应按质量标准进行复验,复验抽验数量由企业根据情况确定。有以下疵点者,均属不符标准产品,要退给修补工返工。

(1)结头、小缺经、缺纬、异色纱、弓纱、粗节、粗纱、紧捻、吊经等漏2只以上。

(2)布边疵点漏修3只以上。

(3)缺纬10cm以上或缺经20cm以上的长缺纱漏修。

(4)换纱吊经、补经、补纬吊两处以上。

(5)修补痕1只以上的。

三、坯布外观疵点的责任考核

坯布外观疵点的检验,可作为对纺纱车间、准备车间、织布车间以及织布值车工的考核依据之一。下述考核为某毛纺织厂内部的规定,企业可根据情况自定,仅供参考。

(一)坯布外观疵点的分等考核规定

1. 分等长度 按10m计算,超过或不到10m的按实际折算。

2. 坯布外观疵点一等品疵点折算长度规定

(1)纱疵(按4:1折算)+织疵≤3.5cm/m。

(2)油污渍≤2cm/10m。

(3)经纬档≤0.66条/10m。

(二)外观疵点折算长度的计算方法

1. 织疵

(1)缺经、缺纬、错经、错纬、错纹、错嵌、多根吊经、缺嵌、跳花(包括龙头跳花和综框跳花)、弓纱、跳花等以上疵点按疵点实际长度计算。

①缺经。0.5cm以下不计,0.5cm及以上按实际长度计。

②错经、错纬。不同线密度、捻向、颜色的纱按一定规律排列,当其中两根或数根排列次序

错误时,经向错几根算几根,纬向不可修补的作纬档计算;经向每 5cm 作 1 条,超过 5cm 到 10cm 作 2 条,以此类推,超过 3 条全匹降等。

③错纹。错穿一处作一根计算。

④分散性龙头跳花。计算长度以 5000cm 为最大限度,超过 5000cm 仍以 5000cm 计算,密集性龙头跳花全匹降等。

⑤多根吊经。相邻 3 根及 3 根以上者为多根吊经。

⑥综框跳花。能修补者作纬档计,不能修补者作经档计,经向每 5cm 计作 1 条,超过 3 条全匹降等。

⑦纬停弓纱。局部性的每 4 只折算 1cm,连续性的按经向长度实际长度计算,不满 5cm 内的间断弓纱连续量计。

(2)小跳花、小缺纬、边撑疵等疵点按实际长度计算。

①带纱头、断经或小辫子被织入呢坯,连原纱 4 根及 4 根以下者量取最长的 1 根长度作为疵点长度;5 根及 5 根以上者长度超过 5cm 按纬档计量,5cm 以下者按织入杂物折半计算。

②散布性弓纱按只计算,每 4 只折合疵点长度 1cm。

③毛巾边。连续性的以其经向实际长度计算,间断≤5cm 者连续计算。

(3)杂物织入。飞毛、油毛、回丝、木屑等杂物织入呢坯,其长度≤5cm 者,折算疵点长度 12cm;0.5cm 以上,每 0.5cm 计疵点折合长度 12cm。

(4)蛛网。经纬跳纱≥5 根者作为蛛网,量其最大长度。长度≤5cm 者,折算疵点长度 25cm;0.5cm 以上者,每 0.5cm 计疵点折合长度 25cm;经(纬)向为单根者按跳纱计量。

(5)弓纱窝(洞)。0.5cm 以下者按弓纱计算,0.5cm 及以上者按蛛网计量。

(6)破洞、破边、毛斑等每 0.5cm 折算疵点长度 50cm。

①破洞。经纬纱断头 5 根及 5 根以上或经(纬)断头相邻满 5 根及以上,作为破洞(不满 5 根按缺纱计)。

②毛斑、破洞等 1.5cm 及以上者按档子评计,每 1cm 折算档子 1 条,以此类推。

(7)坯布边字丝光纱跳纱,2 根及以下者按实际长度计算;3 根至不大于边道纱的 1/2,按 5×实际长度计算疵点长度;超过边道纱的 1/2 跳花,按 10×实际长度计算疵点长度。边字字母不完整,每个字母按疵点长度 10cm 计算。如由于拆坏布等原因形成档子,按档子计算。

(8)布边疵点。布边疵点折半计算(破边除外),布边弓纱、拖纬按只计算,每 4 只折合疵点长度 1cm,密集性疵点按实际长度量计,无边组织织物的布边疵点全部按地组织计算。

2. 纱疵

(1)多股纱、大肚子纱、粗节纱、飞毛纱等疵点按纱疵长度折半计算疵点长度。

(2)松紧捻纱、细节纱、缺股纱、油污纱等疵点按实际长度量计。

3. 档子

(1)错筘 2 根(平纹薄型织物错筘 1 根)作稀密档,长度每 5m 折计档 1 条。

(2)稀密档、轧梭档、拆布档、隐粗纱档、油纱档等纬向档子,经向每 3cm 作 1 条,以此类推。

(3)粗细纱档 2 根及以下者,计算疵点长度;2 根以上者每二根计档子 1 条。

（4）稀密弄半幅及以上计档子1条。

（5）密集接头纬向2cm内满10根及以上计档子1条。

（6）经向档子每5m计作1条，以此类推。

（7）上了机布油污档在头尾0.5m以内的不计；超过0.5m，每0.5m计档子1条，以此类推。

4. 油污渍 点子油渍与斑疵0.3cm及以上，每4只计疵点长度1cm；大于0.3cm的按实际长度量计。

☞ 思考题

1. 棉本色布评等的指标有哪些？分为几个等级？

2. 什么是匹扯分？如何进行布面疵点的评分？

3. 布面疵点分为哪几个类型？每个类型疵点的评价方式是什么？

4. 精梳涤/棉本色织物和棉本色布在评价指标上有什么区别？

5. 精纺毛织品坯布修补的原则是什么？

6. 精纺毛织品实物质量包括哪些内容？如何评定？

7. 精纺毛织品的物理性能评定的指标有哪些？

第六章　新产品的设计和开发

第一节　新产品开发的方法和途径

一、新产品开发的思路

所谓的新产品是指全新的产品,即运用新一代科学技术创造的整体更新的产品。对于生产企业而言,新产品的概念更加广义,即本企业在现有的产品基础上改进的产品,即运用新原料、新工艺、新设备、新技术等开发的,赋予产品新的外观风格、特征、用途等。新产品的开发是一个系统工程,需要多方面的信息来源,各个部门和各种生产技术条件的配合才能实现。一般企业都设有新产品开发专职部门,直接受企业最高管理层领导,专门负责新产品开发的计划、组织管理和实施。

(一)纺织产品信息获得和收集渠道

(1)企业经营部门提供的用户需求信息。

(2)参加各种产品展销会、订货会、产品鉴定会、技术座谈会等,收集各类新技术和新产品方面信息。

(3)服装及色彩流行趋势发布、国内外各种新型面料发布等信息的收集。

(4)国内外各种科技成果及学术期刊相关内容的研究。

(5)技术情报部门提供的有关技术信息和新产品发布信息。

(二)新产品构思和分析

新产品的构思需要建立在广泛的市场调研和论证的基础上,广泛征求各方的意见,如用户需求、管理人员和技术人员等技术意见,并形成制度。通过衡量市场和企业内部条件如人力、财力、设备及人员条件、市场条件、利润收益条件等,经过筛选确定最终的产品构思,形成明确的新产品特征及要求。

1. 新产品的用途及产品定位　根据新产品的用途和使用要求来确定新产品的基本要求。不同用途的新产品在风格特征、使用性能和应达到的要求上差异很大。一般服用类新产品对外观风格、色彩、图案、手感、服用性能等要求较高;产业用新产品则更注重其性能上的特点,应针对其产业用途的特殊性设计生产。

新产品的市场定位是决定产品是否能立足市场和生存的关键。在确定市场定位时应充分征求各方信息反馈,了解市场需求信息,才能做到有的放矢。市场定位的内容包括销售市场地区(内销还是外销、销售人群及地域)、产品档次(高档、中档或低档)、市场流行趋势、经济发展条件、当地生活水平、用量等。不同地区、不同消费人群、不同消费观念等对新产品的销量及市场认可程度影响极大。

2. 新产品应达到的外观风格特征及要求 在市场定位和产品用途确定后,应制订出详细新产品的外观风格、特征要求和产品的性能要求等,并将这些条件转化成可行的技术指标。广泛征求技术人员的意见,细化指标,使之更加可行可信,使新产品的轮廓清晰。

(三)市场前景预测和技术可行性分析

1. 市场前景预测 市场前景预测的内容一般包括市场需求预测、市场占有率和市场销售预测及产品生命周期预测等。

对于纺织新产品而言,其市场需求预测包括产品的品种、消费市场、消费心理、消费需求等,影响市场需求的因素包括宏观的经济形势和微观的消费水平、消费要求和能力等。通过科学预测,可以最终确定新产品开发的计划。市场占有率预测应分析预测所开发的新产品所在领域相类似产品的市场占有比重、变化及发展趋势。产品的生命周期是指产品从进入市场到淘汰的全过程,包括导入期、成长期、成熟期和衰退期四个阶段。应在产品投入市场前对其销售量、获利能力的变化进行分析,从而把握新产品投入市场的时机和数量,以获取最大利益。

2. 技术可行性分析 技术可行性分析是针对新产品的特征、技术要求等,对企业生产技术达到情况、存在的技术问题、解决问题的方法等方面全面客观的进行评价。即在分析评估将构思转化成实体产品过程中研发技术上的可行程度,为产品的研发奠定基础。

(四)开发和技术条件实施

制订可行的具体技术条件,通过研发部门的工作将产品研制出来,并通过技术鉴定等发现新产品存在的问题和不足,并进一步完善其生产技术条件,来改善产品的性能和质量,直到达到预期的目标为止。在这个过程中,如果由于种种原因被否定,则应中止整个开发程序。

(五)市场试销及商业投放

应确定新产品的市场试销地区范围和时间,并采取一定的营销策略,做充分的准备和费用投入。当试销成功后,可以投入正式批量的生产,全面推向市场。新产品的市场认可度主要取决于产品的优点如性能、外观、新颖性、价格等优越性,优越性越大,越容易被市场所接受。

图6-1为新产品的形成过程示意图。新产品的开发过程包括新产品思想的形成、提案和决策、产品设计与研究、产品的评价和试投产等阶段。同时,新产品思想的形成、新产品的提案和决策、设计和研究等阶段必须通过投入市场来检验和评价其效果,这将为最终大批量生产奠定基础。

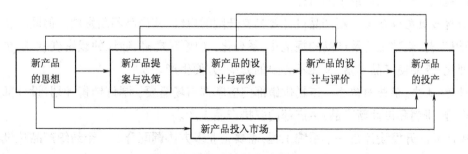

图6-1 新产品的形成过程示意图

二、纺织新产品开发的方法和途径

技术创新是纺织新产品开发的重要途径,是企业在国际和国内市场上立足的根本。纺织企业应高度重视企业的技术创新和技术创新能力的培养,不断通过技术创新来实现纺织新产品的研发。

1. 企业的技术创新

(1)产品创新。开发新产品或提高产品的新质量。

(2)工艺创新。在生产过程中采用新技术和新的生产方法。

(3)市场创新。开辟新的市场,实现技术与市场新的结合。

(4)供给创新。通过占有或控制原材料或半成品的一种新的供应来源。

(5)管理创新。实行新型的组织形式,改变生产要素的组合方式。

2. 纺织新产品开发的具体方法和途径
纺织新产品的开发是实现技术创新的形式之一,具体方法和途径如下。

(1)应用新型纤维开发纺织、染整、服装的新产品。在各个环节产生新技术、新工艺,使新材料得到推广应用,并提供更多可选择的新品种、新面料。

(2)将传统天然纤维、化学纤维与新材料结合,采用多种纤维混纺或其他方式的结合,开发新产品。

(3)以改进传统工艺技术为主线,通过节能、减排、废能源和废弃材料的再回收利用,创造新技术、新工艺和新产品;采用新型助剂,缩短传统工艺、提高生产效率和节能减排。

(4)将功能性新材料和功能整理作为突破点,开发多功能的新产品。

(5)围绕纺织行业国家重点支持的产业及相关政策,结合企业自身的条件,寻找边缘学科,实现新技术的突破。

三、纺织新产品设计和开发的原则

1. 适销对路
产品开发和设计人员要深入广泛地进行市场调研,使设计的产品符合消费心理,最大可能地满足消费者的需要,切忌将个人的爱好强加在消费者的身上。

2. 经济、实用、美观相结合
应明确产品的使用目的、用途、性能要求、流行花色等问题。就服用织物而言,除了功能性和耐用性之外,还要具有好的外观,做到"外表美观,穿着舒适,洗涤方便,利于运动"。除了上述条件外,经济性也是设计人员必须考虑的因素。设计出价廉物美的新产品是织物设计人员追求的目标。

3. 创新与规范相结合
新产品设计要具有开阔的思维,使产品不断发展。但同时也要考虑原料、纺织工艺、染整工艺及产品的规范化、系列化,如原料规格、纱线的线密度、织物幅宽等的规范系列化,既要使产品丰富,又无不必要的繁杂,方便生产。

4. 设计、生产、供销相结合
市场供销部门应掌握市场需要,制订销售计划;设计部门按销售计划安排、研制和设计新产品;生产部门安排产品生产。

纺织产品的开发设计是一个系统工程,需要企业多方协调配合。一个纺织产品从设计到投产,需要调查目标市场,做到设计适销对路,保证生产原料供应和产品质量,畅通销售渠道等环节的协调配合。只有这样才能真正使纺织产品的开发成为企业发展的核心。

四、新原料在新产品开发中的应用

各种新型原料的应用是开发新产品的重要途径之一。近年来各种新型原料层出不穷,在新产品开发中广泛应用。通过在传统的纺织产品中加入新原料,使产品获得新的外观特征、不同的使用性能等,同时也打破了过去棉、毛、丝、麻的行业界限,使各种原料在各行业中交叉应用。由于新型纺织原料种类繁多,无法一一列举。在此,仅以几种新型纤维的应用为例,介绍如何利用新原料性能优势开发新产品。

(一)新型天然纤维素纤维的应用

1. 椰壳纤维　椰壳纤维是椰子壳产生的纤维,主要由纤维素、木质素、半纤维素以及果胶物质等组成,其中纤维素含量46%~63%,木质素31%~36%,半纤维素0.15%~0.25%,果胶3%~4%,以及其他杂糖、矿物质类等。纤维中纤维素含量较高,半纤维素含量很少;纤维呈淡黄色,纤维直径一般为100~450μm,纤维长度10~25cm,密度1.12g/cm³,是具有多细胞聚集结构的长纤维,一束椰壳纤维包含30~300根甚至更多的纤维细胞。纤维具有优良的力学性能,耐湿性、耐热性也比较优异。目前只有一小部分椰壳纤维用于工业生产,主要用来生产小地毯、垫席、绳索及滤布等。由于椰壳纤维具有可降解性,对生态环境不会造成危害,故可用于加工控制土壤的非织造布;椰壳纤维韧性强,还可替代合成纤维用作复合材料的增强基等。

2. 芭蕉纤维　利用废弃的芭蕉茎秆,经生物酶、氧化脱胶处理工艺,可以获得线密度达0.6tex以上的纤维,并可以纺成100%的芭蕉纤维细特纱。为了增加芭蕉纤维可纺性,减少加工过程中对纤维的损伤,可以采用牵切的方法,使纤维长度更适合纺纱加工的要求。该纤维具有强度高、伸长小、质量轻、吸水性强、吸湿放湿快、易降解等特点,纤维的物理性能能满足纺织加工的要求。纯纺或混纺织物的服用性能好,面料风格近似于麻织物,但是没有麻纤维的刺痒感。

3. 菠萝纤维　菠萝纤维,习惯叫作菠萝麻,属于叶脉纤维,是菠萝叶脉去其两侧锐刺及胶质后取出的纤维。每根纤维长度为80~100cm,直径仅为真丝直径的1/4。纤维质软、强度较低,无法满足纺织的要求,只能将菠萝纤维与其他纤维混纺。但随着纺织技术的进步,已经成功地利用不同的纺织技术纺制出菠萝麻的纯纺纱与混纺纱。这种纤维可以做成衣服,也可以制成绳索、缝线、绢丝、纸张等多种产品。其织成的织物易于印染、吸汗透气、挺括不起皱、抗湿性强、颜色稍黄、带有光泽。同时,具有良好的抑菌防臭性能,可用于功能性生态纺织品的开发。

(二)新型天然蛋白质纤维——彩色兔绒的应用

彩色兔绒含有多种氨基酸,属于髓腔纤维。纤维密度小,保暖效果好,吸湿性能强;毛鳞片少,滑爽和光泽度好。彩色兔绒具有天然的色彩,主导颜色有黑灰色、米黄色、棕色。由于其本身具有颜色,在产品生产过程中无须染色,节省了在印染过程中所需的人力、物力、财力,还可免除染色工艺流程中产生的化学废液,因此具有得天独厚的优势。

(三)再生纤维素的应用

再生纤维素在新产品上应用广泛,其产品手感好,穿着舒适且被消费者广泛认可。在新产品开发应用广泛的环保型再生纤维主要有以下几种。

1. 莱赛尔纤维(即 Tencel 纤维,天丝) 莱赛尔纤维是采用溶剂直接溶解法生产的再生纤维素纤维。生产时将木浆溶于 NMMO 体系,不经化学反应,用喷湿法工艺得到的再生纤维素纤维。它有天然纤维的舒适性,强度是黏胶丝的一倍,而其湿强是干强的 65%~80%。实践表明,几种纤维素类纤维对水的吸附顺序为莱赛尔纤维≥黏胶纤维>棉,因而它有良好的吸湿性,服用十分舒适。同时由于它有较好的开纤性,还可开发出理想的桃皮绒和绉织物。

2. 莫代尔纤维 莫代尔纤维采用高湿模量黏胶纤维的制造工艺,其伸长低于普通黏胶纤维,强力和初始模量高于黏胶纤维,可与棉纤维媲美,成纱光洁度较好,其品质指标也大大高于普通纯棉纱。它分有光、半光、卷曲和未卷曲 4 种。

3. 丽赛纤维 丽赛纤维以天然针叶林、阔叶林树木的精制木浆为原料,是一种新型高湿模量再生纤维素纤维,为可再生、可自然降解的人造纤维素纤维,全程清洁生产。它具有更高的结晶度和断裂强度,强力高于普通黏胶纤维和莫代尔纤维,湿/干强比值高;耐碱性好,可机洗,但钩结强度低,手感柔软滑爽,悬垂性好,弹性回复率及耐磨性良好,织物缩水变形小而尺寸稳定,色牢度和色光都较好。表 6-1 为几种再生纤维素纤维的性能比较。

表 6-1　几种再生纤维素纤维的性能

项目	莱赛尔纤维	黏胶纤维	莫代尔纤维	丽赛纤维	棉
干强(cN/dtex)	4.0~4.2	1.5~2.0	3.2~3.4	3.4~4.2	1.8~3.0
干伸长率(%)	15~17	18~24	13~15	10~13	3~10
湿强(cN/dtex)	3.4~3.6	1.0~1.6	2.0~2.2	2.5~3.4	2.2~4.0
湿伸长率(%)	17~19	15~20	14~16	13~15	9~14
湿干强比(%)	80	50	60	75	105
吸湿率(%)	11.5	13	13	13	8.5
保水率(%)	65	90	78	—	50

由于新型再生纤维素类纤维良好的性能和手感,可将其通过纯纺、与其他纤维混纺、交织等方式应用于服装面料的新产品开发中。目前市场上这类新产品很多,其面料良好的穿着舒适性深受消费者喜爱。

(四)新型再生蛋白质纤维的应用

新型再生蛋白质纤维种类很多,主要包括牛奶蛋白纤维、蛹蛋白长丝、大豆蛋白纤维、聚乳酸蛋白(PLA)纤维、甲壳素蛋白纤维、海藻复合纤维等。

(五)新型合成纤维的应用

新型合成纤维包括中空保暖纤维、蓄光发热纤维、导电纤维、玉石纤维、吸湿排汗纤维、银系抗菌纤维、腈纶基空调纤维、可染色丙纶、阻燃纤维、醋酸长丝以及吸湿排汗的锦纶纤维等。

(六)弹性纤维的应用

弹性纤维是在纺织新产品中应用较广泛的新型纤维。通过弹性纤维使产品具有很好的弹性,穿着舒适合体,符合当今流行趋势,是服装类新产品开发的一个重要方向。

1. 氨纶　氨纶为聚氨酯纤维的简称。氨纶具有很强的弹性,其伸长率可大于400%,最高可达800%;当伸长500%时,回弹率为95%~99%;但其强力和耐热性差;吸湿性较差而染色性能较好。能给予纺织品良好的弹性和穿着舒适性,深受消费者喜欢,在新产品开发中应用越来越广泛。氨纶一般和其他纤维形成包缠丝,织成的织物有两大功能。

(1)使轻薄织物具有良好弹性。可分成低弹、中弹和高弹织物,低弹织物给人舒适感,织物的延伸率为10%~25%;中弹织物给人以较大的行动自由,织物的延伸率一般为20%~40%;高弹织物给人以紧密的贴身感,织物的延伸率一般为40%~60%。

(2)使厚实织物具有平挺性。人体活动会使服装的形状改变,特别是手臂弯曲和腿部下蹲,使袖管和裤管产生变形,而高档服装产生的变形应立即消失,服装平挺。氨纶丝的应用能达到这一目的,从而使服装的档次大大提高。

2. PTT 纤维　PTT 纤维属于聚酯纤维。纤维蓬松,手感柔软,穿着舒适,有好的弹性,在低伸长的状态下急弹性回复率达54%,总回复率达98%;可低温和常压沸染色,并获得很好的色牢度,一般在85℃后上染速率明显增快,特深染色温度也只需105~110℃;由于它的吸水性较差,因而具有较好的干爽性,即"洗可穿"性能;织物定形后有较好的抗皱性;织物耐磨、衣服的尺寸稳定性较好;易除去污渍和易洗涤。

3. PBT 纤维　PBT 纤维为聚酯类高弹性纤维,POY 丝的伸长率达100%;75dtex/34f 丝施加13.95mN 力时,膨松度为81%,弹性回复率为59%,弹力为2.74cN,卷曲度为44%;在卷曲、弹性和回复性方面都优于锦纶和涤纶,但耐磨性较差;可沸染,色牢度较好。

(七)复合纤维的应用

将几种性能不同的材料复合成一种新颖的纤维,有共纺型、并列型、皮芯型、分裂型、多层型(并列多层、放射多层、中空放射、多芯型和多层型)和海岛型几种。复合纤维的最大特点是将各种纤维的特性集中在一起,从而使新的纤维具有各种纤维的共同特点。此外,通常把纤维直径小于100nm 的纤维称为纳米纤维,它有较好的表面效应、小尺寸效应、量子尺寸效应和宏观量子的隧道效应,因而纤维有吸收紫外线、屏蔽电磁波等性能。另外,合成纤维的短纤维沸水收缩率不超过5%,长丝为7%~9%,所以把沸水收缩率大于35%的纤维称高收缩纤维,它与普通纤维混纺、交织的织物经沸水处理后,因纤维的收缩率不同而形成立体或蓬松的花纹图案,并获得保形性极好的花色织物和泡泡纱织物,织物手感柔软,质轻蓬松,保暖性能极好。

任何一种新型纤维在新产品开发中应用时,要求研发人员一定要了解纤维的化学性能、物理性能、主体部分的原材料、特殊功能、大分子微观结构等特性,为制订纺纱、织造、染整及终端产品提供可靠的技术依据。另外,在开发过程中要不断尝试,探索新方法、新技术、新工艺;通过反复试验,找到技术突破点、核心技术、专利技术等。

五、新工艺在新产品开发中的应用

(一)利用多种原料组合

利用各种纺纱办法将两种以上的原料组合在一起,形成的纱线具有各种原料的特点,达到取长补短的目的;同时在最终的织物上反映出多种原料的风格特征,这也是开发新产品的有效途径之一。常用的办法是在后加工中采用各种手段将多种原料结合在一起。

1. 包缠 即将两种及两种以上的纤维通过包缠技术形成包缠丝,如真丝和氨纶的包缠,棉纱和氨纶的包缠,锦纶和氨纶的包缠等。特别是天然纤维和氨纶的包缠,既保留了天然纤维和人体接触的舒适性和保健性,又使产品具有良好的弹性。

2. 网络 将两种性能或色泽不一样的纤维通过网络技术网络在一起,可以获得织物表面色泽效应和产品性能完全不一样的产品。

3. 并合和加捻相结合 即通过并丝工序将两根及两根以上的丝并合在一起,然后通过加捻,使并合丝具有一定的捻度,并具有各种原料的优越性能。

4. 多种纤维混纺 充分利用各种纤维的优良性能,合理组合,可纺制出风格独特、性能优异的高品质纱线。如阳离子涤纶、常温可染涤纶、蛹蛋白纤维、牛奶蛋白纤维、大豆蛋白纤维的混纺纱线,羊绒、羊毛、绢丝和麻等天然纤维混纺纱线等。

(二)利用新型整理助剂使产品获得新的功能性

使用新型整理助剂对产品进行后整理,可以赋予织物新的功能。功能性整理织物主要包括保健功能织物(发热、保暖、磁电疗、药物作用)、卫生功能织物(抗菌、消臭、防霉、防虫等)、环保功能织物、舒适功能织物(蓬松、柔软、弹性、凉爽、透湿)、防护功能织物(防紫外线辐射、防电磁波、防静电等)、使用方便易保管的功能织物(防缩抗皱、防油、防污、抗菌防霉等)、采用纳米级"植入法"具有抗菌和抗紫外线双重功能的织物。用特种加工手段,把高新技术成果应用到面料整理中,使其获得相应的特种"功能",是一种"短平快"的开发新产品的好方法。

(三)利用后整理工艺获得特殊外观

利用涂层整理、印花及各种新型整理剂的作用,使织物通过后整理获得特殊的手感、外观以及特殊的使用性能;还可以利用磨毛、起绒等特殊的整理方法使传统织物出现特殊的外观效果,如桃皮绒、磨毛织物等。

第二节 新产品开发的主要内容

一、原料设计

新产品开发过程中,原料的选择和设计应根据产品的用途和性能要求来选择。纺织原料包括天然纤维(棉、羊毛、蚕丝、亚麻、苎麻、山羊绒、兔毛等)、化学纤维(黏胶纤维、涤纶、锦纶、腈纶等)和新型纤维(多组分纤维、超细纤维、大豆蛋白纤维等)。不同的纤维原料由于成分、结构和性能差异较大,在产品中表现出来的使用性能也千差万别。有些手感柔软、保暖性好;有些弹性好、抗皱性及折皱回复性好;还有些纤维吸湿导湿性好,适应夏季服装。因此,开发新产品时,原料的设计是体现产品风格和特征的主要内容。

纤维原料是构成织物的基本材料,每一种原料都具有其独特的性能,使用新原料或利用不同原料的组合可以说是设计新产品的一个重要方法。纤维原料的选择应根据织物的用途、外观要求、使用要求、生产成本等因素合理的选择。应注意充分发挥每种纤维材料的优点,并充分运用其外观、结构和形状、甚至其物理性能和化学性能对织物的影响。

随着化纤制造技术的不断发展,各种新型原料层出不穷,在设计中掌握其特点及性能是必要的。原料设计的原则如下。

(1)充分了解各种天然及化学纤维的性能及特点,尤其是其后加工的性能,对开发新产品能否成功非常关键。

(2)利用多种原料的组合,是设计新产品的主要方法之一。

(3)注意原料和产品风格特征及服用要求的关系,充分体现各种原料的优点。

(4)注意原料的成本,考虑产品的经济效益。

二、织物加工工艺流程的设计

织物加工工艺流程是设计新产品的关键,尤其是毛织物、丝织物等产品最终的风格决定于染整加工过程工艺及参数的选择。织物加工工艺流程包括纺纱加工工艺流程、织造加工工艺流程和染整加工工艺流程。

1. 纺纱加工工艺流程　纺纱加工工艺流程设计应根据新产品要求的纱线结构、混纺比、细度、捻度、捻向等,通过选择合适的加工方法、设备及工艺来实现。采用合理的设备和工艺以达到所要求的纱线结构,如花式纱线结构必须通过花式纱线机及参数的变化达到纱线的特殊外观。

2. 织造加工工艺流程　织造加工工艺流程设计应根据产品的外观特征要求选择合理的加工设备及参数。如织造小提花和大提花的产品则必须选择多臂织造或提花织造;色织产品必须选择分条整经设备及工艺;当织造多色纬织物时,最好选择剑杆织机;而当纱线强度大时可以不采用浆纱工艺。

3. 染整加工工艺流程　常规织物染整加工工艺流程主要为织物的漂练、染色、印花等加工,这些工艺的设计是随着产品原料的变化而发生较大的变化。在新产品的开发中,各种新型的染整加工工艺的变化多端,是不断创新的关键点。如多组分新产品的染整加工工艺会随着组分的改变、产品的外观要求的变化而改变;各种特殊功能的实现可以通过浸渍、涂层等方法附加到产品上;特殊外观的新产品如拉绒、磨毛、烧毛、丝光、烂花、割绒等可在后整理加工中通过选择合适的加工设备、加工工艺、参数来实现。

三、色彩及图案设计

在新产品开发中色彩的应用成功将获得事半功倍的效果,尤其是服用和装饰织物。一直有这样的说法,远看颜色近看花,再看质地问价钱,说明色彩在产品中的地位。另外,色彩的应用应紧跟流行趋势,在色彩的搭配以及嵌线的选择方面应紧跟时尚,适应潮流,符合国际流行色的趋势。根据多年来对欧美和日本市场的跟踪分析,我国流行色彩与国际接轨的时差越来越缩短。

1. 色彩配合　色彩是物质固有的属性。人们对色彩的爱好随着民族、地区和人群发生变化。随着我国纺织产品市场与国际的接轨,国际流行色彩对人们的喜好有很重要的影响,也越来越国际化。在色织中色彩的配合和应用主要表现在各种色纱的应用,尤其是色彩与图案的配合会获得良好的视觉效果。

调和色给人柔和、和谐、朴素的感觉;对比色的配合具有鲜艳夺目、立体感强、对比度大的特点。在进行配色的时候应注意以下问题。

(1)在广泛市场调研的基础上,根据产品用途和国际流行色彩的要求适当配色。

(2)配色应有主次色调,以某一主色为基础色,其他色彩作陪衬,注意主色和辅色的协调。

(3)配色应注意层次的变化,应体现图案的层次感,不能杂乱无章,产生视觉混乱的感觉。

(4)纺织品的配色不是单纯的颜色的调和,在织物中会随着原料不同、加工工艺不同而出现不同的明度变化;也会随着产品密度、交织点的沉浮而变化,应注重其最终的应用效果。

2. 图案设计　新产品的图案设计应集艺术性和实用性相结合的原则。既要考虑其图案的艺术表现力,同时还要考虑在生产工艺中的可应用性、实施性和实施的成本等因素。图案设计可以采用传统的手绘设计方法和计算机设计方法。不管采用哪种方法,都必须经过艺术构思、设计等过程。图案设计时应考虑如下因素。

(1)图案设计应充分考虑最终纺织新产品的应用,使之适应广大消费者的需求,美化生活和环境;同时符合大众审美。

(2)图案设计应充分考虑将图案转化成新产品时所采用的技术手段和生产工艺,使之能够实现工业化,同时应以最小的成本获得最大的效果。

(3)注重图案和色彩的有机配合,使之具有较好的外观效果,尤其是当新产品纹理结构比较复杂时,更应突出色彩、图案及纹理的结合。

四、织物组织结构设计

1. 织物组织结构设计复杂化　织物组织复杂化是目前新产品开发的一个重要趋势。大量交叉应用的各种复杂组织已成为新面料的再现手段。近些年来,多层织物成为一种时尚,如多层色织大提花织物、色织精纺三层毛织物、色织缎条双层乔其、色织细特双层棉府绸、色织双层剪花布等新产品畅销国内外市场。

2. 通过组织结构和原料结合开发不同质感面料　运用不同原料的混纺与交织,成功开发细特、薄型、粗细纱结合、靛蓝、提花以及双层等多工艺结合的色织泡泡纱,各种强捻绉类织物,以其独特的立体效应与质感深受消费者的喜爱。

五、织物规格及织造工艺参数设计

(一)织物结构参数设计

1. 纱线设计　纱的设计包括原料配比设计、捻度和捻向设计、纱线结构设计等。线的设计则应在纱的基础上,设计颜色、结构和纺纱方法。纱线设计参数应以体现织物风格特征为依据。目前各种花式纱线、包缠纱、包芯纱、色覆纱等,变化丰富,也赋予织物更多的风格。同时,利用多种原料、多种结构的纱线在经纱和纬纱上组合和交织,可以形成风格多样的机织新产品。

(1)织物经纱、纬纱细度用特数表示。如需要英制支数同时标出时,特数在前、英制支数在后并加括号,例如 29tex×29tex(20 英支×20 英支),纱线线密度 Tt、英制支数 N_e、公制支数 N_m 之间可用下式换算:

$$Tt = \frac{590.5}{N_e} \times \frac{100 + W_t}{100 + W_e} = \frac{C}{N_e}$$

$$Tt = \frac{1000}{N_m}$$

式中 W_t、W_e 分别为纱线的特克斯制和英制公定回潮率,换算常数 C 值见表 6-2。

表 6-2 换算常数 C

纱线种类	干重混比	英制公定回潮率 W_e(%)	特克斯制公定回潮 W_t(%)	换算常数 C
棉	100	9.89	8.50	583
纯化纤	100	公定回潮率相同		590.5
涤/棉	65/35	3.70	3.20	588
维/棉	50/50	7.45	6.80	587
腈/棉	50/50	5.95	5.30	587
丙/棉	50/50	4.95	4.30	587

(2)新品种设计中,经、纬纱特数应根据 GB/T 398—2008《棉本色纱线》要求中规定的 tex 系列选择。

2. 织物组织设计 织物组织是影响织物外观和性能的重要因素,不同的组织结构可以在织物表面形成织物的纹理效果。将织物组织、纤维原料、纱线、整理技术等综合在一起使新产品的开发手段更加丰富。

3. 密度与紧度设计 织物的密度和紧度应根据织物的要求设计。当其变化范围超过一定值时,会引起织物外观和手感的重大变化。

(1)密度设计。织物的经、纬纱密度以 10cm 内经、纬纱根数表示。在英制折算公制时,不足 0.5 根的舍去,超过 0.5 根不足 1 根的作 0.5 根计。

设计新品种时,经、纬纱密度以 0.5 根或整数为单位,经、纬纱密度的选择要能够体现不同品种的特色。

(2)紧度设计。织物的紧度包括经向紧度、纬向紧度和总紧度指标。计算公式如下:

$$E_Z = E_T + E_W - \frac{E_T \times E_W}{100}$$

$$E_T = d_T \cdot P_T$$

$$E_W = d_W \cdot P_W$$

式中:E_Z——织物的总紧度;

E_T——织物的经向紧度；

E_W——织物的纬向紧度；

P_T——织物的经纱密度,根/10cm；

P_W——织物的纬纱密度,根/10cm；

d_T——织物经纱直径,mm；

d_W——织物纬纱直径,mm。

纱线直径与体积重量 δ、纱线特数 Tt、公制支数 N_m、纤度 d 间的关系如下式,常用纱线的体积重量见表6-3。

$$d = 0.03568 \times \sqrt{\frac{Tt}{\delta}}$$

$$d = \frac{1.1284}{\sqrt{N_m\delta}}$$

$$d = 0.01189 \times \sqrt{\frac{D}{\delta}}$$

表6-3 纱线的体积重量

纱线种类	体积重量 $\delta(g/cm^3)$	纱线种类	体积重量 $\delta(g/cm^3)$
棉纱	0.80~0.90	生丝	0.90~0.95
精梳毛纱	0.75~0.81	涤/棉纱(65/35)	0.85~0.95
粗梳毛纱	0.65~0.72	维/棉纱(50/50)	0.74~0.76
绢纺纱	0.73~0.78		

(二)织物规格设计与计算

1. 织物匹长 匹长是织物的规定长度,一般以米(m)为单位。织物的匹长是根据客户的用途要求和织物的厚度来确定的。大批量生产的企业往往将几匹织物连接起来,称为联匹长度。一般中厚织物的匹长在 27~40m,而薄型织物的匹长超过 40m;联匹长度常用的有三联匹、四联匹、五联匹等。

织物匹长分为公称匹长和规定匹长。其中公称匹长是指工厂设计的标准长度,织物的匹长以米(m)为单位,取一位小数;规定匹长是织物折布成包的长度,应在公称匹长的基础上加上加放长度,加放布长包括加放在折幅和布端的布长,其目的是为保证织物成包后不短于公称匹长。

规定匹长=公称匹长+加放布长

2. 幅宽 织物的幅宽是指织物的宽度,通常以厘米(cm)为单位,部分棉纺织企业以英寸作为单位。织物的幅宽设计应根据织物的用途、客户要求和企业生产条件实际来确定,并参考国家的标准系列。

（1）织物幅宽以 0.5cm 或整数为单位。其中英制换算的小数取舍：0.26~0.75 取 0.5；0.75 以上取 1；0.26 以下舍去。

（2）公称幅宽为工艺设计的标准幅宽。

3. 缩率　机织物的缩率有织造缩率、染整缩率等，并按照经纱和纬纱方向分别为经纱缩率和纬纱缩率。

织造缩率是在织物织造过程中产生的沿长度和宽度方向的变化的百分率。通常产生的原因是经纬纱线的交织屈曲。织造缩率的大小与织物组织结构、上机张力等工艺因素有关。

经纬纱织缩率以百分率表示，计算取两位小数。表 6-4 为部分棉织物的织造缩率参考值。

（1）经纱织缩率：

$$经纱织缩率 = \frac{浆纱墨印长度 - 成包前整理后棉布长度}{浆纱墨印长度} \times 100\%$$

成包前整理后棉布长度 = 测量的每折幅长度 × 折幅数 + 头尾实测长度

（2）纬纱织缩率：

$$纬纱织缩率 = \frac{筘幅 - 标准幅宽}{筘幅} \times 100\%$$

表 6-4　部分棉织物的织造缩率参考值

织物名称	经纱缩率（%）	纬纱缩率（%）	织物名称	经纱缩率（%）	纬纱缩率（%）
粗平布	7.0~12.5	5.5~8.0	纱华达呢	10 左右	1.5~3.5
中平布	5.0~8.6	7 左右	半线华达呢	10 左右	2.5 左右
细平布	3.5~13	5~7	全线华达呢	10 左右	2.5 左右
纱府绸	7.5~16.5	1.5~4	纱卡其	8~11	4 左右
半线府绸	10.5~16	1~4	半线卡其	8.5~14	2 左右
线府绸	10~12	2 左右	全线卡其	8.5~14	2 左右
纱斜纹	3.5~10	4.5~7.5	直贡	4~7	2.5~5
纱哔叽	5~6	6~7	横贡	3~4.5	5.5 左右
麻纱	2 左右	7.5 左右	灯芯绒	4~8	6~7

4. 总经根数和筘号　总经根数是指织物在全幅范围内的经纱总根数，一般根据经纱密度、织物幅宽以及边纱根数来确定。总经根数应根据穿综循环和穿筘循环等因素进行修正，取整数。

（1）织物总经根数的计算：

$$总经根数 = 经纱密度 \times \frac{标准幅宽}{10} + 边纱根数 \times \left(1 - \frac{地组织每筘穿入经纱根数}{边组织每筘穿入经纱根数} \right)$$

计算总经根数时，小数不计取整数。如穿筘穿不尽时，应增加根数至穿尽为止。尾数是单数,每筘穿2根时,则加1根;尾数是1根(或2根),而每筘穿4根时,则加3根(或2根)。边纱根数按表6-5规定。

表6-5　边纱根数参考值

边纱根数(根)	布幅127cm以下			布幅127cm以上		
	12tex及以下	13~5tex	16~19.5tex	20tex及以上	12tex及下	12tex以上
平纹织物	64	48	32	24	64	48
府绸、哔叽、斜纹	无	无	无	无	无	无
哔达呢、卡其	64	48	32	24	64	48
直贡	80	80	80	64	80	64
横贡	72	72	64	64	—	—

注　1. 上述规定的边纱根数,仅供参考。
　　2. 拉绒坯布每档增加8根,麻纱在平纹基础上每档再增加16根。

(2)筘号的确定。筘号有公制筘号和英制筘号两种。公制筘号以10cm内的筘齿数表示,取一位小数,4舍5入取整数,范围56~240号。英制筘号是以2英寸(50.8mm)内的筘齿数表示。筘号的计算一般根据织物的经纱密度、纬纱缩率、每筘齿穿入数及生产实际情况而定。计算公式如下:

$$公制筘号 = \frac{经纱密度(根/10cm)}{每筘穿入数} \times (1 - 纬纱织缩率)$$

公英制换算时,公英制筘号折算后的小数取舍为0.31~0.6取0.5;0.6以上取1;0.3及以下舍去。

$$公制筘号 = \frac{英制筘号}{2 \times 2.54} \times 10$$

$$英制筘号 = \frac{公制筘号 \times 2.54}{10} \times 2$$

(3)筘幅计算:

$$筘幅 = \frac{总经根数 - 边纱根数 \times \left(1 - \frac{地组织每筘穿入数}{边组织每筘穿入数}\right)}{地组织每筘穿入数 \times 筘号} \times 10$$

在两边应增加适当数量的余筘。筘幅应以cm表示,计算取两位小数。

5. 织物重量和用纱量　织物重量的常用指标是织物的平方米无浆干重,是指坯布在无浆干燥时每平方米的重量克数。其计算公式如下:

$$1m^2织物无浆干燥质量(g) = 1m^2经纱成布干燥质量(g) + 1m^2纬纱成布干燥质量(g)$$

$$平方米织物经纱成布干重 = \frac{T_j \times 10 \times m_j \times (1 - b_j)}{(1 - a_j) \times (1 + \varepsilon_j)}$$

式中:T_j——织物经密,根/10cm;

m_j——每百米经纱纺出标准干重,g;

a_j——经纱织缩率;

b_j——经纱总飞花率;

ε_j——经纱总伸长率。

$$每平方米织物纬纱成布干重 = \frac{T_w \times 10 \times m_w}{(1 - a_w) \times 100}$$

式中:T_w——织物纬密,根/10cm;

a_w——纬纱织缩率;

m_w——每百米纬纱纺出标准干重,g。

经纬纱标准干重可按下式计算:

$$m = \frac{Tt}{10} \times \frac{1}{1 + W}$$

式中:m——每百米纱线标准干重,g;

Tt——经、纬纱的线密度,tex;

W——纱线公定回潮率。

经纱总伸长率和总飞花率可参照表6-6和表6-7。

表6-6 总伸长率标准

项目	上浆单纱(%)	上浆股线(%)（10×2tex 以上）	上浆股线(%)（10×2tex 以下）	不上浆股线(%)
简经	0.5	0	0	0
浆纱	0.7	0.3	0.7	0
合计	1.2	0.3	0.7	0

表6-7 总飞花率标准

品种	纯棉(%)	涤/棉(%)
32tex 及以上粗特织物	1.2	0.6
21~32tex 中特平纹	0.6	0.3
11~20tex 细特平纹	0.8	0.3
中特斜纹、缎纹织物	0.9	—
线织物	0.6	—
中长织物	0.3	—

用纱量常用每百米织物的用纱量表示。用纱量对生产企业的成本影响很大,在保证产品质量的前提下,应尽量的合理用纱,节约原料,利用管理手段减少回丝率。百米织物的用纱量计算如下:

$$百米织物用纱量=百米织物经纱用纱量+百米织物纬纱用纱量$$

$$百米织物经纱用纱量(kg/100m)=$$

$$\frac{100 \times Tt_j \times m_z \times (1+放长率)(1+损失率)}{10^6 \times (1+经纱总伸长率)(1-经纱织缩率)(1-经纱回丝率)}$$

$$百米织物纬纱用纱量(kg/100m)=$$

$$\frac{100 \times Tt_w \times P_w(根/10cm) \times 10 \times 织物幅宽(cm)(1+放长率)(1+损失率)}{10^6 \times (1+经纱总伸长率)(1-纬纱织缩率)(1-纬纱回丝率)}$$

式中:Tt_j——经纱线密度,tex;

Tt_w——纬纱线密度,tex;

m_z——总经根数,根;

P_w——纬纱密度,根/10cm。

说明:放长率也称自然回缩率,一般为 0.5%~0.7%,应根据实际测定数值选择。棉布的损失率一般为 0.05%;经纬纱的织缩率按照设计确定;经纬纱的回丝率根据企业的管理水平和设备状态选择。

6. 断裂强度 织物的断裂强度以 5cm×20cm 的布条的断裂强力表示。棉布的断裂强度指标是以棉纱一等品品质指标的数值计算为准。断裂强力计算公式如下:

$$Q = \frac{P_o NKTt}{2 \times 100}$$

式中:Q——织物断裂强力(计算的小数不计,取整数),N;

P_o——单根纱线一等品断裂强度,cN/tex;

N——织物中纱线标准密度,根/10cm;

K——织物中纱线强力的利用系数;

Tt——纱线线密度,tex。

棉织物和精梳涤/棉织物中纱线强力利用系数 K 值见表 6-8 和表 6-9。

表 6-8　棉织物中纱线强力利用系数 K

织物组织		经向		纬向	
		紧度(%)	K	紧度(%)	K
平布	粗特	37~55	1.06~1.15	35~50	1.06~1.21
	中特	37~55	1.01~1.10	35~50	1.03~1.18
	细特	37~55	0.98~1.07	35~50	1.03~1.18
纱府绸	中特	62~70	1.05~1.13	33~45	1.06~1.18
	细特	62~75	1.13~1.26	33~45	1.06~1.18

续表

织物组织		经向		纬向	
		紧度(%)	K	紧度(%)	K
线府绸		62~70	1.00~1.08	40~60	1.03~1.15
哔叽斜纹	粗特	55~75	1.06~1.26	40~60	01.00~1.20
	中特及以上	55~75	1.01~1.21	40~60	1.00~1.20
	线	55~75	0.96~1.12	40~60	1.00~1.20
华达呢卡其	粗特	80~90	1.27~1.37	40~60	1.00~1.20
	中特及以上	80~90	1.20~1.30	40~60	0.90~1.16
	线	90~110	1.13~1.23	40~60	粗特1.00~1.2,中特及以上0.96~1.16
直贡	纱	65~80	1.08~1.23	45~55	0.93~1.03
	线	65~80	0.98~1.13	45~55	0.93~1.03
横贡		44~52	1.02~1.10	70~77	1.18~1.25

注　1.紧度在表中紧度范围内时,K值按比例增减之;小于表中紧度范围时,则按比例减之。如大于表中紧度范围时,则按最大的K值计算。

2.表内未规定的股线,按相应单纱特数取K值(例14×2按28tex取K值)。

3.麻纱按照平布、绒布坯根据其织物组织取K值。

4.纱线按粗细程度分为细特、中特、粗特三档。细特11~20tex(29~55英支);中特21~32tex(19~28英支),粗特32tex及以上(18英支及以下)。

表6-9　精梳涤/棉织物中纱线强力利用系数 K

织物类别			经向		纬向	
			紧度(%)	利用系数K	紧度(%)	利用系数K
平布		粗特	37~55	1.17~1.26	35~50	1.10~1.25
		中特	37~55	1.11~1.20	35~50	1.05~1.20
		细特	37~55	1.08~1.17	35~50	1.05~1.20
纱府绸		中特	62~70	1.16~1.24	33~45	1.21~1.33
		细特	62~75	1.24~1.37	33~45	1.21~1.33
线府绸			62~70	0.90~0.98	33~45	0.96~1.08
华达呢及卡其	纱线	粗特	80~90	1.14~1.24	40~60	0.94~1.04
		中特及以下	80~90	1.08~1.18	40~60	0.82~0.92
		粗特	90~110	1.02~1.12	40~60	0.94~1.04
		中特及以下				0.86~0.96

注　使用说明同表6-8。

（三）准备工艺设计

1.络筒工艺设计

（1）络筒线速度。络筒线速度的设计应考虑络筒机的机型、原纱特数、挡车工的看台能力、是否采用电子清纱器等。正常情况下，络筒线速度越高，产量越高；但随着络筒线速度的提高，断头率会越高，生产效率会降低，因此生产上一般选择最佳的、最经济的线速度，使实际产量达到最大值，具体应根据生产实际情况测试并确定最佳值。一般遵循以下规律：纱线特数越大，线速度可以适当增大；纱线强力越大，线速度可以适当增大；络筒机越先进，适应高速的能力增强，普通络筒机线速度一般为500~700m/min，自动络筒机一般为800~1800m/min。

（2）导纱距离。根据络筒速度的变化，选择断头和脱圈最少的导纱距离，一般采用50mm的短导纱距离或500mm以上的长导纱距离最有利于均匀络筒张力。

（3）络筒张力。根据原纱质量、络筒速度和纱线特数及卷绕密度等选择张力垫圈及调节张力，通常为单纱断裂强力的8%~12%。一般要求同品种、各锭的张力必须一致，以保证各个筒子的卷绕密度和纱线弹性一致。普通络筒机圆盘式张力装置张力设置见表6-10。

表6-10　普通络筒机张力设置参考表

线密度（tex）	12以下	14~16	18~22	24~32	36~60
张力圈质量（g）	7~10	12~18	15~25	20~30	25~40

（4）清纱器工艺。机械式清纱器工艺参数为清纱隔距，设计时与纱线直径有关，一般的清纱隔距与纱线直径的关系见表6-11。

表6-11　清纱隔距与纱线直径 d_0 的关系参考

纱线品种	低线密度棉纱	中线密度棉纱	高线密度棉纱	股　　线
清纱隔距（mm）	$(1.6~2.0)d_0$	$(1.8~2.2)d_0$	$(2.0~2.4)d_0$	$(2.5~3.0)d_0$

空气捻接器的工作参数包括纱头退捻时间（T_1）、捻接器内加捻时间（T_2）、纱尾交叠长度（L）和气压（P）等。表6-12为空气捻接器（590L型）加工棉纱时的工艺参数。

表6-12　空气捻接器（590L型）加工棉纱时的工艺参数

纱线线密度（tex）	T_1	T_2	L	$P(10^5 Pa)$
J7.3	5	4	7	6.5
J14.6	3	3	4	6
J14.6（强捻）	6	4	4	6.5
竹纤维纱19.4	3	3	7	5.5
C36.4	2	4	5	5.5

注　T_1、T_2、L 所列数值是空气捻接器的参数代码值。

(5)筒子的卷绕密度。筒子的卷绕密度应按照筒子的用途和纱线的种类来确定。一般的筒子密度为 $0.42\text{g}/\text{cm}^3$;而染色筒子的卷绕密度较小,为 $0.35\text{g}/\text{cm}^3$。

2. 整经工艺设计　整经工艺设计应根据产品的要求选择整经方法,不同的整经方法,设计不同工艺参数。

(1)分批整经工艺。分批整经工艺参数包括整经张力、整经速度、整经长度、根数、卷绕密度等。影响整经张力的因素有纱线种类、特数、整经速度、筒子尺寸、筒子架形式、筒子分布情况、伸缩筘穿法;整经速度的确定必须考虑设备能力、纱线情况(如强力、质量等)、整经头份、筒子质量、经轴宽度等因素,以充分发挥设备能力、优质高效为原则。整经根数以织物总经根数为依据,以尽可能多头少轴为原则,根据筒子架容量的大小来确定整经轴个数,并使每个经轴根数应尽可能相等,以有利于浆纱并轴操作及管理。整经长度和卷绕密度由经轴的卷绕重量和卷绕体积可求出纱线的卷绕密度(g/cm^3),其主要影响因素为卷绕时所施加的张力,一般情况下为 $0.35\sim0.55\text{g}/\text{cm}^3$ 。整经长度计算时应考虑织轴上纱线最大卷绕长度、浆纱墨印长度,落布联匹数、上机回丝、浆回丝、白回丝和经轴最大卷绕容量等因素。

(2)分条整经工艺。分条整经工艺参数主要包括整经张力、整经速度、整经条数、条宽、每绞经纱根数、定幅筘计算、斜度锥角计算、导条器位移、整经长度等。

①斜度锥角和导条位移。在分条整经机上整经锥角 α 和导条位移 h 是影响织轴卷绕成形的两个重要参数。而在实际生产中,由于生产设备型号的不同,通常调节 α 和 h 使实际卷绕的条带的倾角和斜度板的倾角完全吻合,以保证条带截面为平行四边形,织轴表面平整。 α 和 h 关系为:

$$\alpha = \arctan \frac{\text{Tt}p}{rh} \times 10^{-5}$$

式中: p ——整经密度,根/10cm;

　　Tt——纱线线密度,tex;

　　 r ——织轴卷绕密度, g/cm^3 。

②每绞根数 I 和整经绞数 J 。

每绞色经循环个数　　 $n = \dfrac{\text{筒子架容量}-\text{单侧边纱根数}}{\text{色纱循环}}$ 　　(n 值只取整数部分)

则:每绞根数 $I = n$ (整数) $\times$ 色纱循环

绞数　　　　　　 $J = \dfrac{\text{总经根数}-\text{双侧边纱根数}}{\text{每绞根数}}$ 　　(J 取稍大的整数)

则:第一绞根数 $= I +$ 一侧边纱根数

第二至末绞前一绞根数 $= I$

末绞根数 $= J$ 取整数后剩余地经 $+$ 另一侧边纱根数

③条宽。

$$条宽=(织轴宽度/总经根数)×每个条带的经纱根数$$

④定幅筘的穿入数。

$$每齿穿入数=\frac{每绞根数}{条宽×\dfrac{筘号}{10}}$$

⑤整经长度。

$$L=每匹织物用纱长×匹数+上了机回丝$$

$$每匹织物用纱长=织物匹长/(1-a_j)$$

式中:a_j——经纱缩率。

3. 浆纱工艺设计

(1)浆纱配方设计。浆纱配方设计应根据纤维材料的种类、经纱的结构以及织物的组织结构和织物密度来确定。在配方中会采用多种浆料的混合,确定依据参见第三章第二节。

(2)配比的优选。确定几种浆料的配比需要经过反复多次的试验,通过各种浆纱指标和织造的生产情况来优选配比。

(3)上浆率和浆液浓度的确定。浆液浓度对上浆率的影响很大,在上浆条件相同的情况下一般浆液浓度大则上浆率大。所以,当产品纱线特数、原料、织物组织和密度确定后,上浆率可以参照企业的经验值去选择,即通常参考相似品种来确定新产品的上浆率。当上浆率确定后,则浆液的浓度值则可以确定范围,并通过小样试验最终确定。下式为经验公式:

$$S=S_0K_1K_2K_3$$

式中:S——新品种的上浆率;

S_0——与新品种相似产品的上浆率;

K_1——经纱线密度修正系数,$K_1=\sqrt{\dfrac{新品种经纱线密度}{相似品种经纱线密度}}$;

K_2——10cm 每片综的提升次数修正系数,$K_2=\sqrt{\dfrac{新品种每综10厘米提升次数}{相似品种每综10厘米提升次数}}$;

K_3——经向紧度修正系数,$K_3=\sqrt{\dfrac{新品种经向紧度}{相似品种经向紧度}}$。

(4)上浆工艺参数。上浆工艺参数包括浆液的浓度和黏度、浆液的使用时间、上浆温度、上压浆辊的配置及加压、浆纱速度、上浆三大率(即上浆率、回潮率和伸长率)等参数。浆纱工艺参数的设计应根据织物品种、浆料的性质以及设备和管理条件等来选择,应根据新产品的织造要求来确定合理的上浆工艺,尽可能地采用新技术和新工艺,降低生产成本。

为了稳定上浆质量,浆液的使用时间不宜过长,一般采用小量调浆,用浆时间以不超过 2 ~ 4h 为宜,化学浆料可以适当延长使用时间。

上浆温度应根据纤维的种类、浆料的性质等综合考虑制订。由于上浆的温度与浆液的黏度和浸透能力关系密切,因此,一般需要加强浸透的产品多采用 95℃ 的高温上浆,如棉纱上因含有棉蜡会影响浆液浸透,可采用高温上浆,增强浆液浸入纱线的能力。有些纱线如黏胶纱,在高温高湿时强力下降大,应采用 60~80℃ 的低温上浆。

上压浆辊的配置方式和压浆力的大小直接影响浆液的浸透和被覆的比例。在浆液浓度、黏度、压辊表面硬度一定时,压浆力增大,浆液的浸透增大,但被挤压出去的浆液也多,造成被覆差,上浆率偏低;压浆力减小,浸透少而被覆多,上浆率增大,但浆纱落浆多。一般高线密度、高经密、捻度大时,应适当增加压浆力,以增加浸透。为了防止上浆率偏低,可以通过改变压浆辊表面包覆材料的弹性和上压浆辊的工艺配置,达到上浆的工艺要求。

浆纱机的速度直接影响纱线在浆槽和烘房中停留的时间,也直接影响上浆率和回潮率的大小。因此,为了稳定这两个关键工艺指标,一旦确定浆纱速度,应尽可能地保证其稳定。浆纱速度的确定与上浆品种、浆纱设备的能力密切相关,一般浆纱机的实际开车速度为 35~60m/min。表 6-13 为浆纱工艺参数实例。

表 6-13 浆纱工艺参数实例

工艺参数		织物品种			
		CJ9.7×CJ9.7×787×630 直贡	C14.5×C14.5×523×283 纱斜纹	T/C11.8×T/C11.8×685×503 小提花布	R13×R13×393×314 人棉府绸
工艺要求	浆槽浆液温度(℃)	96	98	92	90
	浆液总固体量(%)	11.5	11.2	12.5	9.5
	浆液 pH	8	7	10.5	8.5
	浆纱机型号	GA308 型	津田驹 HS20-Ⅱ	祖克 S432 型	津田驹 HS20-Ⅱ
	浆纱机浸压浆方式	双浸双压	单浸三压	双浸四压	单浸双压
	压浆力(Ⅰ)(kN)	9	7.5	8	4.5
	压浆力(Ⅱ)(kN)	16	11	20	8
	压出回潮率(%)	<100	<100	<100	120
	湿分绞棒数	1	1	1	1
	烘燥方式	全烘筒	全烘筒	全烘筒	全烘筒
	烘房温度(℃)	预烘 130 烘干 100	预烘 125~135 烘干 100~125	预烘 130 烘干 110	预烘 125 烘干 105
	浆纱速度(m/min)	40	45	50	40
	每缸浆轴数	计算确定	计算确定	计算确定	计算确定
	浆纱墨印长度(m)	计算确定	计算确定	计算确定	计算确定
质量要求	上浆率(%)	13.5	13.4	14.5±0.5	10±0.5
	回潮率(%)	7±0.5	5.8	3±0.5	9±0.5
	伸长率(%)	1.0	1.2	0.8	≤3
	增强率(%)	56.5	50.8	28.5	30
	减伸率(%)	32.8	18.1	23.5	35
	毛羽降低率(%)	65	68	68	72

(四)织造工艺设计

机织物上机织造的主要工艺参数有上机张力、梭口高度、经位置线、综平时间、引纬时间、纬密齿轮等,应随着织物的变化设计织造工艺参数。

1.上机张力 上机张力是指综平时经纱的静态张力。适当的上机张力是织物织造中开清梭口和打紧纬纱的必要条件,应根据织机机型、车速、织物品种等因素来确定。经密大的织物上机张力应适当加大;织造平纹织物应采用较大的上机张力,而织造斜纹和缎纹类织物应选择较小的上机张力;稀薄织物上机张力不宜过大;有梭织机上机张力较小,而无梭织机由于开口高度小,为了保证开口清晰必须采用较大的上机张力。

2.梭口形式和尺寸 片梭和剑杆织机多采用全开梭口,其中片梭通过梭口时与上下层经纱均无摩擦挤压,剑杆在进出梭口时不能与上下层经纱有过多的摩擦挤压。表6-14 为几种无梭织机的梭口尺寸。

表6-14 几种无梭织机的梭口尺寸

项目	片梭织机 Sulzer	剑杆 SmitTP500	剑杆 SometSM93	剑杆 PicanolGTM
载纬器尺寸(高×宽)(mm)	6×14	20×35	20×30	19.5×24
梭口高度(mm)	24~26	38~40	28~30	34~36
打纬动程(mm)	78	120	82	89
第一页综框的 梭口尺寸(mm)	146 140 56	190 186 80	136 132 58	160 163 67

3.经位置线 经位置线是指综平时经纱实际的位置线,即织口、综眼、停经架和后梁之间的连线。有梭织机的经位置线由后梁高低决定;无梭织机的经位置线则由托布梁和后梁两个参数决定。表6-15 为常见有梭织机织造织物的后梁配置,表6-16 为片梭织机的经位置线配置。

表6-15 常见织造织物的后梁配置(有梭织机)

织物种类	后梁相对于胸梁的位置(mm)	后梁相对于后杆托脚至墙板的 距离(mm)
粗、中、细平布	13~22	67~76
府绸类	9.5~19	70~79
麻纱类	9.5~19	70~79
哔叽、华达呢、卡其	−13~−38	76~103
贡缎类(正织)	−13~−38	76~103
贡缎类(反织)	−24~−43	89~103

表6-16 片梭织机的经位置线配置

梭口形式	托布梁高度(mm)	后梁标尺高度(mm)
对称梭口	48	0
梭口形式	托布梁高度(mm)	后梁标尺高度(mm)
轻度不对称梭口	48~49	10~15
强不对称梭口	51~52	20~30
长浮点织物的对称梭口	48	−10~−20

4. 综平时间 综平时间也称开口时间,或综平度,是指织造时经纱相互平齐的瞬间。综平时间与织物形成、引纬等有着密切的关系。综平时间早,有利于形成紧密织物,纬纱不易反拨,配合上松下紧的不对称梭口,可以消除筘痕,使织物丰满。因此,在织造打纬阻力大的平纹织物时宜采用早开梭口;而斜纹和缎纹类织物则可以采用较迟的综平时间。另外,综平时间还应考虑织物品种、车速、设备等因素。过早综平,则梭口闭合早,载纬器出梭口的挤压度大,易在出梭口处造成各种疵点;过迟综平,则载纬器进梭口的挤压度增大,造成进梭口处织物疵点。一般来说,有梭织机的综平时间的调节范围较大,而剑杆织机、片梭织机的调节范围较小。表6-17为常见品种在有梭织机上织造时的开口时间,表6-18为无梭织机的综平时间。

表6-17 常见品种综平时间(有梭织机)

织物种类	平布、稀薄织物	府绸	麻纱	斜纹、贡缎
开口时间(°)	229~235	222~241	222~235	197~222

表6-18 无梭织机综平时间

织机类型	喷气织机	喷水织机	剑杆织机	片梭织机
综平时间(°)	270~300	355	300~320	350~30

5. 引纬参数 有梭织机的引纬参数有投梭时间和投梭力。投梭时间是指投梭转子与投梭鼻相接触时,织机主轴的转角;投梭力是指静态投梭时皮结的最大位移量。确定有梭织机的投梭时间和投梭力应根据织物品种、幅宽、织机转速、开口时间的配合等因素,一般开口早,则投梭早,开口迟,配合迟投梭。投梭力的确定原则是在保证梭子出梭口挤压度不大、定位良好、飞行正常的前提下,投梭力以小为宜。

喷气和喷水织机的引纬参数主要有测长储纬器储纬量、储纬销或压纱器释放纬纱时间、储纬器销或压纱器夹紧纬纱时间、剪纬时间等。表6-19为喷气织机引纬时间配合设计实例,表6-20为常见型号喷气织机主、辅喷嘴供气压力设计实例。

表6-19 喷气织机引纬时间配合设计实例

织物品种	T/C 19.5×T/C 19.5×307×254×256 细布	C 9.7×C 9.7×571×532×170 防羽绒布
织机型号	Delta-MP-280	ZA209i-190
织机转速(r/min)	500	650
主喷嘴开闭时间(°)	60~170	80~180
磁针起落时间(°)	65~190	70~190
辅助喷嘴开闭时间(°)	第一组 60~130	第一组 70~160
	第二组 80~150	第二组 100~190
	第三组 100~170	第三组 130~210
	第四组 120~190	第四组 160~240
	第五组 140~210	
	第六组 150~220	
	第七组 160~230	
	第八组 170~240	
纬纱到达角(°)	230	225

表6-20 喷气织机主、辅喷嘴供气压力设计实例

织机型号	ZAX	OMIN	JAT610
筘幅(cm)	190	190	280
织机转速(r/min)	650	550	520
织物品种	低线密度纯棉防羽绒布	棉锦弹力府绸	人棉涤纶交织绸
主喷嘴供气压力(MPa)	0.25~0.28	0.36~0.39	0.25~0.30
辅助喷嘴供气压力(MPa)	0.30~0.35	0.38~0.42	0.35~0.40

喷水引纬的工艺参数主要有喷射水量、射流压力和喷射开始时间等,应根据不同的织物品种和原料来调整,以有利于纬纱的飞行为原则。喷射水由栓塞直径和动程决定,一般喷水量变化范围为2.41~6.36mL/纬。射流压力的大小与栓塞直径等有关,引纬最大压力可达3.0~3.5MPa,水压过大或过小都会给引纬带来不利影响。喷射开始时间由引纬水泵凸轮控制,一般喷射开始时间为85°~95°,可以根据织机筘幅适当调整。

剑杆织机的引纬参数有储纬量、纬纱张力、选纬指、载纬器进出梭口时间、交接纬时间、剪纬时间等。一般储纬量为2~3倍的纬纱长度;纬纱张力大小应根据纬向疵点的情况调节;选纬指的调节包括始动时间和选纬指高低位置,当织机刻度盘在5°时,选纬指下降1mm,当刻度盘在45°~55°时,选纬指下降到最低,纬纱轻靠在前后两根搁纱棒上。剪纬时间应根据纱线粗细调节,如SM93剑杆织机剪纬时间为69°±1°。表6-21为部分剑杆织机织造工艺参数设计实例。

表6-21 部分剑杆织机织造工艺参数设计实例

织物品种	84tex×84tex 牛仔布		14.6tex×14.6tex 府绸		19.7tex×19.7tex 牛仔布	
机器型号	TP500	GTMA	ISL725	LT102	SM92	C401S
公称筘幅(cm)	200	190	180	180	190	190
开口机构	Staubli2232s	Staubli2232s	凸轮	凸轮	Staubli2232s	FimtesslisHP600
开口角(°)	115	115	上 175 下 80	145	115	120
静止角(°)	130	130	上 40 下 225	95	130	120
闭口角(°)	115	115	上 145 下 55	120	115	115
开口时间(°)	305	320	295	286	325	315
送剑进程角(°)	15~183	2~180	10~180	0~180	20~180	0~170
送剑进梭口时间(°)	75	65	82	65	63	49
送剑回程角(°)	183~15	300	280	281	302	305
接剑进程角(°)	15~175	10~178	10~180	0~180	20~180	0~170
接剑进梭口时间(°)	75	70	85	75	62	53
接剑回程角(°)	180~350	178~360	180~350	180~360	180~340	170~0
接剑出梭口时间(°)	285	290	282	282	298	305
可调交接差(°)	8	0	0	0	10	10,不在中心交接
打纬进程角(°)	160~360	70	90	100	65	65
打纬回程角(°)	0~168	70	90	115	65	65
筘座静止角(°)	相对静止	220	180	145	230	230
选纬角(°)	0~55	220~98	290~360	290~360	330~15	330~15
剪纬时间(°)	90	68	55	—	70	70
剪假边时间(°)	350	350	300~360	300~360	230~270	电机连续驱动
经停时间(°)	305	320	270~310	290	320	315
纬停时间(°)	140	39	120~150	55	315	300

片梭织机的引纬参数有投梭时间、梭夹打开时间、剪纬时间等。如 P7100 型片梭织机幅宽为 3600mm 以上,织机的投梭时间固定为 110°,所需投梭转角约为 25°,最大 28°。剪纬时间片梭织机的剪纬时间必须在 358°±2°之间被剪断。图 6-2 为片梭织机开口、引纬和打纬工艺配合关系图。

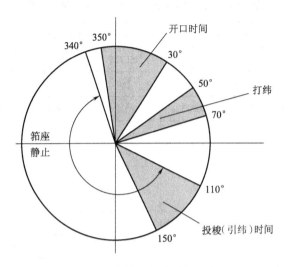

图6-2　片梭织机的时间配合

第三节　新产品的试制及推广

一、新产品的试制

1. 规划阶段　规划阶段要对生产、市场、资源、环境等进行深入的调查研究,查阅相关的文献资料,运用基础知识和经验,对信息资料进行对比分析、抽象归纳、取其精华,寻找攻克的目标与方向,从而设定产品开发的基本设计思想,明确产品的功能、价值目标、直接经济效益和社会经济效益、技术路线。然后,进行详尽的论证,最后做出开发的决策。

2. 研究与实验阶段　应用各种科学理论、经验,以科学的观察测试、实验分析、统计方法和信息控制方法,对产品的规划目标、质量功能、材料结构、生产技术与加工工艺,进行实验、测试、分析,并进行定量统计、归纳,从而寻求产品制造的技术路线和工艺参数,为产品的试制作准备。

3. 设计阶段　根据大量的理论和经验的结果,对产品的生产技术、加工工艺、材料结构、产品质量,结合各种经济指标进行产品的具体设计。此外,要运用加工技术理论、原材料科学理论、美学设计理论以及相关的基础科学理论进行严密的设计。

4. 试制阶段　根据小试的结果,进行工业化生产试制。应用系统论、控制论、信息论的科学方法,对生产过程或产品形成过程中的各种信息进行观测、统计、分析,进一步精确总结、描述其数量关系与规律,反馈信息后,经改进设计,从而使生产进一步正规化、系统化、优质化。

5. 成果的评价　新产品试制成功后,经市场试销,按预订的设计目标和有关标准对其进行全方位评价,这也是全面评价科研人员劳动成果的一个阶段,其中经常采用的是对事物的分析、对比观察、实验、测试、统计的方法。

二、新产品的推广

1. 市场试销　新产品的试销是产品推广的一个重要步骤。应确定如下问题。

(1)试销的地区范围。试销的地区选择应为企业新产品开发目标市场的缩影,这样才能保证试销的成功和定位。

(2)试销时间。试销时间应根据新产品的平均重复购买率来确定。再购率高的产品应试销时间长一些,以确定产品的重复购买情况,才能说明消费者对产品的喜爱程度。

(3)试销中所要取得的资料。资料主要为消费者首次购买情况和重复购买情况,以便做出合理的数据分析。

(4)试销费用开支。

(5)试销营销策略和成功后应采取的下一步措施。

2. 商业性投放　新产品试销成功后即可正式批量生产。企业应对此阶段的产品投放时机、区域和目前市场的选择等做出慎重的决策。

消费者对新产品的接受过程表现为认知、兴趣、评价、试用、正式采用五个阶段。

☞ **思考题**

1. 什么是新产品? 新产品开发的主要方法有哪些?

2. 新产品设计和开发的主要内容有哪些?

3. 企业如何才能做好新产品的开发和推广工作? 应注意哪些问题?

4. 新产品工艺流程设计的依据是什么? 如要开发一种具有耐高温性能的工作服面料,应如何设计其生产工艺流程,并说明原因。

第七章 纺织企业全面质量管理

第一节 全面质量管理的特点

一、质量管理的发展概况

人类从事物质生产,总要考虑其产品的使用价值,因此质量管理的想法早在古代就有了。但是,有意识、有系统地实施,是最近几十年才发生的事,是现代化大工业生产发展到一定程度的必然产物。当今,质量已经成为全世界的共同语言,是各国经济发展中受到普遍关注的突出问题。不论是发达国家还是发展中国家,都在努力探索提高产品质量和服务质量,不断满足顾客要求的有效途径。因此,随着市场经济的不断发展,高科技的广泛应用,市场竞争的不断激烈,质量管理已经渗透到社会的各个角落,质量管理的概念和方法、发展程度将随着社会生产的不断发展而完善。近代质量管理的发展大体经历了以下三个阶段。

1. 质量检验阶段 质量检验(Quality Control,QC)阶段是质量管理发展的初始阶段,也称为传统质量管理阶段,大约从20世纪初到20世纪30年代。在这一阶段,人们对质量管理的理解还只限于对有形产品质量的检验。在生产制造过程中,主要通过严格检验来保证转入下一工序的产品质量,或最终出厂产品的质量。

18世纪末,进入产业革命时期,即产品的生产由家庭手工作坊逐步向大机器工业时期过渡。劳动者聚集在一起共同作业,出现了工序和各工序生产的衔接和配合。为了保证各工序的协调生产,出现了专职的管理人员,包括质量管理人员,企业的质量管理还处于萌芽状态。随着用户对产品质量要求的提高和产品结构的日益复杂,人们认识到质量标准和检验的重要性,于是,出现了检验工具、检验标准和专职的质量检验机构。19世纪末到20世纪初,在西方被称为工业管理之父的美国经济学家泰罗(F. W. Taylor),总结了第一次工业革命之后组织大生产的经验,提出了现代工业"科学管理"的理论,即主张以计划、标准化及统一管理作为三条基本原则来管理生产,为当时工业企业的质量管理提供了合理的思想方法。这种管理方法的特点是,依靠检验把关,从生产出来的产品中把不合格的产品挑出来,使送到消费者手中的产品全部是合格品。由于这种方法是以标准化为基础的,所以也叫标准化管理。这在当时是起了一定的作用的。但是,这种管理方法单纯依靠"事后检查"(有的人称它为"死后验尸"),只能起到事后把关的作用,即只能将废品剔出,并不能防止废品产生,因此管理职能比较弱。检验阶段的局限性主要表现在以下两个方面。

(1)预防作用薄弱。这种方式尽管能对产品划分等级,在一定程度上防止不合格品流入下一工序或者出厂,但是,不合格品的出现已经成为事实,已经造成人力、财力和物力的浪费。这种方式为消极的管理方式,不能控制和预防不合格品的发生。

(2)适宜性较差。这种事后检验的方式是将产品对照检验标准全数检查,而在生产实际中,有很多产品是不能全数检验的,如破坏性的检验或因大批量生产而来不及全部检验或有些产品因技术含量有限而不必全部检验等,质量检验阶段是很难解决这种问题的。

2. 统计质量管理阶段 统计质量管理(Statistical Quality Control,SQC)阶段是将数理统计原理和方法应用于质量管理。这个阶段的代表时期是 20 世纪 40~50 年代,主要的特点是以预防为主,预防和把关相结合。

1924 年,美国贝尔电话研究所的统计学家休哈特(W. A. Shewhart)博士给质量管理引进了新的思想,提出要找出产生不合格品的原因并及时采取措施,形成了休哈特的新管理方法。这种方法的基本做法是,从生产过程中取得数据,再将这些数据用数理统计的方法进行处理,从中找出规律,发现问题,从而可以预防产生缺陷,这比事后检查的质量管理前进了一大步。由于这种方法采用了数理统计方法,所以叫作统计质量管理。

由于当时正是资本主义经济危机非常严重的时候,社会主要矛盾是大量商品卖不出去,所以这种方法没有引起企业界的重视。直到 20 世纪 40 年代第二次世界大战爆发,由于战争的爆发,需要大量的军需物资,在此情况下,美国开始庞大的军需生产。军需品的数量大,质量要求高,要货急,老的管理方法已经不能适应新形势要求。要生产质量高、成本低的军需物品,并且要不经过全数检查就能掌握产品质量的分布情况,这就使数理统计方法在质量管理中得到了广泛的应用,统计质量管理在生产上起了很重要的作用。从此以后,从欧美国家开始,许多国家认识到科学管理的重要性,开始抛弃旧的质量管理方法,转而采用统计质量管理方法。但是当时的统计质量管理方法并没有和组织管理工作结合起来,过分强调了统计方法的作用,而且只是依靠少数专家、管理人员来做,因此使一些人误认为"质量管理就是统计方法","质量管理是数学家的事情","数理统计方法理论深奥",产生了一种"高不可攀,望而生畏"的感觉,这就影响了它的普及和推广。

这一阶段的第一个特点是,利用数理统计原理在生产流程的工序之间进行质量控制,从而预防不合格品的大量产生。这一基本统计控制理论和方法成为工序过程统计控制(Statistical Process Control)简称 SPC 理论发展的基础。第二个特点是,在生产和经营活动中,对产品检验和验收检查采用科学的统计抽样方案,使质量管理进入了科学管理的重要阶段。20 世纪 50 年代,数理统计在质量管理中的应用达到高峰,在美国、英国、挪威、瑞典、法国、意大利、德国、日本等国家积极采用统计质量控制的手段和方法,并取得显著效果。

3. 全面质量管理阶段（TQC 阶段） 全面质量管理(Total Quality Control,TQC)阶段是从 20 世纪 60 年代开始的,质量管理科学发生了质的飞跃。这个阶段的质量管理不再以质量技术为主线,而是以质量经营为主线。

随着工业生产的高速发展,新技术(特别是电子计算机)被广泛运用。对产品质量的要求越来越高,使许多企业感到只凭数理统计方法控制质量远远不够。产品质量是在市场研究、设计、生产、检验、销售、服务的全过程中形成的,同时又在这个周而复始的全过程中不断提高和改进,因此,还需要一系列的组织管理工作,即全方位的综合组织管理理论和方法。1961 年,美国通用电气公司的菲金鲍姆(A. V. Feigenbaum)博士提出了"全面质量管理"的思想,强调把影响质量的各种因素统统地管理起来,同时强调整个企业的所有部门都应该围绕着保证、提高产品质量而进行活动,这标志着质量管理发展到了全面质量管理的新阶段。这一阶段的特点是,把专业技术、统计方法和行政管理密切结合起来,建立一整套完善的质量管理体系,使企业的各项工作制度化、标准化和科学化。美国人把它称为质量工作的"完善期",日本人把它称为质量工作的"巩固期"。

日本的质量管理工作起步比欧美国家晚,但却后来居上,搞得很有特色。1950年,日本科技联盟聘请美国质量管理专家戴明(W. E. Deming)博士到日本,进行有关统计质量管理的讲学,这是日本质量管理的转折点。经过了二十多年的努力,日本人创造了具有独特风格的日本式的全面质量管理模式,使质量低劣的"东洋货"一跃而成为国际市场上具有竞争能力的产品。

日本的质量管理虽然引自美国,但与欧美的质量管理有很大的不同。欧美的质量管理基本上是只靠质量管理技术人员来管理。而日本的全面质量管理则强调企业全体员工参加质量管理,很注意发挥和调动员工的积极性。企业各部门,从上到下,从经理到工人都非常重视质量,关心质量,也就是在设计、生产技术、采购、制造、检验、销售、服务等所有部门推行全员性的质量管理。第二次世界大战后,除了美国和日本之外,还有很多国家都以全面质量管理的方法,来改进和提高工业产品的质量。由于各国工业生产历史发展的特殊性,各国的质量管理也各自经历了各不相同的发展过程,但是,总趋势是大致相同或类似的。

二、全面质量管理的基本观点

企业在质量方面指挥、控制、组织、协调的活动,就是质量管理。通常,企业在质量方面的指挥和控制活动包括制订质量方针和质量目标、质量策划、质量控制、质量保证和质量改进等(图7-1)。可以说,质量管理是企业经营发展战略的一部分。最高管理者应根据企业经营发展战略目标,领导制订企业的质量方针和质量目标;质量策划是企业为了满足顾客需要,设计开发产品和运作过程的活动;质量控制是确保产品和服务质量能够满足顾客所提出的质量要求,将贯穿产品生产和服务质量形成的全过程;质量保证是质量控制的基本任务,以保证满足质量要求为基础;质量改进是一种以显著提高改进质量为目标的、有目的的改进活动,质量改进是企业不断发展和前进的重要方面。由此可见,质量管理是一个系统工程,需要从最高领导层到基层的每一位员工的参与,体现出全员参加管理的理念,全面质量管理的重要性由此可见一斑。

工业企业推行全面质量管理的目的是,要生产出"最优质量,最低成本,按期按数交货,用户满意"的产品,其思想基础是"质量第一"的观点。就是说,企业的每个生产环节、每个职工都必须把质量放在第一位。做不到这一点,全面质量管理就没有了基础,因为没有质量就没有数量,也谈不上低成本,用户也不会满意。根据国外的经验和国内的实践,全面质量管理在实践过程中有以下几个基本观点。

1. 一切为用户着想 作为质量管理对象的产品质量,应该是用户(消费者或使用者)对该产品所要求的质量,这是质量管理的基本出发点,生产的目的就是为了使用户满意。用户即为

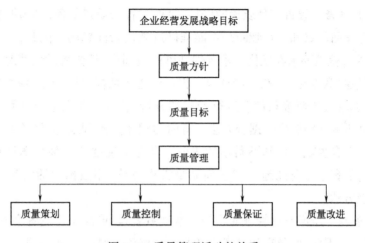

图7-1　质量管理活动的关系

顾客,是广义的、发散的,认为顾客就是消费者的理解是有局限性的。对一个企业来讲,顾客应包括内部顾客和外部顾客。广义的顾客是指任何接受或可能接受产品和服务的对象。我们通常关注的是外部顾客,对企业内部的顾客的服务意识较弱。

对企业外部的顾客来说,资本主义国家的企业生产的产品能否畅销,从而获得最大的利润,完全取决于用户即外部顾客。企业主把用户看作是企业生存和发展的主宰。日本的口号是"用户是帝王",用户对产品有选择和提出要求的权利。企业不仅要不断提高产品的质量,增加花色品种,保持产品的市场竞争能力,而且要提高服务质量,保持产品的信誉。"一切为用户着想",对我们社会主义企业来就是为人民服务,对人民负责,最大限度地满足人民物质和文化的需要。

"下工序是用户"是"一切为用户着想"的思想在企业内部的具体体现。即上工序要把下工序当作自己的用户,本工序的工作要对下工序负责,如在织造各工序中,络筒工序是为整经工序服务的,这是由于络筒工序的半制品要在下工序——整经中使用。同样,整经工序为浆纱工序服务,浆纱工序为织布工序服务等,这种思想在纺织企业各工序之间的贯穿应用,为最终产品质量的提高创造良好的条件。这个思想也适于企业的其他工作,如供销、动力、机修、后勤部门等服务部门要把纺织生产车间当作自己的用户;在车间内部,一些活动将围绕产品进行,如设备维修保养工人、加油工等车间辅助工种要把操作工人当作自己的用户。推而广之,一切工作岗位上的职工都应该把自己的服务对象当作自己的用户。这样,企业内部各工序、各部门之间的关系就好比是生产者与消费者之间的关系,这对于协调、加强相互之间的协作具有重要的意义,有利于增强职工的工作责任心,提高工作质量,进而提高产品质量。

2.一切以预防为主　全面质量管理的另一基本思想是"好的产品是造出来的,不是查出来的"。道理很简单,生产出了废品,光靠检验是不能将其转化为合格品的,甚至还会造成资源的极大的浪费。因此,全面质量管理认为,产品的检验把关固然重要,但更重要的是控制生产过程的各个环节,防止废品的产生。也就是说,要把质量管理的重点从事后的消极把关(检验)转变到事前的积极预防(控制)。这并不是否定产品的检验工作的重要性,相反,在全面质量管理中也要加强检验工作,但重点毕竟还在生产过程中的质量保证,检验可以起到很好的反馈作用。

3. 一切用数据说话　评价产品质量的好坏,生产过程的质量如何,必须要有一个客观标准和科学依据,单凭表面印象和主观臆断是不能准确反映质量问题的。因此,全面质量管理强调"一切用数据说话",就是要求在现代技术条件许可的范围内,都要将质量情况用数据来反映出来,即所谓质量问题"数据化"。在生产过程中积累的生产数据,是生产过程的情报和信息。运用数理统计的方法对这些情报和信息进行处理和分析,就可以发现生产过程中质量波动的规律,为判断和解决质量问题提供依据和方法。有时习惯于直观判断,凭经验办事。直观和经验诚然可贵,却往往带有主观片面和不科学的成分。马克思说过:"一种科学只有在成功地运用数学时,才算达到了真正完善的地步。"全面质量管理坚持"用数据说话",所以它是一种比较"完善的科学管理方法"。

4. 全员参加管理　全面质量管理的一个基本观点就是,产品是企业各个部门、各个环节工作质量的综合反映。因此,要稳定和提高产品的质量绝不是哪一个部门的事,而是要求企业所有部门、所有人员(从厂长到工人,以及所有部门的员工)都关心产品的质量管理,参加质量管理,即全员参加管理。

产品的最终质量能不能满足用户的要求,很显然,在产品的制造过程中,严格按照产品的标准的要求,进行生产的所有活动是非常重要的。无论哪个环节出现问题都会导致最终产品的质量问题。因此,企业的每一位员工的工作质量都和产品质量有密切的关系,稍微的工作失误都会在产品上体现。在企业内,实现全员参加管理的目的就是让每一位员工意识到自身工作的重要性,从自身做起,维护产品的质量,从每一个细节做起,使产品的质量得到保证。可以说,全面质量管理的核心就是全员参加管理,这也是全面质量管理能够广泛应用的原因,并在当今科学技术日益发展,用户对产品质量的要求越来越高的现代社会,全面质量管理仍能得到进一步深入发展和广泛应用的原因之一。

第二节　全面质量管理的基本方法

质量管理是企业在质量方面指挥和控制组织的协调的活动,包括质量方针、质量目标、质量控制、质量保证和质量改进等方面。具体的企业生产过程的全面质量管理,就是要使生产过程中影响产品质量的诸因素保持在控制状态。要实现质量控制,必须了解影响产品质量的各个因素,掌握各个因素对生产的影响程度,以及如何在生产中去控制这些因素,为生产过程的工序控制提供依据。以下简要介绍一些在全面质量管理中常用的基本手段和方法。

一、数理统计方法

大家都知道,全面质量管理的基本观点之一是"一切用数据说话"。因此,解决质量问题,首先是收集数据,分析数据,运用数理统计技术计算和处理数据,作为处理质量问题的根本依据。在生产过程中产品质量是有波动的,影响质量波动的因素,不外乎是人、原材料、机器、技术方法(有的把检测手段也包括在内)和环境等因素。因为人(Man)、原材料(Material)、机械设备

（Machine）、技术方法（Method）、环境（Environment）五个词中前四个词的英文第一个字母都是"M"，最后一个词为"E"，故有人称之为"4M1E"，这些就称为质量因素。在这些质量因素中，又可分为经常起作用的正常因素和偶尔起作用的异常因素，从而造成正常和异常两类波动。在全面质量管理中充分运用数理统计方法，通过对生产数据的处理和分析，去分析研究这两类因素的波动，找出影响产品质量的主要因素，从而加以控制，使产品质量处于稳定状态。数理统计方法，不仅对过去的质量起反馈作用，而且对将来的质量起一定的预测作用，是全面质量管理在实施过程中的重要工具。

数学家和质量专家通过大量的实践，为人们提供了运用便捷、操作容易的数理统计工具，常用的传统工具有统计分析表、排列图、因果图、直方图、控制图、散布图和分层图等。随着技术的发展和信息的多元化，适应时代要求的新工具在企业中被应用，其特点如下。

（1）采用图形语言的形式，使事物形象，诸要素关联清晰。

（2）便于抓住实质、相互关系和全局动态，适应处理复杂的多因素事物，防止失误。

（3）借助图形语言把具体事物抽象化，又可回归为具体的方案和操作程序。

新的 QC 工具有关联图法、KJ 法、系统图法、矩阵图法、矩阵数据解析法、PDPC 法（过程决策程序法、重大事故预测图法）和箭头图法等。

在纺织企业的在全面质量管理中，应用数理统计方法的一个特点是多采用图表化的形式，常用的有主次因素分析图、因果图、分层图、相关图、检查表、直方图、管理图等，比较直观，容易掌握，行之有效。其他还有试验设计、统计检验等方法也得到广泛应用，具体的应用将在本章的第四节中详细介绍。

二、PDCA 循环

美国人戴明（W. E. Deming）博士通过对大量工程实践的分析研究，总结出来工程实践过程的基本规律，最早提出了 PDCA 循环的概念，所以又称其为"戴明环"。PDCA 循环是能使任何一项活动有效进行的一种合乎逻辑的工作程序，不但在质量管理中得到了广泛的应用，更重要的是为现代管理理论和方法开拓了新思路。"PDCA"是英文 Plan、Do、Check、Action 四个词的缩写，意思是计划、执行、检查、处理。PDCA 循环是一种科学的办事方法，也是符合"实践、认识、再实践、再认识"的辩证唯物主义认识规律的。下面简单介绍一下 PDCA 循环。

（一）PDCA 循环包括下面四个阶段

P——计划。制订计划和标准，包括方针和目标的确定以及活动计划的制订。

D——执行。执行就是具体运作，实现计划中的内容。

C——检查。就是要总结执行计划的结果，分清哪些对了、哪些错了，明确效果，找出问题。

A——行动（或处理）。对检查的结果进行相应的处理。

这四个阶段具体内容如下。

1. P 阶段　P 阶段即制订计划阶段，包括方针、目标、活动计划书、管理项目的制订等。搞质量管理，首先要有个计划。在计划阶段，要从调查清楚用户对产品的要求入手，然后对产品提出一个能够尽量满足用户要求的目标；其次，要在数量、质量和成本等各个方面制订计划，研究如何执行计划,提出达到目标的办法,也就是说要制订各种标准(如产品质量标准、工艺技术标准、设备维修标准、各种管理标准等)。

2. D 阶段　D 阶段即实施阶段,就是执行计划和标准的阶段。这个阶段需要强调的是,在执行前,必须对有关人员进行培养教育,讲清有关计划和标准及其执行的措施。有时还要经过训练、实习,按标准规定的方式方法加以测定,符合要求后再执行。

3. C 阶段　C 阶段即检查阶段,就是检查执行结果的阶段。在这一阶段中,要检查作业是否按标准要求进行,检查作业结果的计测数据是否符合标准的要求,以掌握执行计划和标准的效果;同时,通过这种检查,还要找出明显的或潜在的各类质量问题。

4. A 阶段　A 阶段即处理阶段,就是处置和标准化阶段。这一阶段要根据检查的结果,采取相应的措施。对于成功的经验,要加以肯定,形成标准化,以后就按标准进行;对于失败的教训也要总结检查,防止以后再出毛病。对这个循环没有解决的问题,就找出原因,反映到下一期循环去解决。以上的顺序就是 P、D、C、A 这四个阶段之相互关系,头尾衔接像一个车轮不断向前转动(图7-2)。

PDCA 循环有以下四个明显的特点。

(1)周而复始。PDCA 循环的四个过程并不是运行一次就完成,而是周而复始地进行。一个循环结束了,解决了一部分问题,可能还有问题没有解决,或者又出现了新的问题,再进行下一个 PDCA 循环,依次类推。且在 PDCA 循环中,四个阶段不能机械地割裂开来,而应该是一个有机组合体。如在 D 阶段中,可以选择 C 和 A 阶段内容,发现问题应立即反映到 P 阶段,修订计划,而不是机械地等到 D 阶段结束后才进行检查。

(2)大环带小环,如图7-3所示。无论在哪个阶段也都有更小的 PDCA 循环。比如,从全厂的大循环来讲,设计计划部门的工作属于第一阶段,但这些部门为了完成它本身的任务,又有若干工作,也就是说有若干个小的 PDCA,生产部门的工作属于第二阶段,检查部门的工作属于第三阶段,但就它们本身工作来说,也要有各自的 PDCA。这样在整个企业中,从前工序到后工序,从领导到每一个职工,都有自己的 PDCA 循环,形成了大环套小环的局面,是大环带动小环的有机组合体。

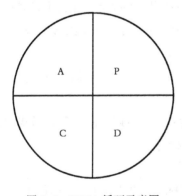

图7-2　PDCA 循环示意图

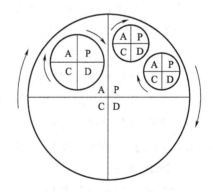

图7-3　PDCA 循环的结构

（3）阶梯式上升。PDCA 循环不是停留在一个水平上的循环，每个环都在不停地转动，每转动一圈即完成一个工作循环，不断解决问题的过程就是水平逐步提高的过程，如图 7-4 所示。PDCA 循环就是"管理"，也称管理循环。按这个管理循环周而复始地进行下去，就是质量管理活动。

（4）统计的工具。PDCA 循环应用了科学的统计观念和处理方法，作为推动工作、发现问题和解决问题的有效工具，典型的模式为"四个阶段""八个步骤""七种工具"。通常，在质量管理中广泛使用的直方图、控制图、因果图、排列图、相关图、分层图和统计分析表等称为"七种工具"。

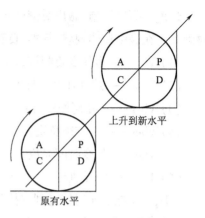

图 7-4　PDCA 循环的功能

（二）PDCA 循环的八个步骤

管理工作要真正起到指导生产的作用，就必须遵循一定的步骤进行工作。PDCA 循环一般分八个步骤：P 阶段包含四个步骤（P_1、P_2、P_3、P_4）；D 阶段包含一个步骤（D_5）；C 阶段包含一个步骤（C_6）；A 阶段包含两个步骤（A_7、A_8），如图 7-5 所示，具体分述如下。

图 7-5　PDCA 循环的八个步骤

1. P_1　确定目标找出存在的主要问题。利用数据，通过直方图、管理图等方法找出存在的主要问题，这样，主攻方向就明确了。

2. P_2　找出存在问题的原因要素。根据 P_1 提出的问题，利用因果分析图，找出产生这些问题的因素。

3. P_3　找出原因要素中哪些要素的影响大。根据 P_2 因果分析图上的许多原因，或去现场再次进行试验，调查数据；或召开民主分析会，集中多数人意见，在因果分析图上找出主要因素。

4. P_4 研究措施,做出对策(5W1H)。根据产生问题的主要因素,研究解决的措施,并做出对策表。在表中注明现状、标准、负责实施的人和进程等。

(1)Why——为什么要制订这个措施?

(2)What——达到什么目标?

(3)Where——在何处执行?

(4)When——由谁来负责?

(5)Who——什么时间完成?

(6)How——怎样执行?

5. D_5 实施。按对策计划表执行。

(1)将 $P_1 \sim P_2$ 过程向有关人员交代清楚。

(2)中途要有试验情况、技术措施执行进度和效果的记录。

(3)有管理图时,注意作好管理图记录。

6. C_6 调查效果。

(1)检查在 D_5 中是否按 P_4 要求去做。

(2)检查试验记录来源是否正确。

(3)用 P_1 的方法,检查效果。

(4)听取群众反映(使用质量听用户反映)。

7. A_7 总结。总结成功经验(或失败的教训)并把它定为标准(包括质量标准和技术管理标准等)。

8. A_8 遗留问题。从中找出新问题转到下一个 PDCA 循环去解决。

三、质量管理教育

全面质量管理是一种科学的管理方法,要求全员参加管理。要将这种科学管理的思想和方法为大家所接受、所掌握,进行质量管理教育工作很重要的,在日本就有"质量管理始于教育,终于教育"之说。

(一)教育内容

质量管理教育包括两个方面的内容,即思想教育和业务教育。两种教育同时进行,反复深入,不断提高,贯彻始终。通过对员工的思想教育,让质量管理意识深入人心;而业务教育则有助于提高员工的工作水平和质量,从而达到提高质量的目的。

1. 思想教育 全面质量管理是一场企业管理的科学化、群众化、合理化的运动,必将引起企业的生产上、技术上、管理上的重大变革。要想使全面质量管理的基本思想方法在广大员工中贯彻,变成员工的主动性活动,从思想教育入手是非常必要的。通过思想教育的深入,使员工认识到产品质量对企业生存的重要意义,产品质量的提高与每一位员工都有密切的关系。使全面质量管理的观念和方法得到在产品生产的过程中得到积极的贯彻。

在思想教育中,企业文化的教育是非常重要的内容。由于企业文化是企业在长期的经营活动中培育形成的,并遵循最高质量目标、核心价值标准的质量观念和行为规范。通常,它不仅直接反映为产品的质量、服务质量、管理和工作质量,而是从质量心理以及质量意识形态等方面表现出企业的整体素质。世界上很多知名企业具有自己独特企业文化,并在实践中继承、发展和完善。通过企业文化的思想教育可以增强员工的质量竞争意识、质量参与意识。

2. 业务教育 全面质量管理不仅强调科学的管理方法,而且特别强调专业技术,因为没有专业技术的不断提高,产品质量就不可能从根本上提高。业务教育的目的,就是要同时抓企业员工的技术水平和科学管理水平的提高。同时要接受质量管理的教育和训练,掌握质量管理的基本知识和方法。

在现代化的企业中,企业的员工必须能够适应现代化生产的要求。当前,机械、电子、液、气、计算机等高新技术在企业中广泛使用,企业员工不仅需要扎实的专业知识,还要在实践中不断学习新的知识,以适应技术快速发展和更新的要求。通过各种形式的业务教育可以让专业技术人员和操作人员不断"充电",提高自身的业务水平,适应新形势的要求。

(二)教育方法

1. 制订教育计划 按照全员培训的要求,根据因材施教的原则,对不同对象提出不同的要求,分别制订教育计划。教育计划一般包括教育对象、要求与内容、选用教材、学时安排。全面质量管理教育的体系如图7-6所示。

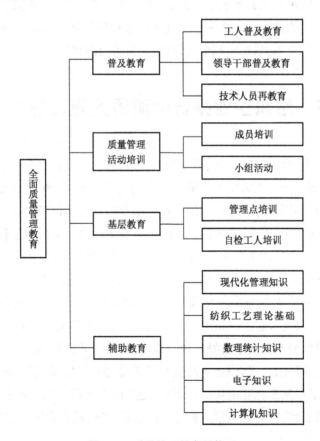

图7-6 质量管理教育的体系

2. 采取多种途径进行培训　教育的途径可以根据不同的情况和企业的实际采用多渠道、多种途径和各种方式来进行。这些方式在实际采用时,可以交叉、重叠,灵活采用,常用的形式大致可分为两大类。

(1)按照教育的时间可以分为现场培训、业余培训、脱产培训三种。在企业中一般多以现场培训和业余培训为主。因为这两种方式,不会影响员工本身的工作,且多为短期培训,具有见效快、针对性强、投资小的特点。这种方式能在短期内解决企业的某方面的具体问题,深受企业的欢迎。而脱产培训则耗资大、周期长,很难在短期内看到效果,但这种培训使员工获得系统的专业训练,从长远考虑非常有潜力。因此,在难度较大的知识获得时,通过这种方式有利于造就具有综合素质的优秀人才。

(2)按教育的形式可以分为现场观摩、实物图片展览、外出进修、办学习班、举办讲座和报告会等,还可采用电影、电视、幻灯片等形式。具体采用哪种形式可以根据教育的具体内容来灵活确定,甚至可以是多种形式并用,以达到最佳的教育效果。

(3)考察教育效果应遵循理论联系实际的原则,要运用学到的科学管理方法来解决生产中的实际问题。

在推行全面质量管理过程中,通过抓好试点,培养典型,取得经验以后,即可组织成果发表会,开展经验交流活动,把点上的经验推广到面,以扩大效果。总之,质量管理教育是全面质量管理在企业中得到应用的基本做法之一。通过这种教育使质量管理深入到企业的每一位员工的思想中和每一项工作中去,达到实现全员管理、全员参与的目标。

第三节　纺织企业推行全面质量管理的基本做法

纺织企业按照所生产的原料的不同可以分为棉纺织企业、毛纺织企业、丝绸企业、麻纺织企业、化纤企业等。按照生产加工方式的不同又可以分为纺纱企业、织造企业(专指机织)、针织企业、印染企业等多种不同类型的企业。由于纺织企业的涉及面较广,生产的原料、过程、工艺、设备等差异很大,变化多样,因此,在不同类型的企业具体的推行全面质量管理的方法和重点有所不同。但对我国的纺织生产企业来说,生产和质量管理共同的特点如下。

第一,纺织业属于传统的劳动密集型产业。我国是纺织产品的出口大国,纺织品生产加工和贸易约占出口总额的1/4,这是由于我国与发达国家相比具有大量廉价劳动力的优势。在纺织产品的生产过程中,需要大量的廉价劳动力,且劳动力的素质要求偏低。在这样密集的企业中,做到全员参加管理、使产品处于良好的控制状态,其难度可想而知。

第二,生产工艺流程较长。纺织企业的生产工艺流程一般较长,多的可达十几道甚至二十几道工序,且每一道工序又是相互衔接的。因此,上工序生产质量的问题将直接影响下工序的生产质量,甚至影响到最终产品的质量。做好工序质量控制,建立责任制,对控制产品的质量非常重要。

第三,产品附加值较低,技术含量低。在我国,大多数纺织企业生产的产品总体档次偏低,技术含量和产品附加值偏低,处于粗放经营、以量取胜、轻视设计、效益不佳的状态。因此,加大技术革新和设备改造的步伐,努力提高员工素质,使产品的附加值增加,同时提高产品的质量,是纺织企业面临的现实问题。

第四,涉及的技术领域较广。尽管传统的纺织企业的技术含量不高,但现代化的纺织企业已经在发生巨大的变化。在纺织生产中,可以涉及机械、电子、计算机、自动控制、液压、气动等一系列高新技术。同时大量的引进设备和对外贸易,对专业人员的外语以及国际贸易等方面知识的要求较高。

因此,下面以棉纺织企业为例介绍在企业中全面推行全面质量管理的基本做法。

一、建立质量保证体系

全面质量管理要求企业从组织上建立一套完善的质量保证体系,以保证最终产品的质量。质量保证体系就是建立质量方针和质量目标并实现这些目标的体系。具体指的是运用系统的概念和方法,根据质量保证的要求,从企业整体出发,把企业各部门、各环节严密地组织起来,规定它们在质量管理方面的职责、任务、要求和权限,并建立为组织和协调这些活动以及相互关系的组织机构,在企业内形成一个完整的有机质量保证体系。

“体系”是若干有关事物相互联系、相互制约而构成的一个有机的整体。它强调系统性、协调性,把影响质量的技术、管理、人员和资源等因素都综合在一起,使之为一个共同的目标而努力工作。因此,质量保证体系包括企业的组织领导系统、质量指标系统、质量实施系统和质量服务系统等。现分述如下。

(一)组织领导系统

这个系统与原有的生产指挥系统是相辅相成的,是整个企业管理系统有机的组成部分。

(二)质量指标系统

质量指标是每个企业质量优劣的具体反映。各企业为了确保各项质量指标的完成,必须将质量指标系统分解落实,使各个部门、车间和个人都能明确责任,分头去干。在纺织企业,由于生产工序长,分工细,涉及的质量指标比较多,而且,为了保证质量责任层层落实,环环相扣,必须将这些指标按照车间、轮班、小组和个人进行分解。在棉纺织企业,最终的成品通常为纱线和坯布,衡量纱线质量的重要指标为棉纱的一等品率,坯布的重要指标为棉布的入库一等品率。因此,下面以这两个指标在某厂质量指标的具体分解落实过程为例,列表介绍它们在实际生产中的分级分解和落实情况。

1. 棉纱一等品率　表7-1为棉纺织企业与纱线一等品率有关的生产工序及部门的目标指标。纱线的生产工序一般为原棉选配、开清棉(清花)、梳棉、精梳、并条(2~3道)、粗纱、细纱、后加工等工序。生产的主要车间可以分为前纺车间(包括原棉选配、开清棉、梳棉、精梳、并条、粗纱等工序)、后纺车间(包括细纱、后加工等工序),这些生产车间是纱线的直接制造者,对纱线的一等品率的保证负有直接的责任,是保证指标达到质量目标要求的基础,将质量指标落实到车间、轮班、小组和个人构成该质量指标系统。同时,对棉纱等级的评定指标为单纱断裂强度及单强 CV 值、百米重量 CV 值、条干均匀度变异系数、一克内棉结粒数、一克内棉结杂质总粒数、10万米纱疵等指标,以最低一项的等级作为最终产品的等级。这些指标将作为车间的目标指标来考核。

表 7-1　与棉纱一等品率指标相关的车间或部门承担的指标

车间(科室)指标	轮班	小组	个人
前纺车间　重量不匀率　重量偏差　棉结杂质	清花:重量不匀率　梳棉:重量不匀率　精梳:重量不匀率　并条:重量不匀率　粗纱:重量不匀率	清花:棉卷不匀率　清花保全:统破籽率　　　棉卷重量差异　梳棉保全:梳棉机落棉差异　　　生条条干不匀率　　　后车肚落棉　精梳保全:条干均匀度　　　精梳落棉台差　　　棉结杂质粒数　粗纱保全:条干均匀度　　　粗纱重量台差　　　粗纱张力　　　并卷重量差异　三磨:棉网棉结杂质	棉卷或条子、粗纱等半制品的不匀率
后纺车间　重量不匀率　黑板条干　断头率	操作断头	细纱保全:断头率　　　一等车率	操作断头
生产技术科　品质指标　重量不匀率　条干重量偏差　细纱断头		棉花检验:棉结杂质不降级　纺部工艺:强力不降级　纺部试验:并条台差　　　粗纱台差　　　条干不降级　　　重量差异　通风:粗纱回潮　　　胶辊花率	

　　生产技术科是纺织企业负责质量指标的检查、落实和实施的重要部门。生产技术科下属的纺部试验室主要负责对纱线生产过程中各种半制品的检查、测试和质量监控工作,因此,生产技术科也应承担和纱线质量的相关的指标。可以说,建立和完善质量指标体系是保证棉纱一等以上品率的前提条件。

　　2. 棉布入库一等品率　在棉纺织企业,坯布的生产工序包括络筒、整经、浆纱、穿经、织造、整理等工序。这些工序的生产质量对棉布的入库一等品率的保证起决定作用。由于一般准备车间包含络筒、整经、浆纱、穿经等工序,同时纱线的质量也会影响最终棉布质量,因此,影响棉布一等品率的生产车间主要有前纺车间、后纺车间、准备车间、织造车间、整理车间等。将棉布的质量指标分解到这些相应的生产车间内,分解到轮班、小组和个人即可。表7-2为企业与棉布一等品率指标有关的车间和部门的目标指标。由于影响棉布入库一等品率的因素比较复杂,涉及纱线质量、准备工序的半制品质量、织造质量和整理的质量等多方面,因此,每道工序相应的指标差异较大,指标也很多。为了清晰地反映出各个工序的关系,在表7-2中只列出了其中的几项指标作为参考。

表7-2 与棉布入库一等品率指标相关的车间和部门的指标

车间	(科室)指标	轮班	小组	个人
前纺车间	纱疵率 下机匹扯分 "0"分布率	纱疵坏布数	坏纱个数	坏纱个数
后纺车间	纱疵率 下机扯分 "0"分布率	坏布数 下机扯分 坏纱、坏筒	坏布数 坏纱 坏筒	坏布数 坏纱 坏筒
准备车间	织疵率 好轴率 断经 下机匹扯分 "0"分布率	筒子:好筒率 整经:坏轴数 浆纱:坏轴数 浆轴重量合格率 穿筘:坏布数 好轴率	筒子:好筒率 整经:坏轴数 浆纱:坏轴数 浆轴重量合格率 穿筘:坏布数 好轴率	筒子:好筒率 整经:坏轴数 浆纱:坏轴数 浆轴重量合格率 穿筘:坏布数 好轴数
织造车间	棉布入库一等品率 织疵率 下机正品率 断头率 "0"分布率	布机:织疵坏布数 下机匹扯分	布机:织疵坏布数 下机匹扯分	责任坏布数下机匹扯分
整理	漏验率 假开剪拼件率	漏验率 假开剪拼件率	漏验率	漏验率
生产技术科	棉布物理指标 棉布纬密 布面疵点格率		织部试验:棉布物理指标 棉布纬密 布面疵点格率	

同样,生产技术科对棉布的入库一等品率指标也应承担其检查和控制的职能,其下属的织部试验室主要负责和棉布质量有关的各个车间指标的日常测试、监控、反馈等职能,其日常的工作质量为生产质量指标的实现提供指导。

(三)质量实施系统

在生产过程中,半制品的质量随时会产生差异和波动。造成质量波动的原因是人(素质、思想认识、操作技术)、机械设备(机械精度、维修保养状况)、原材料(原棉、浆料及其他辅助材料)、技术方法(工艺规格、工艺路线、检测方法、操作规程)和环境(温度、湿度、工作地布置、文明生产等)。进行全面质量管理,必须认真抓好这五个方面的基础工作。在棉纺织企业中,可以称这些为质量实施系统。为了使产品质量保持在某一稳定水平上,就必须控制这五个因素的变化,使质量实施系统的各项因素标准化(质量活动标准),如原材料的供应、工艺设计和管理、操作管理、设备维修和保养、温湿度的管理等均符合产品质量的要求。现就几个主要方面分别叙述如下。

1. 原材料　由于纺织企业是劳动密集型、高产出的企业,企业只有依靠大批量的生产才能获取利润。这样,在纺织企业中需要用到大量的各类生产原料,原料成本是纺织产品的主要部分。因此,原材料的质量情况、使用情况对企业的生存和发展具有重要的作用。通常对棉纺织厂来说,主要的原材料有纺织纤维(主要为棉纤维、各类化学纤维和合成纤维等)、浆料以及在生产过程中所用到的专用纺织材料(各类纺织配件、机物料和低值易耗品等)等。很显然,做好这些原材料的供应、使用、管理工作,不仅可以节约生产成本,而且对提高产品质量有很大意义。

(1)原料。棉纺织生产所用的主要原料是原棉以及与之混纺的各种合成纤维、再生纤维素纤维。原棉的合理使用,是纺纱生产稳定的前提,也是稳定质量、提高质量的重要因素。要管好棉、配好棉,首先要对各种原棉的品质、性质等真正做到心中有数。通过检测,进行单唛试纺,充分了解原料的可纺性能,特别是与质量有关的纤维长度、细度、天然卷曲、成熟度、整齐度等情况。了解这些情况之后,才能根据原棉特征和生产要求,进行合理的配棉。此外,还应根据品种、季节的不同情况,区别对待,有的放矢,做到合理使用。

配棉时,应根据不同产品、不同用途的实际,合理选配,做到既满足产品需要,又充分发挥原棉特性。如对经纱和纬纱的配棉是有差别的,经纱要求强力高,应考虑采用纤维长度较长的原棉;而纬纱要求采用杂质较少、品级较好的原棉。如某厂做一深色坯布,对布面上存在的白星有较高的要求。为了尽量减少白星,在选配这个品种的原棉时,应注意原棉中未成熟纤维的含量。如果未成熟纤维的含量高了,在纺纱过程中就易于造成白星。再如,供加工做缝纫用的线,在配棉的时候对棉纤维的细度、长度和均匀度有较高的要求。有的棉花在某种季节时易绕罗拉、胶辊,就要尽量避免在这个季节使用。

从经济角度来看,原棉及其他纤维在棉纺织产品成本中占80%左右,为了降低成本,应注意好棉、次棉的合理配用。在符合质量标准和用户要求的前提下,可以适当选用一些低级棉。原棉的使用,还要根据各厂的实际机械质量和工艺操作水平,合理使用,不能脱离本厂的实际,生搬硬套别人的经验。此外,回花、再用棉的回用,要有具体的规定,按一定比例混用和处理,并定期检查,保证质量。配棉变动较大时,要做好半制品先做先用,成品先进先出的工作,防止布面黄白纱的出现。要做好某些原棉的预烘、预湿、预处理工作,以提高其可纺性能。加强对涤纶、维纶、腈纶、黏胶纤维等化学纤维的检验和管理,对于提高质量,稳定生产有着十分重要的作用。各棉纺织企业对进厂化纤的长度、细度、回潮率、单强、卷曲度、含油量、摩擦性能等必须加以认真检验把关。在化纤的使用方面,对混纺比例、化纤长度、细度的选配,要不断进行工艺试验、研究,选择最佳方案。

目前,随着纺织技术的发展,各种新型的纺织原料应运而生,但企业为了适应市场的要求,需要不断的使用这些新原料。对新材料的不断认识、探索是企业必须面对的问题,用好这些新原料,开发新产品是企业提高产品附加值,占领市场的重要手段。

(2)浆料。纺织厂使用的各类材料中,浆料是直接影响织物质量的重要因素,也是纺织企业中用量较大的原材料之一。根据产品要求认真选择浆料,管好浆料,使用好浆料是保证上好浆、织好布的前提。浆纱在选择时应根据纤维种类、纱线粗细、捻度多少、织物要求以及印染厂退浆、货源供应、价值大小、天气变化等多方面的情况,合理选配。对进厂的浆料,要坚持按质量标准进行化验、检查、验收,并做好先到先用,分批堆放。在第三章中已详细介绍了常用浆料的检验指标和检验方法,可以借鉴。

(3)专用材料。纺织企业各工序所用的专用材料很多,大体可以分为机备件(各种设备上专用的机器零件)、纺织专用器材和机物料(如纺部的针布、胶辊胶圈、集棉器、钢领、钢丝圈,织部的张力盘、打结刀、综、筘、梭子、胶圈、胶结、打梭棒、停经片等,以及各工序的容器、筒管、经轴和织轴盘头等)等。由于纺织企业的生产工序可多达十几道,每道工序都有相应的设备,每种设备有相配套的备件、机物料和器材等,因此纺织专用材料涉及面广、品种多、数量大,对质量有较大的影响,必须设有专人负责。加强专用材料的管理,经常检修更换,经常加以研究和改进,做到预防为主。

2. 工艺试验 "设备为基础,工艺为中心"的提法,说明工艺在纺织生产中占有十分重要的位置。合理的工艺必须坚持在"质量第一"的前提下,尽量采用最佳工艺生产出更多物美价廉的产品来。这些工艺要容易调整,容易操作,而且一经调整好就不宜经常变动。一切产品都要有完整的工艺设计。在进行工艺设计时,要充分应用现有的反映生产状况的数据,运用数理统计的科学方法,确定最佳方案。要坚持一切通过试验的方法,由小到大,逐步扩大。必须做到先工艺后投产。同时,要根据实际生产中原料、浆料、季节、品种的变化,实物质量要求以及用户反映等情况,不断开展工艺试验研究,为优质高产低耗服务。

3. 设备 设备是进行生产活动的物质基础。一般地说,没有满足高要求的设备,就不可能生产出高质量的产品。认真抓好设备维修及挖潜和革新、改造工作,是保证质量第一,坚持预防为主的重要环节。

设备方面,首先要加强维修保养工作,保证机械正常完好,工艺参数上车不走样,提高机械的实际水平。要落实保全保养周期管理、质量检查、交接验收、考核指标等四大制度;对设备完好率、大小修理一等一级车率、计划完成率和准期率进行考核。除了抓好经常性的维修保养工作之外,还要不断精益求精,满足各方面对机械设备提出的更高要求,严格安装精度,提高工艺上车合格率。设备方面,同时要抓好革新、改造工作。由于我国纺织设备数量庞大,还不可能用大量新机完全代替老机,因此抓好老设备的革新改造工作,在一个相当长的时期内依然是一项重要的任务。对设备实行技术改造,不但可以提高产品质量,而且可以提高产品质量。如不少厂对浆纱机改造后,采用烘筒和热风联合式浆纱机,使涤棉织物的上浆质量得到了保证。对于一些关键部件的革新,虽然从规模上看不如整机改造来得大,但往往能收到很好的经济效果。

4. 运转操作管理 运转管理是生产第一线的管理,主要包括班组管理、运转操作、交接班、文明生产、半制品管理、容器管理等内容。操作是进行生产的直接手段。因此,运转、操作的管理也是提高产品质量、降低纱疵和织疵的重要环节。

(1)执行操作法、改进发展操作法。

(2)推动练兵活动深入发展,做好应知应会教育和考核。

(3)加强运转管理、做好调度协调。

(4)加强班组建设。

(5)建立交接班制度,做好交接班工作。

(6)文明生产,做好清整洁工作。

(7)做好半制品和容器管理工作。

5.温湿度管理 由于纺织纤维的各种性能、生产过程中的生活是否好做(如胶辊发黏、发硬,浆膜变脆、机械部件生锈、细纱断头率增加、织疵增加、产品规格出现突变等)都同车间的温湿度有很密切的关系。人在生产过程中的疲劳也与温湿度情况有关。因此,搞好温湿度管理,对于稳定生产、不出和少出疵品有很大的关系。表7-3列出了棉织企业各车间的温湿度参考值。

表7-3 棉织企业各车间的温湿度范围

生产工序	冬季		夏季	
	温度(℃)	相对湿度(%)	温度(℃)	相对湿度(%)
络筒、整经	20~22	60~70	29~33	65~75
浆纱	20~25	75以下	33以下	75以下
穿经	18~22	60~70	29~33	65~70
织造	22~24	68~78	33以下	68~78
整理	18~22	55~65	29~32	60~65

在棉纺织生产过程中,相对湿度过高时,易发生粘、绕、锈、霉,即棉卷纱线粘连,杂质飞花难除,牵伸不良,条干恶化,易绕胶辊罗拉,机件表面锈污,布面容易潮湿、发霉,产生狭幅长码布;而相对湿度过低时,则会发生飞、松、脆、缩,即飞花增加,条卷蓬松,纱线发毛,成形不良,断头增多,强力下降,纬缩增加,经纱发脆,布面毛糙,阔幅短码。当天然棉与化纤混纺时,相对湿度低,会使静电作用增加,从而产生棉网破裂,出现绕胶辊绕罗拉的现象,对质量影响很大。综上所述,为了确保产品质量,一定要加强温湿度管理,特别是在开冷车和室外的气温、湿度、风向起急剧变化时,尤其要注意掌握,防止波动。

(四)质量服务系统

在纺织企业中,对车间来说,主要是担负生产过程中的产品质量和工作质量管理;对科室来说,主要是担负设计、辅助部门和产品使用过程中的工作质量管理。因此,全面质量管理也应包括设计、辅助和服务质量管理。可以把这些科室系统看作企业质量服务系统的一部分。

纺织企业的质量服务系统应包括其加工、制造直至交付后服务的整个过程。在企业内部,该系统应得到设计和开发产品过程中关于产品特性的规定信息,以指导员工按照规范进行生产加工或提供服务。同时,在企业外部,纺织企业必须建立健全信息的收集、分析和反馈系统,及时收集来自顾客的信息;并经过分析后,将有用的信息传递到企业内部;甚至传递到生产车间、科室和个人。这些信息主要包括产品质量、交付和服务等各方面的顾客的反映,顾客需求的变化和市场需求的变化。

信息的获得可以通过多种渠道,可以是书面形式,也可以是口头形式的。如顾客对产品质量的投诉和抱怨,对顾客的走访和调研(问卷、调查等形式),来自相关产品市场、消费者以及媒体的报告等。

完善和健全的质量服务系统为企业的产品的生产质量控制、企业的发展、企业新产品的设计和开发提供有用的信息,为企业在重大问题上的正确决策提供依据。同时,利用收集到的信息可以评价企业质量管理体系的成绩、与顾客和市场要求之间的差距、在竞争中的地位,为企业的改进决策提供保证,具有重要作用。

二、广泛开展为用户服务的活动

生产的目的就是为了满足用户需要,使用户满意。在企业内部要做到上工序为下工序服务,广泛开展为用户服务的活动是推行全面质量管理的一项重要工作。

(一)用户要求与质量标准的关系

一般来讲,产品质量标准应该与用户(即产品使用者或消费者)对产品的要求是一致的。在通常情况下,在生产过程中,完成质量标准中相应的质量指标越高,产品质量就越好,用户也就越满意。但事实上也并非完全如此,产品的质量标准是根据一定时期国家的资源情况、企业管理水平、技术水平以及用户的基本要求而制订的,它不可能把用户的各种需要统统包括进去,而且也不可能随着用户要求的不断提高而随时修改,因此,质量标准与用户需要往往有距离。当质量标准不能满足用户要求时,就需要同用户协商,提出保证用户满意的具体补充规定,并签订经济合同。另外,在市场经济的条件下,随着我国加入WTO,纺织企业的用户的面越来越宽,国内市场用户、国际市场的用户等,由于用户的历史、文化、生活水平和地域等差异很大,对产品质量的要求差异也很大。产品的质量标准也是千差万别,就拿织物的标准来讲,我国有相应的国家标准系列,但在美国则采用四分制标准,欧洲则有欧盟标准等。因此,企业如何兼顾国家标准和国际标准,最大限度地满足用户的要求,正确处理用户要求和质量标准的关系,是非常值得研究的。

总之,质量管理不应满足于国家标准,停留在质量指标的完成上,而是要以用户要求作为自己的高标准,并不断找差距,定措施,赶超国内外先进水平,最大限度地满足社会需要。

(二)为用户服务的做法

1. 坚持访问用户的制度　可在企业的内部和企业的外部建立完善的服务网络,并形成闭环,做到定期定时的访问用户,了解来自用户的各类信息。将这些信息定期收集、分析和反馈。坚持访问用户在大多数企业的外部均能够实现,实际上在企业的内部也应该建立这样的制度,因为,下工序都是上工序的用户,生产车间都是科室工作质量的用户。这种制度的建立,将有利于提高工序质量和工作质量,从根本上实现对产品最终质量的控制。

2.采取积极措施保证用户满意　通过从用户处收集的信息,可以了解产品质量状况和员工的工作状况。对用户反映的问题应及时的积极采取相应的改进措施,以达到用户满意。

3.用经济手段进行管理　在企业内、企业外进行为用户服务的时候,可以通过责任制的建立和完善,实现用经济手段进行管理。经济手段的采用可以做到奖罚分明,尤其在人员素质不高的前提下,它可以起到很大的作用。

(三)切实做到上工序为下工序服务

(1)在纺织企业内,上工序把下工序当作用户具有重要的意义。纺织企业生产的特点是多工序、多机台、大批量、连续性的生产,其过程一般有清、钢、条、粗、细、筒、经、浆、穿、织等十几道工序,上一道工序的生产质量往往对下道工序造成很大的影响。纺织企业的另一个特点是多工种协同工作,多因素互相影响,所以纺织厂上工序为下工序服务是十分必要的。

(2)企业内部各部门都要为自己的工作对象服务。在纺织企业内部,涉及的部门非常多,如生产技术科、设备管理科、生产调度、动力、机修、供应、销售、财务、卫生、服务、基建等。这些部门中有些与生产车间产品的生产有密切的关系,而有些则间接对生产有影响,但纺织企业的各个部门应是有机的整体,这些部门的工作质量将直接或间接的影响着企业质量目标的实现。因此,企业内部的各部门如果能够为自己的工作对象服好务,才能形成相互协调的、有机的、具有竞争力的现代化纺织企业。

(3)在企业内部签订经济合同。目前,很多企业内都实行了经济合同制,即企业的各个部门、车间的负责人均与企业签订经济合同,对车间的质量指标、产量指标、奖罚形式等均有明确的规定。当车间或部门不能很好地履行和完成自己的指标时,应有相应的经济处罚;同时,车间的员工也与车间签订相应的经济合同。这些经济合同的签订,形成了一系列的质量责任链,为部门间的服务、工序间的服务、员工间的协作等提供了良好的保障。

三、坚持预防为主

长期以来,我国的纺织企业为了获得好的产品质量,在生产过程中采取了许多积极的预防措施,如各工序的质量检验,守关工作,上下工序一条龙,三结合攻关等,都是广大工人、技术人员在实际工作中积累起来的行之有效的经验。坚持预防为主的主要方法可以归纳为以下几个方面。

(一)加强质量责任制

质量责任制是岗位责任制的一种形式,即把质量指标落实到每个员工身上,使每个人都明确自己在提高质量过程中的具体职责,保证自己岗位工作的质量。质量责任制主要包括落实质量专职制(疵品责任)、交接班、加强巡回操作、调整充实指标和调整分工职责等方面的内容。各企业应根据质量要求制定生产技术管理工作条例,建立和健全各级领导机构、职能部门以及专职人员的生产技术责任制和工人的岗位责任制,产品质量实行专职制,做到事事有人管,人人有专责,以保证生产的正常进行,减少质量波动,及时发现异常波动并予以控制。

(二)专业守关和群众守关相结合

棉纺织企业中的操作工是多机台看管,工种分工较细,往往操作工不会检修,检修工不善于操作,劳动对象又是各种不同的纤维,而纤维的质量又不能长期如一。在加工过程中,温湿度环境的变化,对产品质量的影响也很敏感。机器零部件等辅助材料和容器,如胶辊、针布、梭子、浆料、筒管等数量很大,变动频繁。皮件、木件多,易磨损,易走动,稍有不慎就会影响产品质量等。以上这些基本特点,决定了棉纺织产品质量容易产生波动的特点,即容易产生包括突发性纱疵在内的各种质量波动。对影响质量波动的各种因素加以控制,以保证质量稳定,称为"守关"。所谓专业守关,就是按品种、工序(或工种)、纱疵和织疵项目、实物质量等,配备专职人员进行质量把关。而群众守关则是工人群众在各自岗位上分兵把口,控制质量的波动。

(三)坚持质量分析制度

在纺织企业中,质量分析主要是指纱疵和疵布分析活动。这种活动采取技术人员、管理人员、工人"三结合"的形式,从纱线疵点和织物外观疵点的实际出发,到成品车间现场去发现问题,进行分析,研究预防措施。质量分析除了上述疵布分析活动外,还有实物质量评比、访问用户后的质量分析、上工序访问下工序后对半制品的质量分析等活动。

通常情况下,企业应采用定期和非定期的质量分析活动,通过来自各个阶层人员的分析研究,及时解决生产活动过程中出现的质量问题。对常规的质量问题,可以采用定期的召开全厂质量分析会的形式,对整个企业各工序的质量问题进行全面的分析总结,提出今后的控制质量的措施和方法。对突发性的质量问题,应采用非定期的、不定点的方式来进行,问题出在哪里,质量分析现场会就开到哪里,及时解决生产实际质量问题,涉及人员的范围可以灵活调整。

(四)质量管理流程图

1.质量管理流程图的来源　质量管理流程图是在管理工作的基础上,根据全面质量管理的要求,运用网络技术和直观图的表达式,结合生产实际情况而推行的一项科学管理方法。

产品质量上的问题大致有两类:一类是攻关问题,即造成质量问题的关键因素还没有找到,需要针对问题进行攻关解决;另一类是守关问题,即造成质量问题的原因和解决办法已经知道,但全部生产活动时间内没有完全执行。后一类问题在生产过程中是基本的、大量的,当一个环节出了问题,就会导致疵点的产生。过去的质量管理在解决守关问题方面,是由专职人员按轻重缓急,编制一个检查程序,每天按程序进行周期性的检查,但是检查的数量和时间受到限制,不能代表产品质量的整体。质量管理流程图的重点也是解决守关方面问题,它以一个突出的质量问题为对象,按照工艺流程和生产活动规律,把前后道相邻的有关工序的人员组织起来,明确各自的责权,明确相互之间的关系,明确奖惩的规定,汇集成流程图,便于大家共同遵守和执行,保证产品质量处于经常的控制状态,从而达到提高质量的目的。

质量管理流程图把许多原来静止的、孤立的、不连续的岗位责任制联系起来。这样,既丰富了岗位责任制,又发展了岗位责任制,使每一个工人做到既是生产者又是管理者,达到全员管理的目的,从而把造成疵品的可能性消灭在生产过程中。

2.质量管理流程图的形式　质量管理流程图由直观的方框图和连续的箭头组成。每个方框图由三个部分组成,工种、工种对这一问题的责任和权利、工种的奖惩规定。在方框与方框之间用三种箭头连接,如通知(图中用"T"表示)、检查(图中用"C"表示)、考核(图中用"P"表示)。箭头的矢端分别为被通知者、被检查者、被考核者;箭头的尾端分别为通知者、检查者、考核者。

3.质量管理流程图的内容　质量管理流程图在内容上要具备以下五个要点。

(1)明确中心。质量管理的中心问题是什么？这是个关键,流程图就是围绕这个中心设计的。

(2)明确责权。针对质量中心问题,明确各有关工种或个人应该做好哪些工作,制订相应的具体责任和权利。

(3)明确赏罚。按照制订的责权,定出具体赏罚规定。

(4)明确关系。围绕质量中心问题所组织起来的有关人员,其相互之间要关系明确,即通知与被通知的关系,检查与被检查的关系,考核与被考核的关系。

(5)明确手续。在通知、检查、考核中要建立一定的信息传递方法,记录各种责任的标记。

4.质量管理流程图的控制技术　质量管理流程图组织是否完善有效,取决于控制方式运用得是否恰当。常用的控制方式有串联控制、并联控制、逐级控制、个人和集体结合控制等。

(1)串联控制。如图7-7所示,Ⅳ级考查Ⅲ级同时考查Ⅱ级、Ⅰ级;Ⅲ级考查Ⅱ级同时考查Ⅰ级;Ⅱ级考查Ⅰ级。如检查拆坏布:轮班到的扣生产组长、挡车工;车间查到的从轮班长扣起;厂部查到的从车间主任扣起。当公司查到时,要从厂部的有关科室扣起。这种串控制,既追查了产生问题的根源,又考核了后道工序把关不严的责任。

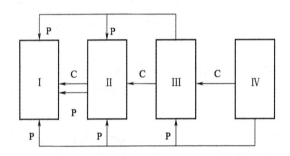

图7-7　质量管理流程图的串联控制

(2)并联控制。如图7-8所示,Ⅱ级查Ⅰ级,只查不考核,Ⅲ级查Ⅰ级同时考核Ⅱ级。如检查上轴工作质量:轮班长查上轴工,只查不考核;专职检查员查上轴工,则考核上轴工也考核轮班长。这种并联控制,把原来Ⅱ级与Ⅰ级之间相互制约的关系转化为互相关心帮助的协作关系,以便更好地调动生产积极性。

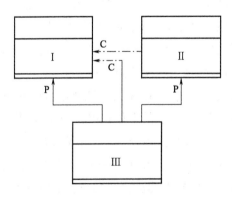

图7-8　质量管理流程图的并联控制

（3）逐级控制。如图 7-9 所示Ⅵ级查Ⅲ级考核Ⅲ级，Ⅲ级查Ⅱ级考核Ⅱ级，Ⅱ级查Ⅰ级考核Ⅰ级，即查哪一级只考核哪一级，各负各的责任。如常日班测定员查运转教练员、查落纱工、查挡车，只考核被检查者。这种逐级控制，要求有前人员按照规定严格执行，保证问题的完善解决。

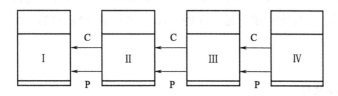

图 7-9　质量管理流程图的逐级控制

（4）个人和集体结合控制。如图 7-10 所示，Ⅱ级查Ⅰ级中的个人甲，除考核甲外，同时考核甲的集体Ⅰ。这种个集结合控制，可以动员集体力量相互关心督促。

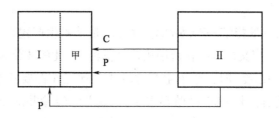

图 7-10　质量管理流程图的个集结合控制

四、实行专家管理与群众管理相结合

全面质量管理实际上要形成一个全员参加管理的群众运动，使专家管理与群众管理结合起来。根据实践，普遍建立质量管理小组、质量管理点和自检工人，是实现专家管理与群众管理相结合的好形式。

1. 质量管理小组　质量管理小组（QC 小组），是进行全面质量管理的基层组织，是广大职工参加质量管理的一种好形式。质量管理小组，可以根据工序或某一关键问题进行组织并开展活动。其任务是宣传质量第一的思想，针对问题进行调查研究，攻克质量关键难题。QC 小组要做到自觉活动、目标明确、科学管理、效果显著。质量管理小组的成员通常是由与解决的质量问题有关的各个层次的人员参加，应包括管理人员、技术人员、设备维修人员和操作工人等。因此，QC 小组就是实行专家管理与群众管理相结合的典型范例。在企业内部普遍建立质量管理小组是推行全面质量管理工作的一项重要内容。

2. 质量管理点　质量管理点是全面质量管理在生产第一线的又一种群众性组织形式，是质量保证体系的最基本单位。它的任务是按照质量标准和技术措施进行守关。通常，质量管理点设在每个车间的关键工序的关键部位，并明确标出。通过车间技术专家和生产现场的操作工人的协调工作,严格控制质量管理点的重点控制的工艺参数,以保证产品的质量。所以,建立质量管理点是标准化运作的有效手段。

3. 自检工人 普遍实行工人的严格自检,人人把关,是进行质量控制的核心。自检工人在生产过程中,要有高度的质量观念与分析能力,自觉地运用全面质量管理的基本观点和方法,认真对待自己所生产的每一件产品,运用必要的测试手段和统计工具,实行自主检查,科学地管好自己区域的产品质量,确保交付给下道工序的产品全部是质量较好的产品,使用户(下道工序)满意。

五、积极推行标准化

标准化是组织现代化生产的重要手段,是质量管理的重要组成部分。标准化是 PDCA 管理循环的终点,是管理成果的肯定,同时又是下一循环的起点。可以说,企业的一切管理工作都是从标准化开始,到标准化结束。因此,标准化是质量管理的基础,质量管理又是标准化发展的推动力。

(一)标准化的概念

狭义的标准化概念,一般指统一产品的质量标准,是从事生产建设工作和商品流通的共同技术依据(即技术标准)。广义的标准化范围极广,它除了上述的质量标准与技术标准之外,还包括工作标准和各项管理制度,即在整个生产过程中每项工作都要标准化,称此为"全面标准化"。企业的每一项工作,经过"PDCA"循环之后,认真总结经验并加以标准化,使下次再进行同样的工作时有了标准。这样就使企业繁杂的工作条理化、规格化、作业化,每个人都明确自己的岗位责任,使工作主动,效率高,质量稳定。

(二)纺织生产标准化的主要内容

1. 产品质量标准 一般说产品合格不合格,这个"格"就是指的产品质量标准。

2. 技术标准(规程) 技术标准包括以下几项内容。

(1)原料、材料、浆料。各种原材料、浆料的规格,验收标准,仓库存量,运输管理的标准等。

(2)工艺。产品规格,各工序工艺设计标准,工艺检查标准等。

(3)机械。安装规格,各种部件规格,保全保养周期,机械工艺规格等。

(4)试化验。试化验检查,计量仪器,试验方法、周期,质量标准,计、测仪器标准,保养周期等。

(5)操作。各种操作规程(包括机械、运转、挡车等)。

(6)空调。各种空调设备的维修标准,各工序温湿度的调节控制标准,空调工操作标准等。

(7)图纸公差。各种图纸公差。

(8)技术业务标准。工程技术人员的技术标准,技术工人应知、应会标准等。

由于以上各种技术标准是相互有机地联系在一起的,所以还必须同时制订各种管理业务标准,明确相互之间的责任与联系工作。

3. 管理业务标准和办事标准(各种规程、规章制度) 管理业务标准和办事标准所包含的范围极广,包括一切责任制度(质量责任、经济责任、安全责任等)、职责分工、业务联系、劳动纪律、奖惩制度、工作效率等。

（三）标准化的推行

推行标准化,是全面质量管理的重要内容之一。推行标准化,要做好下列几项工作。

1. 以用户的要求,作为产品质量标准的补充　一般地说,一个企业产品质量的标准,除了必须达到国家标准(或部门标准)以外,还要以用户的要求作为本企业的要求,这一点是全面质量管理的基本要求。也就是说,不仅要生产出符合国家标准(或部门标准)的产品,而且更重要的是要生产用户满意的产品。

2. 以产品质量的要求,制订工作质量的标准　实现产品质量标准化,必须以工作质量的标准化来加以保证。也就是说,为了保证产品质量,必须制订相应的每道工序半制品的质量标准,保证半制品质量的各工序设备、工艺、操作的标准。这种各自通过本部门、本岗位的质量标准来保证半制品、成品的质量标准,就是质量管理标准化的要求。

3. 以工作质量要求,确定职工的业务技术标准　为了实现工作质量标准,必须以职工的业务技术标准来保证。要使全员适应质量管理标准化,从企业领导到每一个操作工人,都要把各项业务工作提高到现代化管理的水平上来。

4. 加强标准化的管理　加强标准化的管理包括组织标准的贯彻执行,做好标准的制订、修订工作以及提高标准化管理水平等方面的工作。

六、实现信息化

所谓信息化,就是要对生产活动中涌现出来的大量信息,通过各种方式,运用各种手段,及时地进行收集、储存、分析、传递和处理,这也就是信息运动。纺织企业的信息运动是有一定的基础的,如常规的试化验制度、守关捉疵等都是一些初级的(或者说是不完善的)信息运动。有些厂的半制品车间派专人在成品车间(即整理间)分析疵点,将有关的疵点及时反馈到各自所在的车间,追踪找出原因,采取措施予以控制;有些还对单机台建立台账或台卡,起到了储存信息的作用。诸如这类做法,都在信息化的程度方面提高了一步,对控制产品质量,加强质量管理,无疑都是有益的。

随着计算机技术的发展,纺织设备机电一体化、自动化、智能化水平也越来越高,在企业管理包括质量管理中已普遍使用了计算机,信息的收集、传递和分析等已经达到新的水平。现代化的设备、现代化的管理模式和现代化的管理人员,为纺织企业的全面信息化创造了有利的条件。

现在的信息,不仅是传统的产量信息、质量信息等,而且信息已经细化到纺织生产过程的每一个角落。现在信息的获得速度非常快速、便捷、准确,为纺织企业实现全面质量管理提供了条件,将使企业的管理水平提高到一个新的水平。

第四节　数理统计方法在纺织企业中的应用

数理统计是一门对随机现象的规律进行归纳和研究的科学。纺织的连续化大规模生产,受多种因素影响,必然会出现大量的随机现象,使生产情况发生波动。生产管理人员和技术人员通过各种测试手段,获得大量的、能反映生产实际情况的数据。运用数理统计的方法,对这些数据进行分析研究,找出其变化的规律,以发现和推断生产中的问题,从而对生产过程进行控制,保证生产出符合质量要求的产品,这是纺织生产全面质量管理的重要内容。

本节主要介绍一些有关数理统计的基本知识以及在纺织企业中的一些应用。

一、数据

数据是数理统计的基础。从质量管理的角度来说,没有数量概念也就没有准确的质量概念。运用数理统计方法对生产过程进行统计推断,必须要有一定的数据。因此,在生产过程中,需要把反映质量特性的各种事实数据化。

(一)数据的种类

数据有计量数据和计数数据两种。计数数据又可以分为计件数据和计点数据。

所谓计量数据,系连续型变量,指用测量仪器连续测量得到的质量特性值,如纤维长度、单纱强力等,这些数据的特点是连续的,且一般不是整数。所谓计数数据,系离散型变量,指以个数计量的质量特性值,如棉结杂质粒数、疵布匹数、经纱断头数等,这些数据一般为整数。

(二)数据的测量方法

数据的测量方法可分为两大类:一类数据可以用测量仪器测得,如长度、重量、温湿度等;但还有一类数据并非能用测量仪器测出,而是通过人的眼、耳、鼻等感觉器官,甚至人的触觉而获得。这些靠五官检查的方法称为官能检查,即平常所说的"手感目测"。在纺织企业的实际生产过程中,需要通过大量的仪器设备来获得评价各种半制品质量的数据。仪器设备的自动化程度也越来越高,测量精度也越来越高。很显然,这些数据来源可靠,具有很强的可比性和可操作性,使用方便。但还会经常用到手感目测的方法,甚至在有些指标上,目前还无法做到仪器测量,或者说,使用手感目测法更加有优势,如织物疵点的评价、织物手感的评价、织物风格的评价等。

(三)数据的取得

数据是研究质量问题的重要依据,因此数据能否代表整个样本的实际情况是非常关键的。为了获得可靠的数据,在样品的抽取和测试等必须严格要求,一般在数据的获取上应注意以下几点。

(1)获取数据必须有一定的目的。为此,在获取数据前要有一定的计划,以保证获得的数据对我们的工作有较强的针对性,这样的数据才是有用的数据。

(2)数据必须有足够的数量。数据的数量是数理统计中要求的重要内容,数据太少,不能说明问题,不能代表整个样本的实际;但是数据太多,处理数据必然很困难,容易造成人力、财力、物力上的浪费,甚至有时也是不必要的,如有些破坏性的试验,过多的测量必然造成产品的浪费。

(3)数据要客观反映生产情况,要随机取样。在生产过程中,测试大量的数据是为了能够反映生产过程中产品质量的波动情况。这时,数据的实时性非常重要,不能做到这些,数据是无法反映生产实际,是没有意义的。

(4)测试手段要经济可靠。应根据测试数据的情况来选用合理而经济的测试手段,过高的测试精度势必要投入昂贵的仪器设备和维护测试费用。

(5)记录数据时,应同时记录测量时间、地点和测量时的条件。如在纺织企业中,影响数据的一个重要因素就是温湿度。如果在测量数据中不记录相应的温湿度条件等,则对数据是无法进行深入研究和分析的,这些条件是重要的依据。

(四)存在问题

我国纺织企业中原棉检验、纺部和织部生产试验、控制等工作已有几十年的历史。每个企业都有相当数量的测试人员在工作,每天可以测试出很多数据。但是,长期以来,由于思想重视不够,加上科学技术水平不高,测试手段落后,因此,尽管有各种测试数据,但往往是有项目,不准确;有记录,少统计;有数字,缺分析,没有充分发挥生产数据反映生产、指导生产的作用。推行全面质量管理,必须努力改变这种状况。只有不断提高认识,改进测试手段,学习数理统计专业知识,才可能对生产数据加以综合分析,掌握生产规律,取得指挥生产、稳定和提高产品质量的主动权。

在我国目前的情况下,改进和加强测试手段,有着很重要的意义。如果数据不准确,就不能正确指导生产,甚至会起相反的作用。如我国棉布的布面棉结杂质数据是由工人用目光点测的,目光既难统一,点测又易出差错,这就使数据的准确性受到影响。还有一些纺织品质量方面的特征,目前还无法用数据表示。这就需要企业积极努力,创造条件,早日采用新的方法或仪器,更多地"让数据说话"。

二、总体、个体和子样

总体又称母体,是指研究对象的全体。个体是组成总体的各个基本单位。从总体中抽出一部分个体作为样本,这个样本称为子样。子样所含个体数目称为子样(样本)的大小(或容量)。

例如,某企业生产的一批售纱共有 10 吨,需抽出 100 只筒子测量其回潮率。对回潮率而言,这 10 吨筒子纱就是总体,每只筒子就是个体,100 只筒子就是一个子样,这个子样容量为 100。

一个总体所含的个体数往往很多,甚至趋于无穷大,以致不可能对其一一加以考察。而且有些试验是破坏性的,不可能进行全数检查。如纱、布强力试验,每拉断一次才得到一个数据,因此即使总体所含个体数目不多,也不允许全部加以试验、考察。所以,我们对总体某一性质的了解,一般总是通过测试子样来实现的。

三、随机现象和随机事件

在观察事物或做某试验时,其结果可以分为两个大类:凡是在一定的条件下,必然会发生某种结果的现象,称为必然现象。如在一个大气压下,纯水加热到 100℃,就必然沸腾并开始汽化;若降到 0℃时就一定开始结冰。而有些现象,在一定条件下有多种可能的结果发生,而且究竟发生何种结果是不确定的,这种现象在数理统计中称为随机现象。如对某一纱线作强力试验时,在同一条件下所测得的强力数据并不是一个确定的值。数据出现的偶然性,称为随机性。随机试验所测得的数据称为随机变量。这类事件,称为随机事件。对于同一个总体来说,对它所测得的随机变量,并不是杂乱无章的,而是围绕着某一相对稳定的数值进行有规律的波动(或称摆动)。如某厂生产的14.5tex(40英支)纯棉经纱,在回潮率为8%和温度为20℃的条件下,单纱强力总是围绕着某一相对稳定的数值波动,相对稳定的数值就是这种纱线的单纱强力随机变量的"必然趋势"。

这种随机变量在表面上的偶然性始终受到其内部隐藏的必然性规律的支配。只要条件不变,其趋势也不变。随机性总是服从规律的,若要深刻地认识所研究的对象,就必须对其进行一定数量的试验,掌握充分的资料,进行分析研究,逐步深入地掌握其内在的客观规律。这就是运用数理统计的目的所在。

四、频率分布的特征数

(一)离散型随机变量和连续型随机变量

在纺织企业的生产过程中随机现象和随机事件大量存在。通过科学的方法来研究这些事件进而解决问题时经常需要做大量的工作。在纺织企业的生产中,通常会碰到的随机变量有离散型和连续型两种。

1. 离散型随机变量 在纺织企业生产过程中,有些随机变量,如生条、纱线上的棉结杂质粒数,细纱、布机上的断头数等,都只能出现0、1、2、3等正整数,在数轴上只能取一个个孤立的值,相互不连续。这类变量我们称为离散型随机变量。

2. 连续型随机变量 一类随机变量,如棉纤维的长度、生条的重量、纱的强力、织物的弹性变形量、温度与湿度等,这类变量往往不是整数,在数轴上该变量不再是一个个孤立的点,而是在有意义的范围内,可以充满任何区间。这类变量称为连续型随机变量。

(二)频数和频率

在一批数据中,某一数据出现的次数,称为该数的频数(f)。一批数据的总频数就是这批数据的总数。某一数据出现的频数与总频数的比值,称为频率(f')。

(三)算术平均数

1. 算术平均数是一个特征数 在工业生产中经常用子样的算术平均数来估计其总体的平均水平。总体平均数记作 $\overline{X}$。则其计算方法为:

一批数据为 X_1、X_2、X_3、$\cdots$、X_n(共有 n 个数据),则:

$$\overline{X} = \frac{X_1 + X_2 + X_3 + \cdots + X_n}{n}$$

即

$$\overline{X} = \frac{\sum_{i=1}^{n} X_i}{n}$$

在实际生产中,由于生产量很大,总体平均数 $\overline{X}$ 是不易得到的,或者根本不可能得到的。总体平均数在数理统计中又称"数学期望"(数学期望是平均值的推广,即"加权"平均值)。因此,在大量子样条件下,可以将子样平均数作为总体平均数的估计值。

2. 加权平均数是分组法的算术平均数　如要检测一批原棉纤维的平均长度,通常每次的实际抽样量达上万根纤维。要把它们一根根地测量出来,这在实际工作中是不可能的,也是不现实的。目前一般采用重量加权平均的办法计算。若纤维的根数为 n,分组数为 k,则加权平均数的计算方法为:

设每组纤维的平均重量为 W_1、W_2、W_3、$\cdots$、W_k,每组纤维的平均长度为 X_1、X_2、X_3、$\cdots$、X_k。

则,这批纤维的平均长度为:

$$\overline{X} = \frac{W_1 X_1 + W_2 X_2 + \cdots + W_k X_k}{W_1 + W_2 + \cdots + W_k} = \frac{\sum\limits_{i=1}^{k} W_i X_i}{\sum\limits_{i=1}^{k} W_i}$$

上式可用频数表示为:

$$\overline{X} = \frac{\sum\limits_{i=1}^{k} X f}{n}$$

$$\sum\limits_{i=1}^{k} f = n$$

(四)极差和均方差

极差 R 是表示一批数据中最大数(L)与最小数(S)之差。

$$R = L - S$$

极差(R)反映了一批数据的波动情况,这是数据离散程度的一种表示方法,而且计算也很简单。为了更精确地反映一批数据的波动程度(即离散程度),可用均方差这一特征数来表示。

均方差,又称标准离差或标准偏差,或简称标准差。一般总体均方差用 σ 表示,子样的均方差用 s 表示。均方差比极差的精度高。均方差的计算公式:

$$\sigma = \sqrt{\frac{\sum\limits_{i=1}^{n} (X_i - \overline{X})^2}{n}}$$

对于频率分布表达的情况为:

$$\sigma = \sqrt{\frac{\sum\limits_{i=1}^{n} (X_i - \overline{X})^2 f_i}{n}}$$

式中:f_i——频数。

一般当样本为小子样的时候,即 $n < 50$ 的均方差的公式中的分母取 $n-1$,即:

$$\sigma = \sqrt{\dfrac{\sum\limits_{i=1}^{n}(X_i - \overline{X})^2}{n-1}}$$

式中:$n-1$——自由度。

(五)平均差

平均差是指各测量值与平均数之差的绝对值的平均数,用 d 来表示,为了计算上的方便,纺织企业常用平均差表示产品质量的离散程度。计算公式如下:

$$d = \dfrac{|X_1 - \overline{X}| + |X_2 - \overline{X}| + \cdots + |X_n - \overline{X}|}{n}$$

(六)不匀率

1. 乍密尔不匀率(H)

$$H = \dfrac{d}{\overline{X}} \times 100\% = \dfrac{2(\overline{X} - \overline{X}_1)N_1}{N\overline{X}} \times 100\%$$

或

$$H = \dfrac{2(\overline{X}_u - \overline{X})N_u}{N\overline{X}} \times 100\%$$

式中:$\overline{X}$——试样的平均数;

$\overline{X}_u$——平均数以上各数的平均数;

$\overline{X}_1$——平均数以下各数的平均数;

N——试样总数;

N_1——平均数以下的数据数;

N_u——平均数以上的数据数。

乍密尔不匀率又称平均差系数,这是纺织厂中常用以反映试样离散性的指标。

2. 变异系数 CV

$$CV = A \times H$$

式中:H——平均差系数;

A——系数(表7-4)。

因为

$$CV = \dfrac{\sigma}{\overline{X}} \times 100\%$$

所以

$$\sigma = CV \times \overline{X}$$

表7-4　系数 A 与试验次数 n 的关系

试验次数 n	4	5	6	7	8	9
A	1.447	1.401	1.373	1.340	1.329	1.321
试验次数 n	10	20	50	100	100 以上	
A	1.297	1.286	1.266	1.253	1.250	

五、概率分布

(一)概率

随机变量虽有波动,但不是杂乱无章,而是按照必然规律波动的。如在同样的生产和测试条件下,对 14.5tex 纯棉纱做单强测试,其变量仍会围绕着 200g 波动,变动靠近 200g 的机会多一些,远离 200g 的机会少一些。只要条件不发生变化,变量的波动范围总是和前面十分相似,而且测试所得的单强数据落在任一范围的数目在该批数据中所占的比例是比较稳定的。这个稳定的比值称为"概率"。概率这个概念是描述某随机变量出现可能性大小的一个量。变量 x 的概率用 $P(x)$ 表示。

(二)正态分布

正态分布,又称常态分布。正态分布是连续型随机变量的概率分布之一,它在数理统计的理论和实际应用中占有很大的比例。

在纺织生产中有许多随机现象的变化规律(如纱线的强力等)是服从正态分布的,特别是随机误差(或随机偏差)一般服从正态分布。

正态分布曲线的特征是中间隆起,呈悬钟形,以曲线最高点的横坐标为中心,对称地向两边快速下降(图7-11)。

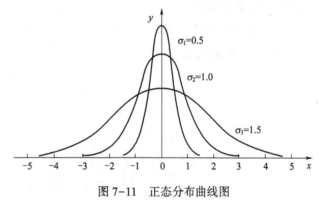

图7-11　正态分布曲线图

正态分布的概率密度函数式为:

$$f(X) = \frac{1}{\sigma\sqrt{2\pi}} e^{-\frac{(X-\bar{\mu})^2}{2\sigma^2}}$$

其中, $-\infty < X < \infty$ 。

正态分布有以下特点。

(1)分布曲线对平均值 $\bar{\mu}$ 对称,对 $\bar{\mu}$ 的正负均方差相等。

(2)分布曲线的形状可以由均方差值来决定。 σ 越小,曲线越瘦高,离散度越小; σ 越大,曲线越平坦,离散度越大。

(3)曲线与 x 轴所围成的面积与均方差 σ 的关系(假设总面积为100%)如下。

在 $\bar{\mu}\pm\sigma$ 范围内的比例约为68.26%。

在 $\bar{\mu}\pm1.5\sigma$ 范围内的比例约为86%。

在 $\bar{\mu}\pm1.96\sigma$ 范围内的比例约为95%。

在 $\bar{\mu}\pm3\sigma$ 范围内的比例约为99.73%。

在 $\bar{\mu}\pm4\sigma$ 范围内的比例约为99.99%。

由此可见,在一定范围(如$\pm3\sigma$)以外出现的概率很小,这是质量控制统计方法的基础。

(三)泊松分布和二项分布

泊松分布和二项分布是概率分布中的另外两种分布,它们是离散型随机变量的主要概率分布。在纺织生产过程中,有些变量的分布规律满足这两种分布。

1. 泊松分布　在纺织企业的生产过程中,有些变量如棉结杂质的粒数、棉网上的疵点数等离散型随机变量的分布一般遵循泊松分布。泊松分布如图7-12所示。泊松分布的概率公式为:

$$p\lambda(X) = \frac{\lambda^{X}}{X!}e^{-\lambda}$$

式中:X——变量,$X = 0,1,2,3,\cdots$;

　　λ——总体平均数;

　　$X!$——$X! = 1\times2\times3\times\cdots\times X$;

　　e——自然对数的底。

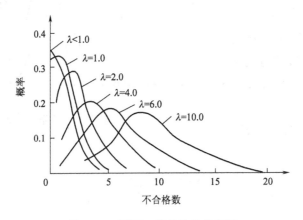

图7-12　不同 λ 值的泊松分布图

2. 二项分布　二项分布的研究对象是总体无限有放回抽样。当研究的产品批量很大时,用二项分布来解决这类问题,其主要用于具有计件值特征的质量特征值分布规律的研究。二项分布如图7-13所示。如批产品的合格问题,对一个产品来说,不是合格品,就是疵品;疵品百分率与正品百分率之和为1,所以:

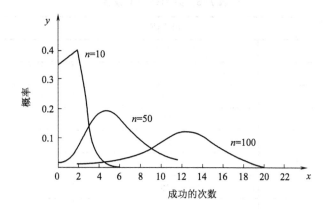

图 7-13　当 $p=0.1$ 时,对不同 n 值的二项分布图

$$1-疵品百分率=正品百分率$$

设 p 为疵品出现的概率,q 为正品出现的概率,则:

$$q=1-p$$

独立试验 n 次,其中 x 次出现疵品,则 $(n-x)$ 出现正品,由概率定理为:

$$p_n(X)=p^Xq^{n-X}\frac{n(n-1)\cdots(n-X+1)}{X!}=\frac{n!}{x!(n-X)}p^xq^{n-x}$$

其中 $X=0,1,2,\cdots,n$。

从图 7-12 和图 7-13 可以看出,不论是泊松分布还是二项分布,当泊松分布的 λ 值增大 $(\lambda>4)$ 或二项分布的 n 值增大 $(n>4)$ 时,其分布曲线就接近于正态分布。关于这一点,在数理统计中是一个很重要的性质,就是所谓大子样($n\geqslant50$ 时,称为大子样;$n<50$ 时称为小子样)的情况下,即使原来服从泊松分布或二项分布的随机变量,也常常近似于正态分布了。在数理统计上称此为渐近分布。所以,在大子样的情况下,往往可以不必追究其是否属于正态分布,均可将其当作正态分布来处理。

六、纺织企业质量控制的常用方法

图形表示法是质量控制很常用的表示法,它具有更直观、一目了然的优点。

(一)直方图

直方图又称频率分布图,是整理数据、判断和预测生产过程中质量的一种常用工具。用它来表示产品的质量,可以直观地、全面地掌握某一批产品的质量分布情况。

【例】某粗纱的条干不匀率分组见表 7-5。

如图 7-14 所示,纵坐标表示数据的频数,横坐标表示粗纱的条干不匀率。由于条干不匀率是连续型随机变量,在数轴上的有效范围内是充满的,所以长方块是连续的,其边缘连线就构成了一个阶梯形的图形,称此为直方图。

表7-5 某粗纱条干数据

分组	组中值	频数
13~15	14	4
15~17	16	11
17~19	18	30
19~21	20	35
21~23	22	40
23~25	24	36
25~27	26	26
27~29	28	10
29~31	30	2

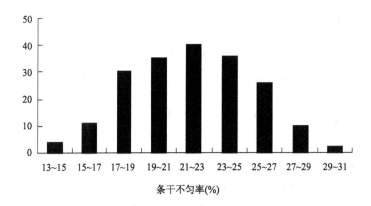

图7-14 某粗纱条干不匀率的直方图

(二)波动图

以横坐标表示时间或数量,纵坐标表示质量指标,所绘出的折线图形,称为产品质量波动图(作图的方法见后面的管理图)。直方图与波动图各有特点,直方图表示试样的集中倾向,波动图是表示波动的平均水平;直方图表示离散趋势,波动图表示质量波动范围。波动图比直方图更能明确地表示出产品质量随着时间而波动的情况,可以及时发现质量问题,以便分析、预测和采取措施加以控制。

(三)因果分析图

因果分析图,又称特征要素图。因其形状犹如鱼刺、树枝,故又称为刺图或树枝图。它是发动和依靠群众寻找影响产品质量的因素,把原因条理化的一种有效方法。其基本格式如图7-15所示。

在运用因果分析图法时,要注意以下几点。

(1)在找原因时,一定要发扬民主,充分听取各方面的意见,一一记录下,决不能简单地搞少数服从多数。

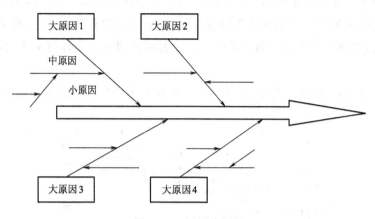

图 7-15　因果分析图

（2）原因要分析得细，直到能采取具体措施为止。

（3）要找出原因中的主要原因。尽可能运用数据，做出主次因素分析图（见后）。实在没有或不可能有数据的，也可用民主办法讨论决定。

（4）针对主要原因，采取措施，进入下一个 PDCA 循环。

【例1】某厂织布车间在解决油疵坏布时，所作的因果图如图 7-16 所示。

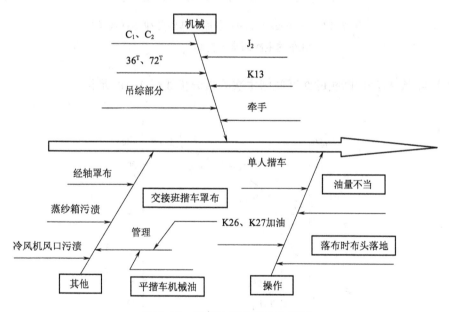

图 7-16　织部油疵的因果分析图

（四）主次因素分析图

主次因素分析图，又称排列图（帕累托图）。它也被用于分析生产中的薄弱环节，以找出影响产品质量的主要因素。该图主要是分析因素的主次，按主次排列成直方图和累计曲线，使人看起来清晰易懂，主次分明。

主次因素分析图由两个纵坐标、一个横坐标、若干个直方块和一条曲线组成。左边的纵坐标表示频数(件数、只数等),右边的纵坐标表示频率(以百分率表示)。横坐标表示影响产品质量的各种因素,按因素的大小从左到右排列。曲线表示各因素的累计百分率,此曲线又称为帕累托曲线。

【例2】某厂13.1tex×2×28tex涤棉卡其以分/匹为单位的疵布的主次因素分析如图7-17所示。

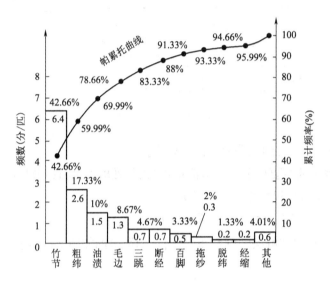

图7-17　13.1tex×2×28tex涤棉卡其以分/匹为单位的
疵布的主次因素分析图

【例3】某厂织机经向断头的纺部原因主次因素分析如图7-18所示。

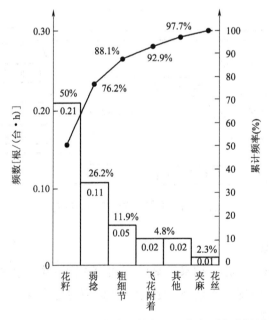

图7-18　织机经向断头的纺部原因主次因素分析图

　　主次因素分析图习惯上,以累计频率占80%左右的几个因素称为主要因素,其余的称为非主要因素或次要因素。根据主次因素分析图中的主要因素,再进一步分析造成这些因素的原因。如图7-17中竹节的产生原因有纱头搭入、清洁工作不慎而造成的绒板花、挂花、飞花、油花混入等。将这些原因再按主次因素用直方块排列成图,即为分层图,这一方法称为分层法。分层法是一种重要的分析方法。在质量分析中,可以按不同的时间、项目、班别、设备、操作人员等进行分层分析。除了上述主次因素分析图外,分层法还可运用直方图、管理图等形式,其作图方法和它们完全相同,这里不再赘述。

(五)相关图

1. 变量间的相互关系　一切客观事物都是互相联系和具有内部规律的。如某一纺织产品质量和它周围的其他事物互相联系着和互相影响着。这种事物之间的相互联系和相互影响,反映到数学概念上,就是变量与变量之间的函数关系。在生产和科学实验中,经常遇到一些变量共处于一个统一体中,它们相互联系,相互制约,在一定的条件下又相互转化。这种变量间的关系分为两类。

　　(1)确定性关系。这就是常见的函数关系。如纱线的线密度与它的重量、长度之间有一个完全确定的关系,即:

$$线密度(tex) = \frac{重量(g)}{长度(m)} \times 1000$$

　　线密度、重量、长度是三个变量,若在这三个变量中有两个已知,另一个就可以精确地求出,它们之间的这种关系就叫作确定性关系。

　　(2)相关关系。如生条的棉结杂质数与布面的棉结杂质数之间有一定的关系,当生条的棉结杂质数多时,可以知道布面的棉结杂质数将会增加。但是,根据生条的棉结杂质数精确地计算出布面的棉结杂质数是不可能。因为在从生条到织物的整个纺织加工过程中,影响棉结杂质的因素很多,相互之间构成一个很复杂的关系。像这样一种关系在纺织生产中是大量存在的,如纤维的强力与伸长之间;纱的回潮率与原棉含水量之间;纱线强力与捻度之间的关系等。这些变量之间既存在着密切的联系,又不能由一个(或几个)变量的数值精确地求出另一个变量的值,我们称这类变量之间的关系为相关关系。

　　由上可知,变量之间的确定性关系与相关关系是两类不同的关系,但是应当指出,这两类关系之间并没有一道不可逾越的鸿沟。由于测量误差等多种原因的影响,确定性关系往往会通过相关关系表现出来;当对事物的内部规律了解得更加深刻的时候,相关关系的又可能转化为确定性关系。回归分析就是研究相关关系的一种非常有用的数学工具,可以帮助我们正确的找出变量之间的相互关系。

2. 相关图与回归方程　相关图又称散点图,是用来表示两个变量之间的关系的坐标图。若已知变量x与y之间存在着某种相关关系,变量y的值在某种程度上是随着变量x值的变化而变化。通过试验,我们可以得到一批关于x、y的对应数据,每一对x、y的变量,在坐标系上都可以找到一个点,即坐标图上的每一个点,都分别表示两个变量的一对数值。如果这两个变量有相关关系,就可以计算出其回归方程。这种方程可能是直线的,也可能是曲线的。由于曲线方程比较复杂,在这里我们仅介绍直线方程的确定方法。

某厂在高产梳棉机上,分别用 SD-3A 型和 SC-3 型两种金属针布纺制 28tex(21 英支)纱,对道夫速度与生条棉结之间的关系进行试验,测得的数据见表 7-6,将数据画在坐标图内(图 7-19)即可得到一些点。

表 7-6　道夫速度与生条棉结关系

道夫速度 x	18	21	24	27	30	33
生条棉结 y	30.4	34.7	35.5	35.6	37.5	39.4

从图 7-19 中看出,这些点大致分布在一条直线附近,可用一条适当的直线来表示 x 与 y 之间的关系,设此直线方程为:

$$y = a + bx$$

人们称此直线为变量 y 对 x 的回归直线,$y = a + bx$ 就称为变量 y 对 x 的回归方程。式中,b 称为回归系数,在数学上叫作斜率;a 为常数项,在数学上叫作截距。这种可以用直线方程来大致表示的两个变量间的关系为线性相关关系。

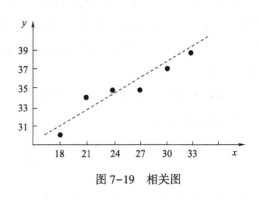

图 7-19　相关图

3. 计算回归系数的经验公式　对回归系数的计算可运用微积分求极值的方法求得。此外,常用的还有最小二乘法和平均值法两种。这里仅介绍经验公式——平均值法。

(1)先把观测方程分为两组,使每组方程的个数相等。

第一组 $y_1 = a + bx_1$

$y_2 = a + bx_2$

……

$y_n = a + bx_n$

第二组 $y_{n+1} = a + bx_{n+1}$

$y_{n+2} = a + bx_{n+2}$

……

$y_{2n} = a + bx_{2n}$

(2)分组相加。

$$\sum_{i=1}^{n} y_i = na + b \sum_{i=1}^{n} x_i$$

$$\sum_{i=n+1}^{2n} y_i = na + b \sum_{i=n+1}^{2n} x_i$$

（3）将以上两个方程相减即可解出 b。

$$b = \frac{\sum\limits_{i=1}^{n} y_i - \sum\limits_{i=n+1}^{2n} y_i}{\sum\limits_{i=1}^{n} x_i - \sum\limits_{i=n+1}^{2n} x_i}$$

（4）再求常数 a。

$$\bar{x} = \frac{x_1 + x_2 + \cdots + x_n + x_{n+1} + \cdots + x_{2n}}{2n}$$

$$\bar{y} = \frac{y_1 + y_2 + \cdots + y_n + y_{n+1} + \cdots + y_{2n}}{2n}$$

则

$$\bar{y} = a + b\bar{x}$$

所以

$$a = \bar{y} - b\bar{x}$$

4. 回归方程的应用　当知道变量 x 为某一确定值以后，由回归方程 $y=a+bx$，就可以预测另一变量 y 的相应数值。如有些纺织企业，为了保证布面的棉结杂质指标在合格品范围内，通过回归方程可以计算出细纱和生条上棉结杂质应该控制的水平。因此，回归线性方程在纺织企业中的应用还是相当多的。此外，从相关图可以很直观地判别两个变量之间相关与否和相关的程度。

在应用回归方程时，必须注意两点。

（1）生产条件一定要与计算时的条件基本相同。若生产条件已经发生了变化，那么回归方程也要作相应的变化，即须重新计算。

（2）回归方程应用时是有一定范围（一般为计算时采用的范围）。如果超出了计算时的范围，正确程度就要受到影响。还需注意，当方程计算以后，自变量与因变量不能互逆，即不能由 $y=a+bx$ 而导出 x 的值。

（六）质量管理图

1. 质量管理图的作用　质量管理图又称质量控制图，它是对生产过程的描述，是生产稳定性的反映。在质量管理的统计工具中，管理图是核心。借助质量管理图可以判别质量的稳定性，评定工艺过程的状态，及时发现产品质量不稳定的苗头，及时分析研究，排除其不稳定的因素，从而预防不合格产品的产生。质量管理图还可以作为质量评定和交货检验的凭证；又是管理工作中的重要技术档案。借助质量管理图还可以验证技术措施与有关规程的执行效果，正确地做出技术决定，总结提高产品质量的经验。

管理图的种类很多。用于计量特性值的有单值控制图（x 控制图）、平均数—极差控制图（T—R 控制图）、中位数—极差控制图（x—R 控制图）。用于计件特性值的有不良控制图（p 控制图）、不良数控制图（p_n 控制图）；用于计点特性值的有缺陷数控制图（C 控制图）、单位缺陷控制图(u控制图)等。

管理图一般由一组纵坐标和横坐标、三根水平的控制线所组成(图7-20)。

(1)纵坐标表示尺度线。

(2)横坐标表示日期或产品的批号等。

(3)中心线(平均值)。

(4)控制上限线。

(5)控制下限线。

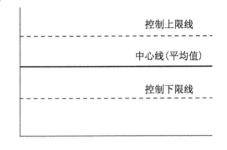

图7-20　管理图

在实际使用中,管理图只有一根控制线的情况也是常有的。如棉结杂质只需要控制上限,那么下控制线就不必要了;品质指标只需要控制下限,上控制线也就不必要了。有的控制线也可以多于两根,可以根据产品质量的具体要求,在控制合格品的区域内,再划分"优良区""较好区""警戒区"等,这些均应视具体情况而定。

管理图制成后,将测量结果在图上的相应位置打点。如果这些点落在上限和下限线之间,即落在控制范围之内,原则上可以认为生产过程处于控制状态。点与点之间的差异是偶然差异,这种波动是随机现象,属于正常波动。如果点超出控制界线,即在上限和下限之外,则可认为是失控。出现的差异是系统性差异(即非随机现象),应立即查明原因,采取措施。

2. 控制上下限的确定

(1)$x\pm3\sigma$法(亦称千分之三法则)。

$$中心线 = \bar{x}$$

$$控制上限 = \bar{x} + 3\sigma$$

$$控制下限 = \bar{x} - 3\sigma$$

此法在机械行业是一种成功的传统方法,但在纺织企业中的应用,不少单位还在摸索之中。在实践中发现对大部分指标的质量控制$\pm3\sigma$范围太宽,故可根据具体情况,采用$\pm2\sigma$或$\pm\sigma$等。

(2)$\lambda \pm 3\sqrt{\lambda}$法。一定长度细纱的疵点,一定面积坯布上的棉结杂质、织疵等空间散布点子,其分布不是正态分布,故确定管理图上的控制上下限,不宜用σ法,而用此法。

$$中心线 \ \lambda = \frac{全部分组的总疵点数}{分组组数} = \frac{C_1 + C_2 + \cdots + C_n}{n}$$

$$控制上限 = \lambda + 3\sqrt{\lambda}$$

$$控制下限 = \lambda - 3\sqrt{\lambda}$$

式中:C——疵点数;

　　λ——疵点平均数。

(3) $\bar{x} \pm k\%$ 法。按质量的实际要求,规定控制线,必须将质量掌握在此控制线内,且较小为好。此法应用于纱疵率、织疵率、漏验率、坏筒率、棉结杂质等方面。各企业可根据实际情况,总结以往的经验,采用适当的百分率($k\%$)定出控制界限。

(4)质量标准±公差范围法。按规定的质量标准作为中心线,规定的公差范围作为上下限的控制线,越过公差规定,即属于不合格。在中心线与控制线之间,还可划分优良区、较好区、警戒区、不合格区。如浆纱上浆率、回潮率、断头根数等控制图就属于这种情况。

例如:某厂 29.5tex×29.5tex(20 英支×20 英支)纱卡的上浆率的控制如图 7-21 所示。

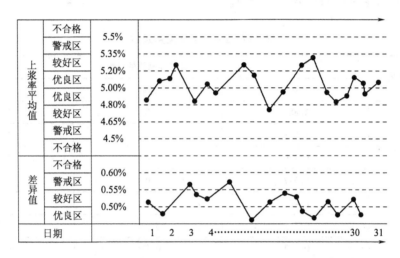

图 7-21　29.5tex×29.5tex(20 英支×20 英支)纱卡上浆率控制图

3. 常用的管理图

(1)x—R 控制图(图 7-22)。这种控制图把平均值(x)和极差(R)两个控制图联系在一起。x 图主要用来分析平均值的变化;R 图主要用来分析质量波动情况。使用 x—R 控制图主要是通过此图了解各变量值是否处于被控制状态,即了解各变量值相应地偏离 x 的 R 是否属于偶然差异,以便及时掌握其动态。

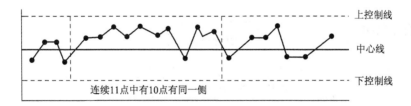

图 7-22　较多的点间断地在同一侧

x 和 R 的控制上限和控制下限的值可以简单地从极差 R 求得其近似值,从而避免了均方差 σ 的复杂计算。其计算公式如下:

$$\bar{x}:控制上限 = \bar{\bar{x}} + A_2\bar{R}$$

$$控制下限 = \bar{\bar{x}} - A_2\bar{R}$$

$$R:控制上限 = D_4\bar{R}$$

$$控制下限 = D_3\bar{R}$$

式中:$\bar{\bar{x}}$——各批(或各日)平均数的平均数;

A_2、D_3 和 D_4 各系数可由表 7-7 查得。

表 7-7　$\bar{x}$—R 控制图用系数

样品组的样品数	计算控制线的系数		
	A_2	D_3	D_4
2	1.880	0	3.267
3	1.023	0	2.575
4	0.729	0	2.282
5	0.577	0	2.115
6	0.483	0	2.004
7	0.419	0.076	1.924
8	0.373	0.136	1.864
9	0.337	0.184	1.816
10	0.308	0.223	1.777

(2)p 控制图。p 控制图是对产品的不合格品率(p)的控制图。如前所述,在大子样的情况下,不合格品率的分布可视为正态分布,因此仍可用 $\pm 3\sigma$ 法则计算出上下限,即:

不合格品率
$$p = \frac{不合格品件数}{检查件数}$$

平均不合格品率
$$\bar{p} = \frac{不合格品的总件数}{检查的总件数}$$

$$控制上限 = \bar{p} + 3\sqrt{\frac{\bar{p}(1-\bar{p})}{n}}$$

$$控制下限 = \bar{p} - 3\sqrt{\frac{\bar{p}(1-\bar{p})}{n}}$$

(3)p_n 控制图。也称不合格品数控制图,样本的容量为 n,不合格率为 p,则不合格品率 p 乘以样本数 n 即为不合格品数 r,p_n 控制图就是用于控制 r 值的。当样本大小相同时,将 p 控制图

转换成 p_n 控制图,可以省去对不合格品率的计算。

(4)C 控制图。也称缺陷数控制图,用于控制一定长度、一定面积或任何一定单位中所出现的缺陷数目(C),如布匹疵点数等。

(5)u 控制图。也称缺陷率控制图,u 表示每单位中包含的缺陷数(即缺陷率)。与 C 控制图不同的是,u 控制图不需要样本长度或面积始终一定,但必须将缺陷数换算成单位缺陷数后,才能使用 u 控制图。

4. 对管理图的观察分析　将测量结果在管理图上的打点,不外乎出现点超出界限或在控制界限之内两个可能。原则上可根据点的出界或不出界来判断生产过程是否处于控制状态。但是,根据数理统计的基本规律,在生产正常的情况下,点出界的可能性为 1‰ 左右,因此,如果有点出界就判断生产异常,可能会犯虚发警报的错误(数学上称为"第一种错误")。为此,有下列判断准则。

在基本上是随机排列的情况下,连续 25 点全部落在界限之内,或连续 35 点出界不超过 1 点,或连续 100 点出界不超过 2 点,即可以判断生产过程仍然处于控制状态,但对点出界的产生原因必须查明。

另一种情况是,生产过程虽然出现了异常,但某些产品质量特性值在控制图上却都处在控制界限之内,这时,如果判断生产过程正常,则会犯漏发警报的错误(数学上称为"第二种错误")。为此,可采用下列判断准则。

(1)有若干个点连续出现在中心线一侧(称为"连")。一般有 5 点相连时,要注意操作方法;有 6~7 点相连时,要引起警惕;连成的点在 7 点以上的即可判断为异常。

(2)有较多的点间断地出现在中心线一侧。如连续 11 点中至少有 10 点在一侧,14 点中至少 12 点在同一侧,17 点中至少有 14 点在同一侧,20 点中至少有 16 点在同一侧,即可判断为异常(图 7-22)。

(3)有若干点连续上升或下降。当连续有不少于 7 点上升或下降时,属于广义趋向,是一种明显的异常(图 7-23)。

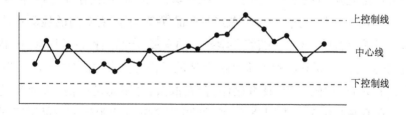

图 7-23　广义趋向

(4)有较多点接近控制极限。当点子较多地(如 3 点中有 2 点,7 点中有 3 点,10 点中有 4 点等)接近控制极限,即处于控制的边缘状态时,也是一种异常情况。

(5)有若干点周期性变化或集中在中心线附近。有若干个点子出现周期性变化或波浪式的周期性变化的情况,或所有的点子都集中在中心线附近,均属异常。

凡出现上述"异常情况",一般都有异常的因素潜伏着,必须立即进行调查,究其原因,采取措施,防微杜渐,保证产品质量的稳定良好。这是用好管理图,使之更好地为生产服务的重要环节。

第五节　ISO 9000 认证在纺织企业的推行

一、ISO 9000 的来源和发展

ISO 是"国际标准化组织"的英语简称(International Organization for Standardization),是世界上最大的国际标准化组织。它成立于 1947 年 2 月 23 日,它的前身是 1928 年成立的"国际标准化协会国际联合会"(简称 ISA)。ISO 的宗旨是"在世界上促进标准化及其相关活动的发展,以便于商品和服务的国际交换,在智力、科学、技术和经济领域开展合作。"

(一)ISO 9000 的概念

ISO 9000 是由国际标准化组织 ISO/TC 176 制定出来的国际标准系列,统称"ISO 9000族"。至今,ISO 9000 族一共有 17 个标准,其中适用于企业的 ISO 9000 标准主要有以下三个标准。

(1)ISO 9001《品质体系设计、开发、生产、安装和服务的品质保证模式》。

(2)ISO 9002《品质体系生产、安装和服务的品质保证模式》。

(3)ISO 9003《品质体系最终检验和试验的品质保证模式》。

(二)ISO 9000 的发展历史

1. 第三方认证的出现　"认证"一词的英文原意是一种出具证明文件的行动。"由可以充分信任的第三方证实某一经鉴定的产品或服务符合特定标准或规范性文件的活动"。如对第一方(供方或卖方)生产的产品甲,第二方(需方或买方)无法判定其品质是否合格,而由第三方来判定。第三方既要对第一方负责,又要对第二方负责,不偏不倚,出具的证明要能获得双方的信任,这样的活动就叫做"认证"。

在认证制度产生之前,供方(第一方)为了推销其产品,通常采用"产品合格声明"的方式,来博取顾客(第二方)的信任。这种方式,在当时产品简单,不需要专门的检测手段就可以直观判别优劣的情况下是可行的。但是,随着科学技术的发展,产品品种日益增多,产品的结构和性能日趋复杂,仅凭买方的知识和经验很难判断产品是否符合要求;加之供方的"产品合格声明"属于"王婆卖瓜,自卖自夸"的一套,真真假假,鱼龙混杂,并不总是可信,这种方式的信誉和作用就逐渐下降。民众呼吁由第三方用公正、科学的方法对市场上流通的商品进行评价、监督,以正确的指导公众购买,以保证公众的基本利益。于是,在多数工业化国家,民间的热心人士集资并组建了第三方的认证机构,它是应市场经济的发展需求而自发产生的。

2. 认证由自发的民间行为向官方过渡　随着市场经济的发展,各类民间认证机构纷纷诞生,其中确有一批客观公正的认证机构,但也有一批以赢利为目的的伪劣认证机构,损害了公众的利益。因此,这就要求第三方必须有绝对的权力和威信,必须独立于第一方和第二方之外,必须与第一方和第二方没有经济上的利害关系,或者有同等的利害关系,或者有维护双方权益的

义务和责任,才能获得双方的充分信任,显然,非国家或政府机构莫属。1903 年,英国首先将认证工作由民间活动发展成为政府和民间共存的活动,组建了英国工程标准委员会(BSI 的前身)。政府开始使用第三方认证来规范市场。由国家或政府的机关直接担任这个角色,或者由国家或政府认可的组织去担任这个角色,这样的机构或组织就叫作"认证机构"。

3. 认证制度向国际化方向发展　产品品质认证包括合格认证和安全认证两种。依据标准中的性能要求进行认证叫作合格认证;依据标准中的安全要求进行认证叫作安全认证。前者是自愿的,后者是强制性的。1947 年,国际标准化组织(ISO)成立,到了 20 世纪 50 年代,所有工业发达国家基本得到普及。第三世界的国家多数在 20 世纪 70 年代逐步推行。我国是从 1981年 4 月才成立了第一个认证机构——"中国电子器件质量认证委员会",虽然起步晚,但起点高,发展快。1982 年,英国政府首先建立国家认可制度,随后 40 多个国家相继建立了国家认可制度,大大加速国际相互承认的步伐。

4. ISO 9000 族标准的诞生和 ISO 热潮的掀起　由于各国的产品认证的方式有很大的差异,在各国间的交流是难免出现分歧,人们发现产品的质量认证在有些情况下是不能够适应要求的,如企业开发的新产品的认证;面对多规格多品种的产品认证,重复的认证烦琐而无较大的意义;对无形产品的企业的认证等。很显然,如何建立适应要求的保证产品质量体系的认证,如何建立国际通用的认证方式和标准等问题必须得到解决。

1980 年,ISO 正式批准成立了"品质保证技术委员会"(即 TC176),产生了一大批新的专门的品质体系认证机构。ISO 9000 标准规定,企业的质量方针、组织、过程和程序均要求用质量文件、质量手册等文件化的材料予以描述。这给评审、审核、注册和认证质量体系带来极大的可操作性。

自从 1987 年 ISO 9000 系列标准问世以来,为了加强品质管理,适应品质竞争的需要,企业家们纷纷采用 ISO 9000 系列标准在企业内部建立品质管理体系,申请品质体系认证,很快形成了一个世界性的潮流。积极推行 ISO 9000 国际标准,约有 40 个品质体系认可机构,认可了约300 家品质体系认证机构,20 多万家企业拿到了 ISO 9000 品质体系认证证书。现在,全世界各国的产品品质认证一般都依据国际标准进行认证。国际标准中的 60%是由 ISO 制定的。ISO 9000体系认证已从对硬件类产品逐渐扩展到软件产业、流程性材料产业,突出的表现在提供无形产品的服务业,尤其以建筑业、运输仓储业、通讯业、金融保险业、餐饮旅游业的发展非常迅速。

二、ISO 9000 族标准的特点

(一)ISO 9000 族标准的特点

ISO 9000 族标准是国际标准化组织于 1987 年制订,后经不断修改完善而成的系列标准。我国等同采用 ISO 9000 族标准的国家标准是 GB/T 19000 族标准。在一个企业或一个国家实行 ISO 9000 族标准并非是一个外部命令,而是现代企业组织结构的本质要求。

通俗地讲,就是把企业的管理标准化,而标准化管理生产的产品及其服务,其质量是可以信赖的。一般地讲,企业活动由三方面组成:经营、管理和开发。在管理上又主要表现为行政管理、财务管理、质量管理。ISO 9000 族标准主要针对质量管理,同时涵盖了部分行政管理和财务

管理的范畴。ISO 9000 族标准并不是产品的技术标准,而是针对企业的组织管理结构、人员和技术能力、各项规章制度和技术文件、内部监督机制等一系列体现企业保证产品及服务质量的管理措施的标准。

ISO 9000 族标准的推行,与在我国实行现代企业制度改造具有十分强烈的相关性。两者都是从制度上、体制上、管理上入手改革。由此可见,ISO 9000 族标准非常适宜我国国情,ISO 9000 族标准的具有如下特点。

(1)ISO 9000 族标准是一个系统性的标准,涉及的范围、内容广泛,且强调对各部门的职责权限进行明确的划分、计划和协调,从而使企业能有效地、有秩序地开展各项活动,保证工作顺利进行。

(2)ISO 9000 族标准强调管理层的介入,明确制订质量方针及目标,并通过定期的管理评审达到了解企业的内部体系运作情况,及时采取措施,确保体系处于良好的运作状态的目的。

(3)ISO 9000 族标准强调纠正及预防措施,消除产生问题或不合格的潜在原因,防止不合格品的再次发生,从而降低生产的成本。

(4)ISO 9000 族标准强调不断地审核及监督,达到对企业的管理及运作不断地修正及改良的目的。

(5)ISO 9000 族标准强调全体员工的参与及培训,确保员工的素质满足工作的要求,并使每一个员工有较强的质量意识。

(6)ISO 9000 族标准强调文化管理,以保证管理系统运行的正规性和连续性。如果企业有效地执行这一管理标准,就能提高产品(或服务)的质量,降低生产(或服务)成本,建立客户对企业的信心,提高经济效益,最终大大提高企业在市场上的竞争力。

(二)ISO 9001:2000 标准要求和特点

随着 ISO 9000 族标准应用的普及和用户的增加,ISO 9000 族标准中过多的标准数量、标准在不同经济技术领域中应用的难易程度、质量管理体系的有效性是标准使用中普遍关注的焦点。2000 年 12 月 15 日新的 ISO 9001:2000 标准正式由国际标准化组织颁布实施,由 ISO 9000、ISO 9001、ISO 9004 和 ISO 19011 等四项标准构成新版 ISO 9000 族标准的核心标准。

2000 版 ISO 9001 标准采用了以过程为基础的质量管理体系机构模式,过程模式的使用实现了 2000 版 ISO 9001 标准内容与 ISO 14001 标准中的 PDCA 循环相统一的目的,并把 1994 版 ISO 9001 标准的 20 个要素全部容纳到新版标准中。新版 ISO 9001 标准主要有以下特点。

1. 标准具有广泛的适用性　ISO 9001:2000 标准作为通用的质量管理体系标准可适用于各类组织,不受组织类型、规模、经济技术活动领域或专业范围、提供产品种类的影响和限制。标准的这一特点可从四个方面表现出来。

(1)任何组织的质量管理体系应考虑以下四个重要组成部分。

①管理职责,包括方针、目标、管理承诺、职责与权限、策划、顾客需求、质量管理体系和管理评审等项内容。

②资源管理,包括人力资源、信息资源、设施设备和工作环境等项内容。

③过程管理,包括顾客需求转换、设计、采购、产品生产与服务提供等项内容。

④测量、分析与改进,包括信息测评、质量管理体系内审、产品监测和测量、过程监测和测量、不合格品控制、持续改进、纠正和预防措施等项内容。

(2)标准中使用的术语"产品"一词,有双重的含义。"产品"可以指传统意义上的有形的实物产品,也可以指无形的"服务"。

(3)组织采用该标准建立质量管理体系,其主要目的是展现组织有能力持续提供满足顾客需求和相关法律、法规要求的产品,能确保其通过有效运行质量管理体系增强顾客的信任。

(4)标准条款的内容和要求使用了清晰的语言和术语,综合反映各类质量管理活动的特征,减少了对标准条款理解和适用的难度。

2. 明显改善了 ISO 9000 系列标准与 ISO 14000 系列标准的兼容性 新版 ISO 9001 标准能够更好地与 ISO 14001:1996 环境管理体系标准相互兼容,这是标准实施过程中一个非常重要的顾客需求。可从新版 ISO 9001 标准的结构、质量管理体系模式、标准内容、标准使用的语言和术语等方面显现出来。组织的管理活动及管理体系在采用两个体系的标准时,可同时符合 ISO 9001 标准和 ISO 14001 标准的管理体系要素。在对产品/服务质量、环境因素和环境影响的管理与控制中,过程模式和 PDCA 循环方法可更好地结合在一起发挥作用,满足相关法律法规要求、顾客需求与社会感兴趣团体的利益成为两个系列标准的共同目的。监测、测量、分析与改进作为管理活动的必要措施在两个系列标准中以同样的方式提出,更有利于管理体系的运行和提高有效性。

三、ISO 9000 认证的意义和存在的问题

(一)ISO 9000 认证的意义

ISO 9000 起源于欧洲共同市场,也就是质量管理和质量保证标准。其目的是建立一套共通的品质标准来取代各国不同的品质标准,以减少国家间因不同的品质标准而产生的贸易障碍。经过多年的实践验证,依据 ISO 9000 建立的质量体系也确实为企业产品品质的提高起到了相当大的保证作用。我国作为一个发展中国家,虽然经历了 20 多年的改革开放,但由于起步晚,发展慢,企业本身还存在着许多问题。我国要加入 WTO,企业就必须面对强大的欧、美企业的竞争,为了赢得一定的市场,为了在步履维艰的商道上继续走下去,进行 ISO 9000 认证就显得非常有必要,也非常及时。

ISO 9001 是质量管理体系认证的标准,企业通过认证可以证实其有能力稳定地提供满足顾客和适用的法律法规要求的产品;有效的运作体系可以使企业不断改进,获得更好的效益。一个企业取得 ISO 9001 认证,意味着该企业已在管理、实际工作、供应商和分销商关系及产品、市场、售后服务等所有方面建立起一套完善的质量管理体系。20 世纪是生产效率的世纪,21 世纪将是质量的世纪,良好的质量管理,有利于企业提高效率、降低成本、提供优质产品和服务,增强顾客满意。质量是企业拓展市场的首要战略,因为有了质量信誉就会赢得市场,有了市场就会获得效益。实行质量认证制度后,市场上便会出现认证产品与非认证产品、认证注册企业与非认证注册企业的一道无形界线,凡属认证产品或注册企业,都会在质量信誉上取得优势。随着科学技术的不断进步,现代社会产品的结构越来越复杂,仅靠使用者的有限知识和条件,很难判

断产品是否符合要求。取得 ISO 9001 认证,可以帮助需方在纷繁的市场中,从获准注册的企业中寻找供应单位,从认证产品中择优选购商品。质量认证制度被世界上越来越多的国家和地区接受,已成为国际惯例。一个企业无论在国内还是在国外,如要得到普遍认可,取得 ISO 9001 的认证证书将是突破壁垒的重要途径,并将成为通向世界的有效护照。

1. 强化品质管理,扩大市场份额,提高企业效益　ISO 9000 品质体系认证的认证机构都是经过国家机构认可的权威机构,对企业品质体系的审核是非常严格的。这样,对于企业内部来说,可按照经过严格审核的国际标准化的品质体系进行品质管理,真正达到法治化、科学化的要求,极大地提高工作效率和产品合格率,迅速提高企业的经济效益和社会效益。对于企业外部来说,当顾客得知供方按照国际标准实行管理,拿到了 ISO 9000 品质体系认证证书,并且有认证机构的严格审核和定期监督,就可以确信该企业是能够稳定地生产合格产品乃至优秀产品的信得过企业,从而放心地与企业订立供销合同,扩大了企业的市场占有率。

2. 消除了国际贸易壁垒　许多国家为了保护自身的利益,设置了种种贸易壁垒,包括关税壁垒和非关税壁垒。其中非关税壁垒主要是技术壁垒,技术壁垒中,又主要是产品品质认证和 ISO 9000 品质体系认证的壁垒。特别是在"世界贸易组织"内,各成员国之间相互排除了关税壁垒,只能设置技术壁垒,所以,获得认证是消除贸易壁垒的主要途径。(在我国"入世"以后,失去了区分国内贸易和国际贸易的严格界限,所有贸易都有可能遭遇上述技术壁垒,应该引起企业界的高度重视,及早防范。)

3. 节省了第二方审核的费用　在现代贸易实践中,第二方审核早就成为惯例,又逐渐发现其存在很大的弊端:一方面,供方通常要为许多需方供货,第二方审核无疑会给供方带来沉重的负担;另一方面,需方也需支付相当的费用,同时还要考虑派出或雇佣人员的经验和水平问题,否则,花了费用也达不到预期的目的, ISO 9000 认证可以排除这样的弊端。因为作为第一方的生产企业申请了第三方的 ISO 9000 认证并获得了认证证书以后,第二方就不必再对第一方进行审核,这样,不管是对第一方还是对第二方都可以节省很多费用。

4. 企业在竞争中立于不败之地　国际贸易竞争的手段主要是价格竞争和品质竞争。由于低价销售的方法不仅使利润锐减,如果构成倾销,还会受到贸易制裁,所以,价格竞争的手段越来越不可取。20 世纪 70 年代以来,品质竞争已成为国际贸易竞争的主要手段,不少国家把提高进口商品的品质要求作为限制入境的贸易保护主义的重要措施。实行 ISO 9000 国际标准化的品质管理,可以稳定地提高产品品质,使企业在产品品质竞争中永远立于不败之地。

5. 有效地避免产品责任的纠纷　各国在执行产品品质法的实践中,由于对产品品质的投诉越来越频繁,事故原因越来越复杂,追究责任也就越来越严格。尤其是近几年,发达国家都在把原有的"过失责任"转变为"严格责任",对制造商的安全要求提高很多。但是,按照各国产品责任法,如果厂方能够提供 ISO 9000 品质体系认证证书,便可免于赔偿。随着我国法治的完善,企业界应该对"产品责任法"高度重视,尽早防范。

6. 有利于国际间的经济和技术的合作交流　按照国际经济合作和技术交流的惯例,合作双方必须在产品(包括服务)品质方面有共同的语言、统一的认识和共同遵守的规范,方能进行合作与交流。ISO 9000 品质体系认证正好提供了这样的信任,有利于双方迅速达成协议。

（1）质量管理体系认证的绝大多数企业的产品质量符合规定要求,质量稳定。一些企业的产品质量还有所提高,使企业的内外部质量损失成本得到降低,质量成本趋于合理,员工的质量意识和内部管理水平明显提高。

（2）认证企业的市场竞争力得到加强。获证企业通过对影响质量的资源、过程等方面的严格管理,使产品质量得到稳定和提高,减少质量损失,降低生产成本,企业形象得到改善,市场竞争力得到加强。

（3）广大企业在取得认证以后,更加容易取得国际上的认可,从而为我国产品打入国际市场,突破贸易技术壁垒,扩大国际贸易发挥了重要作用。

（4）促进了技术法规、检验检疫、标准和计量要求的贯彻实施,技术法规、检验检疫、标准和计量等方面的要求是认证审核的重要内容,认证已经成为验证上述要求的贯彻实施情况的重要手段。

（二）我国实施 ISO 9000 认证存在的问题

1. 对认证的认识不到位　很多企业只把 ISO 9000 认证当成进入国际市场的通行证,使得 ISO 9000 认证流于形式,往往是认证前很忙乎,而认证后就放弃了对已建立的质量体系的维护。

2. 不按照国家的法规规范行为　ISO 9000 标准建立的质量体系,应建立在具有良好法规环境的基础上。国家标准化法规定了强制性标准必须贯彻实施,企业应严格按照法规去做,但我国有相当多的企业的法律意识淡薄,无视质量法与标准化法的存在。有些企业虽然按 ISO 9000 标准建立了质量体系,但如果不按体系的要求去规范企业相关行为,与国家法规相悖,这是不利于企业发展的。

3. 企业管理意识还有待于强化　我国的现代企业制度的建立不过短短几年的时间,企业管理水平和员工素质与发达国家相比,有一定差距。依据 ISO 9000 标准建立起的质量体系,对各要素都作了详细而明确的规定,这就要求在体系运行过程中,企业员工要积极认真地参与,以保证体系运行中各个环节的畅通无阻。这对有着宽松的企业环境的发达国家来说,不会成为问题,而我国企业大都是由计划经济体制转变而来,由于员工主动参与质量管理的意识较弱,即使发现了质量问题,也认为这是质量管理部门或其他职能部门的事,往往采取"事不关己,高高挂起"的态度,使已经暴露的质量问题得不到彻底地解决,因而使质量问题的隐患依旧存在。

（三）解决问题的措施

1. 加强对 ISO 9000 系列标准的宣贯　加强对 ISO 9000 系列标准的宣贯,使企业员工认识到 ISO 9000 标准的先进性与可靠性,不仅仅把它当成一个筹码和工具,而应在日常的工作中对依据 ISO 9000 标准建立的质量体系自觉地进行维护。

2. 加强质量法与标准化法的学习　通过对质量法规的学习,在企业内部从上到下形成一个良好的执行法规环境。学会运用已建立的质量体系及企业规章制度去处理问题,结合内部质量审核和外部审核与监督,发现问题,查清原因,采取措施进行纠正,并制定预防措施,使已经发生的问题不再复现、即将发生的问题消失在萌芽状态,不断地改进和完善质量体系,促使企业的产品质量和管理水平取得长足进步。

3.建立一套责权明确、奖罚分明的管理制度　通过建立一套行之有效的激励机制,充分调动企业员工参与质量管理的积极性和能动性,使员工的自我意识和企业利益挂钩,真正体现"企业兴、我兴,企业亡、我衰"的精神。这种精神与 ISO 9000 所体现的全员参与质量管理的特点真正相吻合,同时也使 ISO 9000 的核心内容"全过程受控"得到保证。

综上所述,虽然企业通过了 ISO 9000 认证,但并不能说明企业的产品质量已经达到国际先进水平,仅仅是获得进入国际市场的一张通行证,能不能在竞争日臻激烈的市场上有所作为,还得依赖于企业建立能够推动 ISO 9000 的方法。其实,企业管理与 ISO 9000 两者之间是相辅相成的,有了健全的企业管理制度和行之有效的管理方法,ISO 9000 认证的结果才能得到体现与延续;有了质量体系的持续有效运行,企业的产品质量与管理水平才能得到有效提高,企业的经济效益才能得到保证。

四、企业推行 ISO 9000 认证的步骤

(一)申请企业应具备的条件

企业应具备以下四个条件即可向国家认证机构申请认证。一般来说,已批量生产的企业多基本具备了前三个条件,而后一个条件是需要通过努力来创造的。

1.企业手续合法　中国企业持有工商行政管理部门颁发的"企业法人营业执照";外国企业持有有关部门机构的登记注册证明。

2.产品质量稳定,能正常批量生产　质量稳定指的是产品在一年以上连续抽查合格,必须是正式成批生产产品的企业,才能有资格申请认证。小批量生产的产品,不能代表产品质量的稳定情况。

3.产品符合标准　产品应符合国家标准、行业标准及其补充技术要求,或符合国家标准化行政主管部门确认的标准。这里所说的标准是指具有国际水平的国家标准或行业标准。产品是否符合标准需由国家质量技术监督局确认和批准的检验机构进行抽样予以证明。

4.生产企业建立的质量体系符合要求　生产企业建立的质量体系符合 GB/T 19000—ISO 9000 族中质量保证标准的要求。建立适用的质量标准体系(一般选定 ISO 9002 来建立质量体系),并使其有效运行。

(二)ISO 9000 认证适用行业

表7-8 列出了 ISO 9000 认证所适用的行业。可以看出,ISO 9000 认证适用的行业领域是非常广泛的。从和国家经济发展和人民生活紧密相关的水、电、气的生产和供应,涉及各类产品的大规模的工业生产、农业生产,到教育、卫生、金融、社会公共行业等均可以采用 ISO 9000 认证来保证和提高产品和服务的质量,甚至小到批发、零售和家庭用品的维修行业也可以使用 ISO 9000 认证,新技术发展到今天,一些新兴的服务行业,如信息技术、科技服务等也是 ISO 9000 认证适用行业。因此,通过 ISO 9000 认证可以达到保证和提高全社会产品生产和服务质量的目的,这些产品包括各种有形的和无形的产品,对整个社会的发展具有重要的推动作用。

表 7-8 ISO 9000 认证适用行业

序号	适用行业	序号	适用行业	序号	适用行业
1	农业、渔业	13	医药品	25	卫生保健与公益事业
2	电、气、水的生产与供给	14	木材及木制品	26	科技服务
3	航空、航天	15	化学及化学制品	27	公共行政管理
4	纺织企业及纺织产品	16	橡胶和塑料制品	28	运输、仓储及通信
5	机械及设备	17	纸浆、纸及纸制品	29	宾馆及餐馆
6	电子、电器及光电设备	18	焦炭及精炼石油制品	30	金融、房地产、出租服务
7	造船行业	19	核燃料	31	建设工程
8	金属及金属制品	20	出版业	32	其他运输设备
9	非金属矿物制品	21	废旧物质的回收	33	批发及零售汽车、摩托车、个人及家庭用品的修理
10	食品、饮料和烟草	22	教育业	37	其他未分类的制造业
11	皮革及皮革制品	23	信息技术	38	其他服务
12	采矿业及采石业	24	印刷业	39	其他社会服务

(三)纺织企业申请 ISO 9000 认证的步骤

由于纺织生产是大批量、劳动密集型的生产企业,生产工艺流程很长,因此,为了保证产品的质量,降低生产成本,提高企业的经济效益,大多数未认证的纺织企业都有自己一套严格的质量管理和质量保证体系,但这些体系和 ISO 9000 认证的要求不同或不完全相同。作为申请认证的纺织企业来说,应按照 ISO 9000 认证标准的要求建立和实施符合企业实际的质量管理体系,这是一项综合性的系统工程。通过企业内部的一系列的质量管理体系的建立工作如宣传、教育培训、组织落实、质量管理体系的实施等,企业内部质量审核和管理评审工作等,认为企业已经具备申请认证的条件时,可以向 ISO 9000 认证机构提出认证申请,由认证机构对申请企业实施认证。认证主要包括文件审核和现场认证两部分,其中文件的审核是对企业提供的文件材料进行审核;现场审核是通过指派专人深入企业进行审核(表 7-9 为企业 ISO 9000 认证的周期)。具体的申请步骤如下。

表 7-9 企业 ISO 9000 认证的周期

项目	内容	时间(天)
初访	到企业了解一般情况	1~2
培训	ISO 9000 族授课、培训(与企业领导落实质量体系)	5~8
文件审查	质量手册、程序文件、作业指导书	20
修改文件	质量手册、程序文件、作业指导书	5
运行指导	试运行(各部门接口、修订)	5
内审培训	企业审核员培训	5
正式内审	(包括内审)(管理评审)	2~5
通过认证	(包括预审至通过认证)	2~5

1.申请企业提出认证申请 由申请人向工作站提交质量体系调查表(调查表由认证工作站提供);工作站根据申请人提供的有关文件进行评审,并与申请人签订认证合同。

2.认证文件的审核 认证工作站受理申请后,对文件的规范性、齐全性进行审核登记,并在收到认证费用后，即把文件送到审核部，审核部对文件进行审核，以认定其是否符合质量体系认证要求；经审核部确定文件符合要求后，向申请人发出《文件审核结果通知书》；必要时审核部可对申请方进行初访。

3. 现场审核前的准备工作　审核组应根据提交的文件资料及受审方质量体系特点进行审核策划，拟制审核计划，并提交申请人确认。

4. 现场审核

（1）审核开始时，审核组召开首次会议，向受审核方有关部门负责人说明审核计划、审核程序、方法、审核的可能结果及保密承诺等。

（2）审核组根据审核计划，采取提问、交谈、查阅文件资料，现场观察实际测定等方法，取得确认证据，对受审核方的质量保证体系进行审核评价，并记录审核情况；在审核期间，受审核方应积极配合。

（3）现场审核结束时，审核组召开最后一次会议，对申请企业的质量体系的符合性进行评价并宣布审核结论；当受审核方对审核结论有不同看法，与审核组不能达成一致时，应记录在审核报告中。

（4）审核组在审核中发现经确认的不符合项目，应和受审核方商定在一个适当的时间内予以纠正，所采取的措施需经审核组书面验证或现场验证。

（5）现场审核全部结束后，审核组向审核部提交现场审核报告及全套审核文件及记录，定时集中报中心技术委员会审定。

（四）纺织企业推行 ISO 9000 的步骤

企业在推行 ISO 9000 之前，应结合企业的实际情况，对下述步骤进行周密的策划，并制订出具体的活动和时间安排，以确保实施的效果。经过多次的内部审核和纠正后，如认为企业已经建立起符合要求的质量保证体系，便可以申请外部认证。

1. 在企业内部作好认证动员和教育培训，统一认识　在纺织企业内部推行 ISO 9000 认证是一项纷繁复杂的工作，涉及纺织企业的质量活动的各个方面、各个层次和环节，必须作好充分的准备，才能成功。首先，在全企业的范围内，进行认证的动员工作，使从决策层、中层到基层的每一位管理人员和企业的员工都能够认识到 ISO 9000 认证对企业生存和发展的重要意义。从思想上高度重视，从行为上严格要求自己，为企业的认证做出自己应有的贡献。其次，在企业内部广泛进行教育培训，统一认识。培训可以分为三个层次来进行。

（1）决策层的培训。由于决策层的认识情况对企业通过认证具有重要的地位和主导作用，通过培训，可以使决策层的领导了解国内外质量管理的发展、ISO 9000 认证的要求和质量管理体系建立的要求等。

（2）管理层的培训。管理层是企业的中坚力量，起着承上启下的作用，是企业建立、实施和完善质量管理体系的直接相关的人员，应对 ISO 9000 非常熟悉。因此，对这些人培训的内容为：系统地学习和掌握质量管理体系的基本术语，深入了解质量保证体系的内涵和要求，掌握质量体系文件的编写和运作方法等，以推动企业的 ISO 9000 质量认证。

（3）员工的培训。企业的员工是质量保证体系的具体的操作人员，他们的质量活动对产品质量的保证非常重要。对员工的培训主要是使员工树立质量意识,严格按照质量体系的要求规范操作,掌握必要的技能。

2. 任命管理者代表、组建精干的 ISO 9000 推行的团队 由于质量管理体系的建设和实施涉及企业的各个方面,必须建立一套精干的工作团队,进行策划、协调、组织工作。一般应由企业的法人直接领导,或由其手下的副厂长具体负责,成员应具备一定的管理工作经验,理论和实践水平高,文字表达能力强,具有很强的组织协调能力。工作团队应根据自己企业的实际情况,制订详细的计划,并按照 ISO 9000 认证的要求将任务分解到各个职能部门,以保证 ISO 9000 认证实施过程有计划、有步骤地进行。

3. 对企业原有质量体系进行识别、诊断,确定符合认证要求的新体系 每个纺织企业都有自己的质量保证体系,企业应对原有的质量体系进行识别和诊断,结合企业质量管理的现状进行分析,要分析企业现状与体系要求之间的差距,有针对地制订符合认证要求的新的质量保证体系。

4. 制订目标,分解职责,完善激励措施 质量方针是纺织企业对质量追求的方向,是企业全体员工的行为准则和质量工作的总体方向。企业应从企业的具体情况出发,制订出企业的质量方针和目标,这个目标应与企业的经营宗旨相协调,能够反映企业在经营和管理上的优势和特色,并能确保各部门的人员都能理解和执行,这是全企业统一认识,开展工作的目标。

优化企业的内部结构,并将需要开展的质量活动的职责分解到各个职能部门和生产车间,并建立完善的激励措施,保证质量体系能够有序实施。在某些企业中,由于老的企业的结构不能够适应新的企业质量保证体系的要求,不利于质量管理活动的开展,可以通过优化纺织企业的结构来实现。但调整时应注意与原体系的衔接,尽可能不做大范围的变动,以免造成混乱,给企业带来损失。遵循职、责、权、利结合在一起,将质量活动分解到部门和车间,开展质量活动,实施运行监控,实现信息闭环。同时,完善的激励机制可以充分调动车间、部门和每个员工的积极性,为质量保证体系的实施创造良好的内在环境。

5. 适应 ISO 9000 认证的质量体系文件编写 在推行 ISO 9000 认证的团队下面,成立专门的文件编写小组,对企业现行的文件进行收集和整理,并收集现行的质量管理体系文件和各部门自行下发的文件。由团队和各相关部门对文件进行评估,提出文件的修改方案,然后由编写小组完成文件的编写工作,最后经相关部门审定后,由认证团队完成文件的修改、汇总,企业领导审核、发布并印刷,作为质量管理体系实施的重要的依据。

6. 做好协调工作,保证质量体系的试运行 由质量认证团队作好质量体系运行的准备工作。首先,按照批准的质量管理文件组织对相关的人员进行培训,做好试运行的组织协调工作;相关部门作好协助工作;同时,各部门建立质量体系信息沟通和反馈制度,并备案。其次,应在试运行的过程中,派督导组深入各部门做好指导和协助工作,并在试运行后到认证之前开展工作,以保证质量体系的运行。最后,根据跟踪收集到的信息,对质量管理文件运行及效果进行反馈,及时纠正和修改,保证质量体系的运行符合认证的要求。

7. 建立内部质量体系的审核制度,促进质量管理体系完善和改进 企业可以制订内部质量体系的审核制度和计划,开展由企业各部门参与的内部质量体系的现场审核,通过内审,可以重点解决可能的重大的不合格项,并建立详细的内审案卷,可以促进企业质量体系的完善和改进。

另外,企业还必须进行一次管理评审,由企业的法人负责进行,通过管理评审可以决定企业是否需要进行外部预审,并确定正式的认证申报时间等。图7-24 为某企业实施管理评审的流程图。向外部申请认证,并做好认证的具体的准备工作。

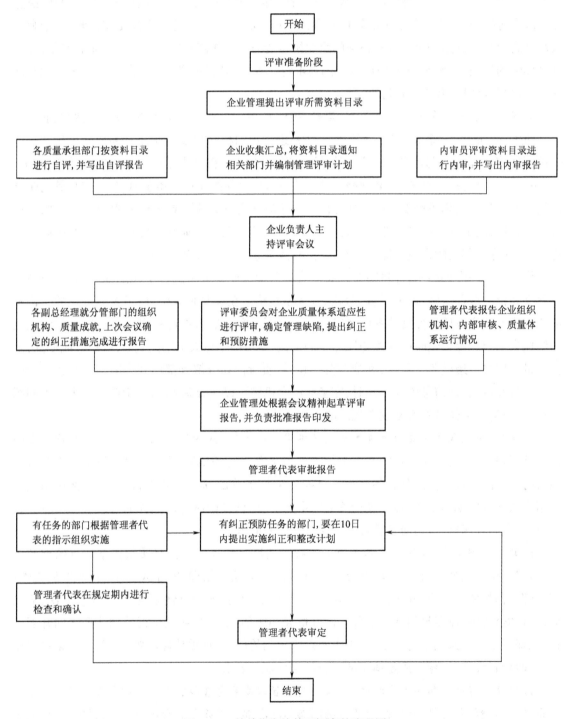

图7-24　某单位实施管理评审的流程图

☞ **思考题**

1. 什么是全面质量管理？其基本观点是什么？

2. PDCA 循环包括哪四个阶段、八个步骤？

3. 什么是质量保证体系？如何在棉纺织企业建立质量保证体系？

4. ISO 9000 认证的意义是什么？

5. 纺织企业常用的数理统计方法和图表有哪些？

参考文献

[1] 黄故.棉织原理[M].北京:中国纺织出版社,1997.

[2] 中国棉纺织行业协会浆料生产应用部.常用纺织浆料质量与检验(内部发行).1997.

[3] 王绍斌.机织工艺原理[M].西安:西北工业大学出版社,2002.

[4] 沈兰萍.织物组织与纺织品快速设计[M].西安:西北工业大学出版社,2002.

[5] 纺织材料编写组.纺织材料学[M].北京:中国纺织出版社,1980.

[6] FZ/T 24002—2006 精梳毛织品.中华人民共和国纺织行业标准.2006.

[7] GB/T 5329—2009 精梳涤棉混纺本色布.中华人民共和国纺织行业标准.2009.

[8] GB/T 406—2008 棉本色布.中华人民共和国纺织行业标准.2008.

[9] 陈元甫,洪海沧.剑杆织机原理与使用[M].北京:中国纺织出版社,1994.

[10] 过念薪,张志林.织疵分析[M].北京:中国纺织出版社,1997.

[11] 张俊康.喷气织机使用疑难问题[M].北京:中国纺织出版社,2001.

[12] 王绍斌,孙卫国,王文郁.络筒张力和速度对纱线质量的影响[J].棉纺织技术,2002(7):236-241.

[13] 王绍斌.喷气织机的梭口形状尺寸对经纱张力变化的影响[J].四川纺织科技,2002(4):10-12+23.

[14] 上海市棉纺织公司.棉纺织企业全面质量管理[M].北京:中国纺织出版社,1981.

[15] 刘广第.质量管理学[M].北京:清华大学出版社,2003.

[16] 吴卫刚.纺织企业与 ISO 9000 质量认证[M].北京:中国纺织出版社,2001.

[17] 桂家祥,邱晓雨,张红霞,等.纺织业 ISO 9000:2000 认证实务[M].北京:机械工业出版社,2002.

[18] 谌东荄,郑跃文,查伟晨.质量管理理论与实务[M].北京:经济管理出版社,1997.

[19] 何志贵,伍小标,刘希安,等.拉舍尔毛毯的质量与检验[M].北京:中国纺织出版社,2003.

[20] 中国质量认证中心网站.www.cqc.com.cn.

[21] GB/T 17759—2009 本色布布面疵点检验方法.中华人民共和国纺织行业标准.2009.

[22] 秦贞俊.乌斯特测试仪器的发展与应用[J].棉纺织技术,2015,43(12):76-79.

[23] 董勤霞,丁巍.纺织产品开发的模式及其创新[J].纺织导报,2012(10):38-45.

[24] 朱苏康,高卫东.机织学[M].2 版.北京:中国纺织出版社,2014.